U0617140

高等学校电子信息类系列教材

数字电子技术

主　编　毕　杨　赵东波

副主编　汪春华

西安电子科技大学出版社

内 容 简 介

数字电路经历了简单门电路、集成门电路、可编程逻辑芯片三个阶段。当前，数字电子技术的应用无处不在。

本书主要讲述数制与编码、逻辑代数、逻辑门电路、组合逻辑电路、触发器、时序逻辑电路、脉冲波形的产生与变换、数/模与模/数转换器、半导体存储器、可编程逻辑器件等内容。书中涵盖了数字电子技术基础理论的主要内容和知识点，同时为了方便实践教学，还包括实验和课程设计等内容。另外，为了方便读者学习，本书还配套了微课视频。

本书可作为高等学校电气信息类、计算机类、自动化机电类等专业"数字电子技术"课程的教材，也可作为有关技术人员的参考用书。

图书在版编目（CIP）数据

数字电子技术 / 毕杨，赵东波主编. -- 西安：西安电子科技大学
出版社，2024. 12. -- ISBN 978-7-5606-7462-9

Ⅰ. TN79

中国国家版本馆 CIP 数据核字第 2024CN5122 号

策　　划　刘小莉
责任编辑　刘小莉
出版发行　西安电子科技大学出版社（西安市太白南路 2 号）
电　　话　(029) 88202421　88201467　　邮　　编　710071
网　　址　www. xduph. com　　　　　　电子邮箱　xdupfxb001@163. com
经　　销　新华书店
印刷单位　陕西博文印务有限责任公司
版　　次　2024 年 12 月第 1 版　　2024 年 12 月第 1 次印刷
开　　本　787 毫米×1092 毫米　1/16　　印张　19
字　　数　450 千字
定　　价　52.00 元

ISBN 978-7-5606-7462-9

XDUP 7763001-1

＊＊＊如有印装问题可调换＊＊＊

前　言

Preface

　　近年来，数字电子技术的发展十分迅速，科研人员提出了许多新的分析方法和设计方法，同时研制了大量新的器件。为了适应形势发展的需求，本书在保证理论知识完整的基础上，注重实用性和新颖性，重点介绍了数字电子技术的基本原理，侧重对集成电路的逻辑功能和应用进行讲解，使读者在掌握基本的分析方法和设计方法的基础上，能对集成电路应用自如，为以后的学习和应用奠定坚实的基础。

　　全书共分为 10 章。第 1 章数字电路基础，包括数字电路的基础概念、数字信号及其表示、数制及其转换、编码技术等基础知识；第 2 章逻辑代数基础，包括逻辑代数的基本概念，基本逻辑运算，逻辑代数的定律、公式和基本规则，逻辑函数的表示和逻辑函数的化简方法；第 3 章逻辑门电路，包括各种门电路的特性和功能、集成 TTL 与 CMOS 门电路的构成及基本工作原理等；第 4 章组合逻辑电路，包括组合逻辑电路的特点、分析与设计，加法器、数值比较器、编码器、译码器、数据选择器与数据分配器等典型组合逻辑电路，竞争与冒险；第 5 章触发器，包括各类触发器的结构、工作原理和功能；第 6 章时序逻辑电路，包括时序逻辑电路的结构特点和描述方法、时序逻辑电路的分析与设计方法、常用时序逻辑电路(寄存器、计数器)的功能及典型应用；第 7 章脉冲波形的产生与变换，包括施密特触发器、单稳态触发器、多谐振荡器、555 定时器及其应用；第 8 章数/模和模/数转换器，包括数/模和模/数转换器的结构、原理及应用；第 9 章半导体存储器，包括只读存储器和随机存储器；第 10 章可编程逻辑器件；附录为实验和课程设计，包括十个数字电路的基本实验和四个课程设计。

　　本书由浅入深、突出应用，对基本理论知识、分析和设计方法均进行了总结并附例题和习题参考答案。另外，为顺应"互联网＋"信息化教学新形势，本书针对核心知识点录制了相应的微课视频，同时配套提供了 MOOC 课程资源，读者可以通过扫描二维码或登录课程网站进行学习。

　　课程思政作为一种新的教育理念，是新时期加强高校人才培养和思想政治教育的新要求，也是高等教育对人才素质培养的内在需求。本书以专业知识形成为基础，以培养读者正确的社会主义核心价值观、社会责任、工匠精神、创新实践能力为目标，设立了"拓展阅读"专栏。此专栏中介绍了数字电子技术方面的最新研究和专业知识、体现爱国敬业精神的科学家的事迹、体现科技强国战略思想的数字电子技术方面的新闻事件等。

　　本书由西安航空学院电子工程学院的老师共同编写。第 1 章至第 5 章由赵东波老师编写，第 6 章至第 9 章由汪春华老师编写，第 10 章和附录由毕杨老师编写，课程思政部分由赵东波老师编写，毕杨老师负责制订提纲和统稿工作。

在编写本书的过程中，作者得到了西安航空学院电子工程学院各位同仁的支持和帮助，同时也参考了许多同行专家的图书和相关资料，在此对他们一并致谢。

由于作者水平有限，书中难免存在不妥之处，敬请广大读者批评指正。

作　者

2024 年 8 月

目　录

CONTENTS

第 1 章

数字电路基础

知识点

- 数字电路的基本概念。
- 常用数制与编码。
- 各种代码和各种数制之间的转换。

1.1 概　述

1.1.1 数字电路与数字信号

1. 数字电路与数字信号

数字电路概述

根据工作信号的不同，电子线路可分为模拟电路和数字电路。简单地讲，工作于模拟信号之下的电路称为模拟电路，工作于数字信号之下的电路称为数字电路。人们从自然界感知的许多物理量均是模拟性质的，如速度、压力、温度、声音等。模拟信号是时间连续、数值也连续的物理量，它具有无穷多的数值，其数学表达式比较复杂，如正弦函数、指数函数等。图 1.1 所示为模拟信号波形。在工程技术中，为了便于分析，常用传感器将模拟量转换为电流、电压或电阻等电学量。

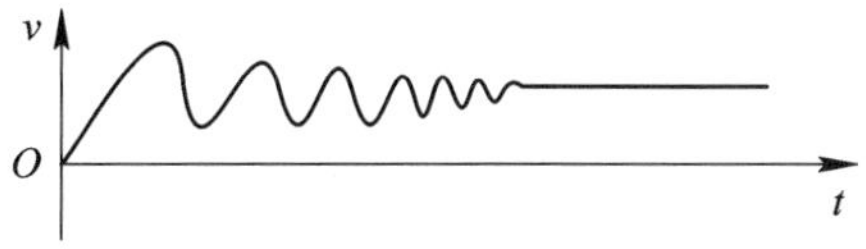

图 1.1　模拟信号波形

数字信号在时间上和数值上均是离散的，常用数字 0 和 1 来表示。图 1.2 所示为数字信号波形。这里的 0 和 1 不是十进制数中的数字，而是逻辑 0 和逻辑 1，因而称之为二值数字逻辑或简称为数字逻辑。数字逻辑的产生基于客观世界的许多事物可以用彼此相关又互相对立的两种状态来描述，如是与非、真与假、开与关、高与低等。数字逻辑在电路上可用电子器件的开关特性来实现，由此形成了离散信号电压或数字电压。

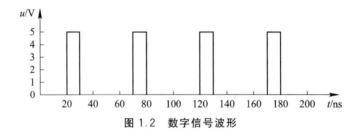

图 1.2　数字信号波形

2. 数字电路的优点

数字电路被广泛应用于数字电子计算机、数字通信系统、数字式仪表、数字控制装置以及工业逻辑系统等领域。数字电路主要包括信号的产生、放大、整形、传送、控制、存储、计数运算等部分。

与模拟电路相比，数字电路具有以下优点：

（1）结构简单，便于集成化、系列化生产，且成本低廉，使用方便。

（2）抗干扰性强，可靠性高，精度高。

（3）处理功能强，不仅能实现数值运算，还可以实现逻辑运算和逻辑判断。

（4）可编程数字电路可容易地实现各种算法，具有很大的灵活性。

（5）数字信号更易于存储、加密、压缩、传输和再现。

1.1.2　数字电路的特点与分类

1. 数字电路的特点

（1）数字电路研究的主要问题是输入信号状态（0 或 1）与输出信号状态（0 或 1）之间的因果关系，也称为逻辑关系（即研究电路的逻辑功能）。

（2）在数字电路中只规定高电平的下限值和低电平的上限值。凡大于或等于高电平下限值的电平都认为是高电平 1，凡小于或等于低电平上限值的电平都认为是低电平 0。此处不研究它们的具体数值。

（3）研究数字电路逻辑关系的主要数学工具是逻辑代数。在数字电路中，输入信号称为输入变量，输出信号称为输出变量，输入信号和输出信号也称逻辑函数，它们都是二值变量（即非 0 即 1）。

2. 数字电路的分类

（1）按集成度的不同，数字电路可分为小规模、中规模、大规模、超大规模、甚大规模五类。所谓集成度，是指每一芯片所包含的三极管的个数。

（2）按所用器件制作工艺的不同，数字电路可分为双极型（Transistor-Transistor Logic，TTL 型）和单极型（Metal Oxide Semiconductor，MOS 型）两类。

（3）按照电路结构和工作原理的不同，数字电路可分为组合逻辑电路和时序逻辑电路两类。组合逻辑电路没有记忆功能，其输出信号只与当时的输入信号有关，而与电路以前的状态无关。时序逻辑电路具有记忆功能，其输出信号不仅和当时的输入信号有关，而且与电路以前的状态有关。

1.1.3　数字电路的发展

　　数字电路的发展经历了由电子管、半导体分立器件到集成电路的过程。从 20 世纪 60 年代开始，出现了以双极型工艺制成的小规模逻辑器件，随后发展到中规模集成逻辑器件。20 世纪 70 年代末，微处理机的出现，使数字集成电路的性能产生了质的飞跃。

　　逻辑门是一种重要的逻辑单元电路。TTL 问世较早，其工艺经过不断改进，至今仍为主要的基本逻辑器件之一。随着 MOS 工艺特别是 CMOS(Complementary Metal Oxide Semiconductor)工艺的发展，TTL 的主导地位有被 CMOS 器件所取代的趋势。近年来，可编程逻辑器件特别是现场可编程门阵列飞速进步，使数字电子技术取得了新的突破。现场可编程门阵列不仅规模大，而且将硬件与软件相结合，使器件的功能更加完善，使用也更加灵活。

1.2　数 制 与 编 码

1.2.1　几种常用的计数体制

　　数制就是表示数值大小的各种计数体制。在日常生活中，人们习惯采用的计数体制是十进制(即"逢十进一")。在数字电路中经常使用的计数体制除了十进制以外，还包括二进制、八进制和十六进制。任何一个数都可以用不同的数制来表示。

数 制

1. 十进制

　　任何一个数都可以用 0、1、2、3、4、5、6、7、8、9 等十个数码，按一定的规律排列起来表示，其进位规则是"逢十进一"，即 9＋1＝10。10 右边的"0"为个位数，左边的"1"为十位数，也就是 $10=1\times10^1+0\times10^0$。十进制用下标"D"或"10"表示，也可以省略。十进制的基数为 10(即有十个数码)，十进制数中第 i 位上数字的权为 10^i。利用基数和权，可以将任何一个数表示成多项式的形式。

　　例如，十进制的 45.67 可以表示为

$$(45.67)_D=4\times10^1+5\times10^0+6\times10^{-1}+7\times10^{-2}$$

　　一般情况下，任何一个十进制数 N 可以表示为

$$(N)_{10}=\sum_{i=-m}^{n-1}k_i\times10^i$$

式中：n 表示整数部分的位数；m 表示小数部分的位数；10 表示基数；10^i 表示第 i 位的权；k_i 表示第 i 位的数字符号。

　　从计数电路的角度来看，采用十进制计数是不方便的。由于构成计数电路的基本思想是把电路的状态与数码对应起来，而十进制的十个数码必须由十个不同的能严格区分的电

路状态与之对应，这样将在技术上带来许多困难，而且不经济，因此在计数电路中一般不直接采用十进制。

2. 二进制

二进制与十进制的区别在于数码的个数和进位的规则不同，十进制用 10 个数码，并且"逢十进一"；而二进制用 2 个数码 0 和 1，并且"逢二进一"。二进制用下标"B"或"2"表示。二进制的基数为 2，二进制中第 i 位上数字的权为 2^i。那么，任何一个二进制数 N 可以表示为

$$(N)_2 = \sum_{i=-m}^{n-1} k_i \times 2^i$$

式中：n 表示整数部分的位数；m 表示小数部分的位数；2 表示基数；2^i 表示第 i 位的权；k_i 表示第 i 位的数字符号。利用上式可以将任何一个二进制数转换为十进制数。

例如，二进制数 $(1101.01)_2$ 可以表示为

$$(1101.01)_B = (1 \times 2^3 + 1 \times 2^2 + 0 \times 2^1 + 1 \times 2^0 + 0 \times 2^{-1} + 1 \times 2^{-2})_D$$
$$= (13.25)_D$$

3. 八进制和十六进制

由于二进制数的位数经常是很多的，不便于书写和记忆，因此在数字计算机的资料中常采用八进制数或十六进制数来替代二进制数。

八进制的基数为 8，采用的 8 个数码为 0、1、2、3、4、5、6、7，进位规则为"逢八进一"。八进制用下标"O"或"8"表示。那么，任何一个八进制数 N 可以表示为

$$(N)_8 = \sum_{i=-m}^{n-1} k_i \times 8^i$$

式中：n 表示整数部分的位数；m 表示小数部分的位数；8 表示基数；8^i 表示第 i 位的权；k_i 表示第 i 位的数字符号。利用上式，可以将任何一个八进制数转换为十进制数。

例如，八进制数 $(37.25)_8$ 可以表示为

$$(37.25)_O = (3 \times 8^1 + 7 \times 8^0 + 2 \times 8^{-1} + 5 \times 8^{-2})_D = (31.328125)_D$$

十六进制的基数为 16，采用的 16 个数码为 0、1、2、3、4、5、6、7、8、9、A、B、C、D、E、F，其中字母 A、B、C、D、E、F 分别表示 10、11、12、13、14、15，进位规则为"逢十六进一"。十六进制用下标"H"或"16"表示。那么，任何一个十六进制数 N 可以表示为

$$(N)_{16} = \sum_{i=-m}^{n-1} k_i \times 16^i$$

式中：n 表示整数部分的位数；m 表示小数部分的位数；16 表示基数；16^i 表示第 i 位的权；k_i 表示第 i 位的数字符号。利用上式，可以将任何一个十六进制数转换为十进制数。

例如，十六进制数 $(3FC.69)_{16}$ 可以表示为

$$(3FC.69)_H = (3 \times 16^2 + 15 \times 16^1 + 12 \times 16^0 + 6 \times 16^{-1} + 9 \times 16^{-2})_D$$
$$= (1020.41015625)_D$$

为了便于对照，将十进制数、二进制数、八进制数及十六进制数之间的对应关系列于表 1.1 中。

表 1.1　几种进制数之间的对应关系

十进制数	二进制数	八进制数	十六进制数	十进制数	二进制数	八进制数	十六进制数
0	0000	0	0	8	1000	10	8
1	0001	1	1	9	1001	11	9
2	0010	2	2	10	1010	12	A
3	0011	3	3	11	1011	13	B
4	0100	4	4	12	1100	14	C
5	0101	5	5	13	1101	15	D
6	0110	6	6	14	1110	16	E
7	0111	7	7	15	1111	17	F

1.2.2　数制转换

数制转换

1. 其他进制数转换为十进制数

其他进制数转换为十进制数，只需将该进制数用基数和权写成多项式展开求积的形式，就能得到等值的十进制数。

2. 二进制数与八进制数之间的转换

1 位八进制数的 8 个数码正好对应于 3 位二进制数的 8 种不同组合。利用这种对应关系，可以很方便地实现八进制数与二进制数之间的相互转换。

二进制数转换为八进制数的方法是：以小数点为界，将二进制数的整数部分从低位开始，小数部分从高位开始，每 3 位分成一组，头尾不足 3 位的补 0，然后将每组的 3 位二进制数转换为 1 位八进制数。

例如，将二进制数 11110110.1011 转换为八进制数。

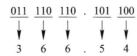

所以，$(11110110.1011)_2 = (366.54)_8$。

八进制数转换为二进制数的方法是：将每 1 位八进制数用 3 位二进制数表示即可。

例如，将八进制数 725.46 转换为二进制数。

7　　2　　5　　.　4　　6
↓　　↓　　↓　　　↓　　↓
111　010　101　.　100　110

所以，$(725.46)_8 = (111010101.10011)_2$。

3. 二进制数与十六进制数之间的转换

1 位十六进制数的 16 个数码正好对应于 4 位二进制数的 16 种不同组合。利用这种对应关系，可以很方便地实现十六进制数与二进制数之间的转换。

二进制数转换为十六进制数的方法是：以小数点为界，将二进制数的整数部分从低位开始，小数部分从高位开始，每 4 位分成一组，头尾不足 4 位的补 0，然后将每组的 4 位二进制数转换为 1 位十六进制数。

例如，将二进制数 11110110.1011 转换为八进制数。

$$\underline{1111} \quad \underline{0110} \quad . \quad \underline{1011}$$
$$\downarrow \qquad \downarrow \qquad \downarrow$$
$$F \qquad 6 \qquad . \quad B$$

所以，$(11110110.1011)_2 = (F6.B)_{16}$。

十六进制数转换为二进制数的方法是：将每 1 位八进制数用 4 位二进制数表示即可。

例如，将十六进制数 3DF.C8 转换为二进制数。

$$3 \qquad D \qquad F \qquad . \quad C \qquad 8$$
$$\downarrow \qquad \downarrow \qquad \downarrow \qquad \downarrow \qquad \downarrow$$
$$0011 \quad 1101 \quad 1111 \quad . \quad 1100 \quad 1000$$

所以，$(3DF.C8)_{16} = (1111011111.11001)_2$。

4. 十进制数转换为其他进制数

将十进制数转换为其他进制数时，可以将整数部分和小数部分分别进行转换，最后合并转换结果。将十进制数整数部分转换为其他进制数一般采用基数除法，也称除基取余法。设将十进制整数转换为 N 进制整数，其方法是将十进制整数连续除以 N 进制的基数 N，直到商为 0 为止，求得各次的余数，然后将各余数换成 N 进制中的数码，最后按照并列表示法将先得到的余数列在低位，后得到的余数列在高位，即得 N 进制的整数。

【**例 1 - 1**】将十进制数 30 分别转换为二进制数、八进制数和十六进制数。

解 (1) 将十进制整数 30 转换为二进制数。30 除以基数 2，得商 15 及最低位的余数 0；再将商 15 除以基数 2，得商 7 及次低位的余数 1；如此反复进行下去，直到最后得商 0 及最高位的余数 1 为止。转换过程可用短除法表示如下：

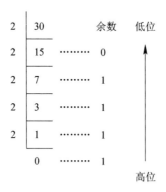

所以，$(30)_{10} = (11110)_2$。

(2) 将十进制整数 30 转换为八进制数。30 除以基数 8，得商 3 及最低位的余数 6；再将商 3 除以基数 8，得商 0 及次低位的余数 3。转换过程可用短除法表示如下：

$$\begin{array}{c|l l l}
8 & 30 & \text{余数} & \text{低位} \\
\hline
8 & 3 & \cdots\cdots 6 & \uparrow \\
\hline
 & 0 & \cdots\cdots 3 & \\
 & & & \text{高位}
\end{array}$$

所以，$(30)_{10} = (36)_8$。

（3）将十进制整数 30 转换为十六进制数。30 除以基数 16，得商 1 及最低位的余数 14；再将商 1 除以基数 16，得商 0 及次低位的余数 1。转换过程可用短除法表示如下：

$$
\begin{array}{r|l}
16 & 30 \qquad\qquad\quad 余数 \qquad 低位 \\
\hline
16 & 1 \quad\cdots\cdots\quad 14\,(\text{E}) \\
\hline
& 0 \quad\cdots\cdots\quad 1 \qquad\qquad 高位
\end{array}
$$

所以，$(30)_{10} = (1\text{E})_{16}$。

将十进制小数部分转换为其他进制数一般采用基数乘法，也称乘基取整法。设将十进制小数部分转换为 N 进制整数，其方法是将十进制小数连续乘以 N 进制的基数 N，直到积的小数部分为 0 或达到所需精度要求为止，求得各次乘积的整数部分，然后将各整数转换成 N 进制中的数码，最后按照并列表示法将先得到的整数列在高位，将后得到的整数列在低位，即得 N 进制的小数。

【例 1 - 2】 将十进制数 0.8125 分别转换为二进制数、八进制数、十六进制数（保留小数点后四位）。

解 （1）将十进制小数 0.8125 转换为二进制数。0.8125 乘以基数 2，得积 1.625，整数部分的 1 即为二进制小数的十分位；再将小数部分的 0.6250 乘以基数 2，得积 1.2500，整数部分的 1 即为二进制小数的百分位；如此反复进行下去，直到积的小数部分为 0 或达到所需精度要求为止。转换过程如下：

$$
\begin{array}{r}
0.8125 \\
\times\ 2 \qquad\qquad\quad 整数 \qquad 高位 \\
\hline
1.6250 \quad\cdots\cdots\quad 1 \\
0.6250 \\
\times\ 2 \\
\hline
1.2500 \quad\cdots\cdots\quad 1 \\
0.2500 \\
\times\ 2 \\
\hline
0.5000 \quad\cdots\cdots\quad 0 \\
0.5000 \\
\times\ 2 \\
\hline
1.0000 \quad\cdots\cdots\quad 1 \qquad 低位
\end{array}
$$

所以，$(0.8125)_{10} = (0.1101)_2$。

（2）将十进制小数 0.8125 转换为八进制数。0.8125 乘以基数 8，得积 6.5000，整数部分的 6 即为八进制小数的十分位；再将小数部分的 0.5000 乘以基数 8，得积 4.0000，整数部分的 4 即为八进制小数的百分位。转换过程如下：

$$
\begin{array}{r}
0.8125 \\
\times\ 8 \qquad\qquad\quad 整数 \qquad 高位 \\
\hline
6.5000 \quad\cdots\cdots\quad 6 \\
0.5000 \\
\times\ 8 \\
\hline
4.0000 \quad\cdots\cdots\quad 4 \qquad 低位
\end{array}
$$

所以，$(0.8125)_{10} = (0.64)_8$。

（3）将十进制小数 0.8125 转换为十六进制数。0.8125 乘以基数 16，得积 13.0000，整数部分的 13 即为十六进制小数的十分位。转换过程如下：

$$
\begin{array}{r}
0.8125 \\
\times \quad 16 \qquad\qquad \text{整数} \\
\hline
13.0000 \cdots\cdots\cdots\ 13\,(\text{D})
\end{array}
$$

所以，$(0.8125)_{10} = (0.\text{D})_{16}$。

1.2.3 二进制算术运算

1. 二进制算术运算的特点

当两个二进制数码分别表示两个数量的大小时，它们之间是可以进行数值运算的，这种运算称作算术运算。

二进制算术运算和十进制算术运算的规则基本相同，唯一的区别在于二进制数是"逢二进一"，而不是十进制数的"逢十进一"。

例如，两个二进制数 1001 和 0101 的算术运算如下：

加法运算

$$
\begin{array}{r}
1001 \\
+\ 0101 \\
\hline
1110
\end{array}
$$

减法运算

$$
\begin{array}{r}
1001 \\
-\ 0101 \\
\hline
0100
\end{array}
$$

乘法运算

$$
\begin{array}{r}
1001 \\
\times\ 0101 \\
\hline
1110 \\
0000 \\
1001 \\
0000 \\
\hline
0101101
\end{array}
$$

除法运算

$$
\begin{array}{r}
1.101 \\
0101\,\overline{)\,1001} \\
0101 \\
\hline
1000 \\
0101 \\
\hline
1100 \\
0101 \\
\hline
111
\end{array}
$$

二进制算术运算具有如下两个特点：

（1）二进制的乘法运算可以通过若干次的"被乘数（或 0）左移 1 位"和"被乘数（或 0）与部分积相加"这两种操作完成。

（2）二进制数的除法运算能通过若干次的"除数右移 1 位"和从被除数或余数中减去除数这两种操作完成。

2. 反码、补码与补码运算

（1）原码：二进制数的正、负表示方法通常采用的是在二进制数的前面增加一位符号位。符号位为 0 表示这个数是正数，符号位为 1 表示这个数是负数。这种形式的数称为原码。

例如，带符号位二进制数 00011010 表示十进制的 +26，10011010 表示十进制的 −26。

（2）反码：如果二进制数是正数，则其反码的表示方法和原码一样；如果是负数，则保留符号位 1，然后将这个数字的原码按照每位取反，则得到这个数的反码。

例如，带符号位二进制数 00011010 的反码为 00011010，10011010 的反码为 11100101。

（3）补码：如果二进制数是正数，则其补码的表示方法和原码一样；如果是负数，则数字的反码加上 1（相当于将原码数值位取反后在最低位加 1），就得到这个数字的补码表示形式。

【例 1 - 3】写出带符号二进制数 00101101（＋45）和 10101101（－45）的反码和补码。

原码	反码	补码
00101101	00101101	00101101
10101101	11010010	11010011

在做减法运算时，如果两个数是用原码表示的，则首先需要比较这两个数的绝对值的大小，然后将绝对值大的数作为被减数，将绝对值小的数作为减数，求出差值，并以绝对值大的一个数的符号作为差值的符号。这个操作过程比较麻烦，需要使用数值比较电路和减法运算电路。

如果用两数的补码相加代替上述减法运算，则计算过程中就无须使用数值比较电路和减法运算电路，从而使减法运算器的电路大为简化。在舍弃进位的条件下，减去某个数可以用加上它的补码来代替。

例如，1011－0111＝0100 的减法运算，在舍弃进位的条件下，可以用 1011＋1001＝0100 的加法运算代替。

【例 1 - 4】用二进制补码运算求出 13＋10，13－10，－13＋10，－13－10。

$$
\begin{array}{llll}
+13 & 0\ 01101 & \quad +13 & 0\ 01101 \\
+10 & 0\ 01010 & \quad -10 & 1\ 10110 \\
\hline
+23 & 0\ 10111 & \quad +3\ (1) & 0\ 00011 \\
\end{array}
$$

$$
\begin{array}{llll}
-13 & 1\ 10011 & \quad -13 & 1\ 10011 \\
+10 & 0\ 01010 & \quad -10 & 1\ 10110 \\
\hline
-3 & 1\ 11101 & \quad -23\ (1) & 1\ 01001 \\
\end{array}
$$

1. 2. 4 编码

数字系统中的信息可分为两类：一类是数值符号；另一类是文字符号（包括控制符）。数值符号的表示方法如前所述。为了表示文字符号的信息，往往也采用一定位数的二进制数码表示，这个特定的二进制码称为代码。建立这种代码与十进制数值、字母、符号的一一对应关系称为编码。

编码

若所需编码的信息有 N 项，则需用的二进制数码的位数 n 应满足如下关系：

$$2^n \geqslant N$$

在数字电子计算机中，十进制数除了转换为二进制数参与运算外，还可以直接用十进制数进行输入和运算。其方法是将十进制的 10 个数字符号分别用 4 位二进制代码来表示，这种编码称为二-十进制编码，也称 BCD 码。BCD 码有很多种形式，常用的有 8421 码、余 3 码、格雷码、2421 码、5421 码等，如表 1.2 所示。

表 1.2 常用 BCD 码

十进制数	8421 码	余 3 码	格雷码	2421 码	5421 码
0	0000	0011	0000	0000	0000
1	0001	0100	0001	0001	0001
2	0010	0101	0011	0010	0010
3	0011	0110	0010	0011	0011
4	0100	0111	0110	0100	0100
5	0101	1000	0111	1011	1000
6	0110	1001	0101	1100	1001
7	0111	1010	0100	1101	1010
8	1000	1011	1100	1110	1011
9	1001	1100	1101	1111	1100
权	8421			2421	5421

1. 8421 码

在 8421 码中，10 个十进制数码与自然二进制数一一对应，即用二进制数的 0000～1001 来分别表示十进制数的 0～9。8421 码是一种有权码，各位的权从左到右分别为 8、4、2、1，所以根据代码的组成便可知道代码所代表的十进制数的值。设 8421 码的各位分别为 a_3、a_2、a_1、a_0，则它所代表的十进制数的值为

$$N = 8a_3 + 4a_2 + 2a_1 + 1a_0$$

8421 码与十进制数之间的转换只要直接按位转换即可。例如：

$$(369.25)_{10} = (001101101001.00100101)_{8421}$$
$$(011101101001.01101000)_{8421} = (769.68)_{10}$$

4 位二进制数 0000～1111，共有 16 种组合，8421 码只利用了其中的前 10 种组合 0000～1001，其余 6 种组合 1010～1111 是无效的。从 16 种组合中选取 10 种不同的组合方式，可以得到其他二-十进制码，如 2421 码、5421 码等。余 3 码是由 8421 码加 3（0011）得来的，是一种无权码。

2. 格雷码

格雷码的特点是：从一个代码变为相邻的另一个代码时只有一位数发生变化。这是考虑到信息在传输过程中可能出错，为了减少错误而研究出的一种编码形式。例如，当代码 0100 误传为 1100 时，格雷码只不过是十进制数 7 与 8 之差，二进制数码则是十进制数 4 与 12 之差。格雷码的缺点是与十进制数之间不存在规律性的对应关系。格雷码与十进制码及二进制码的对应关系如表 1.3 所示。

表 1.3　格雷码与十进制码及二进制码的对应关系

十进制码	二进制码	格雷码
0	0000	0000
1	0001	0001
2	0010	0011
3	0011	0010
4	0100	0110
5	0101	0111
6	0110	0101
7	0111	0100
8	1000	1100
9	1001	1101
10	1010	1111
11	1011	1110
12	1100	1010
13	1101	1011
14	1110	1001
15	1111	1000

格雷码也可用作二-十进制编码，如表 1.2 中的第 4 列（格雷码）所示。

你知道吗？

第 1 章拓展阅读

在本章，我们学习了数制和码制的内容。数制中的二进制或者十进制在大家的印象中可能属于现代科学，可实际上，从商周时期就已经开始了二进制和十进制的使用。你知道吗？我国成语中的"屈指可数""掐指一算""半斤八两"分别指的是十进制、六十进制、十六进制；天干、地支、易经与进制之间也有着千丝万缕的联系。这些都告诉我们，中华文化源远流长，古人的智慧始终影响着我们现代科技的发展，是我们科技发展的思想基础。

本 章 小 结

1. 数字信号在时间和数值上均是离散的。对数字信号进行传送、加工和处理的电路称为数字电路。由于数字电路是以二值数字逻辑为基础的，即利用数字 1 和 0 来表示信息，因此数字信息的存储、分析和传输要比模拟信息容易。

2. 数字电路中用高电平和低电平分别表示逻辑 1 和逻辑 0，它和二进制数中的 0 和 1 正好对应。因此，数字系统中常用二进制数来表示数据。在二进制位数较多时，常用十六进制或八进制作为二进制的简写。各种计数体制之间可以相互转换。

3. 常用 BCD 码有 8421 码、2421 码、5421 码、余 3 码等，其中 8421 码使用最广泛。另外，格雷码(Gray)由于其可靠性高，因此也是一种常用码。

本 章 习 题

1. 将下列二进制数转换为十六进制数和十进制数。

(1) $(10010111)_2$；   (2) $(1101101)_2$；

(3) $(0.01011111)_2$；   (4) $(11.001)_2$。

2. 将下列十六进制数转换为二进制数和十进制数。

(1) $(8C)_{16}$；   (2) $(3D.BE)_{16}$；

(3) $(8F.FF)_{16}$；   (4) $(10.00)_{16}$。

3. 将下列十进制数转换为二进制数和十六进制数。要求二进制数保留小数点以后 4 位有效数字。

(1) $(17)_{10}$； (2) $(127)_{10}$； (3) $(0.39)_{10}$； (4) $(25.7)_{10}$。

第 1 章 习题答案

第 2 章

逻辑代数基础

知识点

- 各种基本的逻辑关系。
- 常用的公式定理。
- 逻辑函数的公式化简法与图形化简法。

2.1 逻辑运算

2.1.1 基本逻辑运算

二值数字逻辑中的 1(逻辑 1)和 0(逻辑 0)不仅可以表示二进制数,还可以表示许多对立的逻辑状态。在分析和设计数字电路时,所使用的数学工具是逻辑代数(又称布尔代数)。逻辑代数是按一定的逻辑规律进行运算的代数,虽然它和普通代数一样也是用字母表示变量,但两种代数中变量的含义是完全不同的,它们之间有着本质的区别,逻辑代数中的变量(逻辑变量)只有两个值(0 和 1)。0 和 1 并不表示数量的大小,而是表示两种对立的逻辑状态,如是与非、真与假、高与低、有与无、开与关等。

逻辑代数概述

在逻辑代数中,有与、或、非 3 种基本逻辑运算。其他任何复杂的逻辑运算都可用这 3 种基本逻辑运算来实现。运算是一种函数关系,它可以用语句描述,也可用逻辑表达式描述,还可以用表格或图形来描述。描述逻辑关系的表格为真值表。用规定的图形符号来表示逻辑运算称为逻辑符号。

1. 与运算

图 2.1(a)所示为一个简单的与逻辑电路,电源 E 通过开关 A 和 B 向灯泡供电,只有 A 和 B 同时接通时,灯泡才亮,A 和 B 中只要有一个不接通或两者均不接通,灯泡就不亮,其真值表如图 2.1(b)所示。因此,从这个电路可总结出这样的逻辑关系,即只有当一件事情(灯亮)的几个条件(开关 A

基本逻辑运算

和 B 都接通)全部具备之后,这件事(灯亮)才发生,这种关系称为与逻辑。如果用二值逻辑 0 和 1 来表示,并设开关不通和灯不亮均用 0 表示,而开关接通和灯亮均用 1 表示,如图 2.1(c)所示,其中 Y 表示灯的状态。若用逻辑表达式来描述,则可写为

$$Y = A \cdot B$$

式中:小圆点"·"表示 A、B 的与运算,也表示逻辑乘。一般情况下,乘号"·"被省略。用与逻辑门电路实现与运算,其逻辑符号如图 2.1(d)所示。

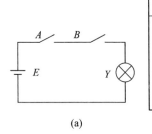

开关A	开关B	灯Y
断开	断开	灭
断开	闭合	灭
闭合	断开	灭
闭合	闭合	亮

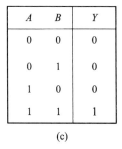

A	B	Y
0	0	0
0	1	0
1	0	0
1	1	1

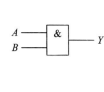

(a)　　　　　　　　(b)　　　　　　　　(c)　　　　　　　　(d)

图 2.1　与逻辑运算

2. 或运算

图 2.2(a)所示为一个简单的或逻辑电路,电源 E 通过开关 A 或 B 向灯泡供电,只要开关 A 或 B 接通或者二者均接通,灯泡亮。而当 A 和 B 均不接通时,灯泡不亮,其真值表如图 2.2(b)所示。因此,从这个电路可总结出这样的逻辑关系,即一件事情(灯亮)的几个条件(开关 A、B 接通)中,只要有一个条件(A 接通或 B 接通)得到满足,这件事(灯亮)就会发生,这种关系称为或逻辑。如前所述,用 0、1 表示的或逻辑真值表如图 2.2(c)所示,若用逻辑表达式来描述,则可写为

$$Y = A + B$$

式中:符号"+"表示 A、B 的或运算,也表示逻辑加。用或逻辑门电路实现或运算,其逻辑符号如图 2.2(d)所示。

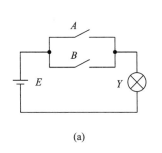

开关A	开关B	灯Y
断开	断开	灭
断开	闭合	亮
闭合	断开	亮
闭合	闭合	亮

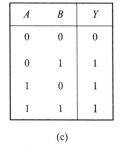

A	B	Y
0	0	0
0	1	1
1	0	1
1	1	1

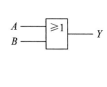

(a)　　　　　　　　(b)　　　　　　　　(c)　　　　　　　　(d)

图 2.2　或逻辑运算

3. 非运算

图 2.3(a)所示,当开关 A 闭合时灯泡被短路,灯灭;而当开关 A 断开时,灯泡亮。其真值表如图 2.3(b)所示。因此,从这个电路可总结出这样的逻辑关系,即一件事情(灯亮)的发生是以其相反的条件为依据,这种逻辑关系称为非逻辑。如前所述,用 0 和 1 表示的或逻辑真值表如图 2.3(c)所示,若用逻辑表达式来描述,则可写为

$$L=\overline{A}$$

式中：字母 A 上方的短划线"－"表示非运算。用非逻辑门电路实现非运算，其逻辑符号如图 2.3(d)所示。

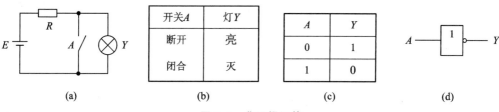

开关A	灯Y
断开	亮
闭合	灭

A	Y
0	1
1	0

(a)　　　　　　　(b)　　　　　　(c)　　　　　　(d)

图 2.3　非逻辑运算

2.1.2　复合逻辑运算

复合逻辑运算

人们在研究实际问题时，发现事物的各个因素之间的逻辑关系往往要比单一的与、或、非这 3 种基本逻辑运算复杂得多，但都可以用与、或、非的组合来实现。含有两种或两种以上基本逻辑运算的逻辑运算称为复合逻辑运算。最常用的复合逻辑运算有与非、或非、与或非、异或、同或等，相应的门电路分别为与非门、或非门、与或非门、异或门、同或门等。

1. 与非运算

能实现与非运算的门电路称为与非门。图 2.4(a)所示为与门和非门连接起来构成的与非门，图 2.4(b)所示为与非门的逻辑符号。与非门的逻辑表达式为

$$0 \cdot 0 = 0, 0 \cdot 1 = 0, 1 \cdot 0 = 0, 1 \cdot 1 = 1$$

与非门的真值表如图 2.4(c)所示。由图 2.4(c)可知与非门的逻辑功能是：输入有 0 时，输出为 1；输入全 1 时，输出为 0。

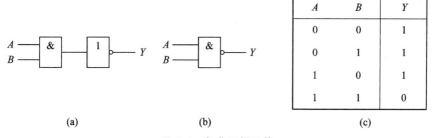

A	B	Y
0	0	1
0	1	1
1	0	1
1	1	0

(a)　　　　　　　(b)　　　　　　　(c)

图 2.4　与非逻辑运算

2. 或非运算

能实现或非运算的门电路称为或非门。图 2.5(a)所示为或门和非门连接起来构成的或非门，图 2.5(b)所示为或非门的逻辑符号。或非门的逻辑表达式为

$$Y = \overline{A+B}$$

或非门的真值表如图 2.5(c)所示。由图 2.5(c)可知与非门的逻辑功能是：输入有 1 时，输出为 0；输入全 0 时，输出为 1。

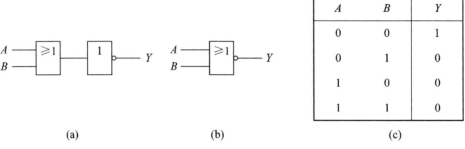

(a)　　　　　　　　(b)　　　　　　　　(c)

图 2.5　或非逻辑运算

3. 与或非运算

能实现与或非运算的门电路称为与或非门。图 2.6(a)所示为由两个与门、一个或门、一个非门构成的与或非门，其逻辑符号如图 2.6(b)所示。与或非门的逻辑表达式为

$$Y = A + B$$

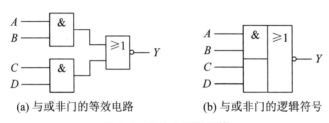

(a) 与或非门的等效电路　　　　(b) 与或非门的逻辑符号

图 2.6　与或非逻辑运算

4. 异或运算

能实现异或运算的门电路称为异或门。异或门的构成如图 2.7(a)所示，其逻辑符号如图 2.7(b)所示。异或门的逻辑表达式为

$$Y = A\overline{B} + \overline{A}B = A \oplus B$$

异或门的真值表如图 2.7(c)所示。由图 2.7(c)可知异或门的逻辑功能是：两个输入信号取值不同时，输出为 1；取值相同时，输出为 0。

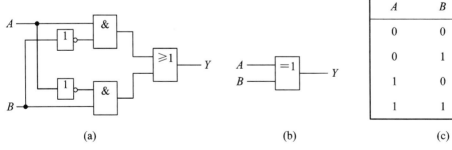

(a)　　　　　　　　(b)　　　　　　　　(c)

图 2.7　异或逻辑运算

5. 同或运算

能实现同或运算的门电路称为同或门。同或门的构成如图 2.8(a)所示，其逻辑符号如图 2.8(b)所示。同或门的逻辑表达式为

$$Y=\overline{A}\ \overline{B}+AB=A\odot B$$

同或门的真值表如图 2.8(c)所示。由图 2.8(c)可知同或门的逻辑功能是：两个输入信号取值相同时，输出为 1；取值不同时，输出为 0。

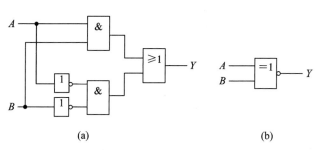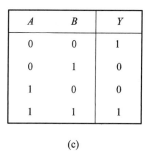

(a)　　　　　　　　　(b)　　　　　　　　　(c)

图 2.8　同或逻辑运算

由图 2.7(c)和图 2.8(c)可知，异或运算和同或运算互为非运算，即有

$$\overline{A\overline{B}+\overline{A}B}=A\oplus B$$

必须注意的是，每个异或门只有两个输入信号。若要实现 3 个输入信号的异或运算 $Y=A\oplus B\oplus C$，则需要两个异或门，如图 2.9 所示。

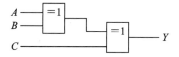

图 2.9　3 个输入信号异或运算的实现

同或门无独立产品，通常由异或门加反相器构成。

2.2　逻辑代数的基本定理及常用公式

2.2.1　逻辑代数的定律和公式

根据逻辑变量的取值只有 0 和 1，以及逻辑变量的三种基本运算法则，可以推导出逻辑运算的基本公式和定理。这些公式和定理的证明，最直接的方法就是列出等式两边表达式的真值表，看其是否完全相同，还可以利用已知的公式证明其他公式。

1. 常量之间的关系

在二值逻辑中只有 0 和 1 两个常量，逻辑变量的取值不是 0 就是 1，而最基本的逻辑运算又只有与、或、非，所以常量之间的关系也只有与、或、非。

（1）与运算：

$$0\cdot 0=0,\ 0\cdot 1=0,\ 1\cdot 0=0,\ 1\cdot 1=1$$

（2）或运算：

$$0+0=0,\ 0+1=1,\ 1+0=1,\ 1+1=1$$

（3）非运算：

$$\overline{1}=0,\overline{0}=1$$

2．基本公式

（1）0－1律：

$$\begin{cases} A+0=A \\ A\cdot 1=A \end{cases}, \begin{cases} A+1=1 \\ A\cdot 0=0 \end{cases}$$

（2）互补律：

$$\begin{cases} A+\overline{A}=1 \\ A\cdot \overline{A}=0 \end{cases}$$

（3）等幂律：

$$\begin{cases} A+A=A \\ AA=A \end{cases}$$

（4）双重否定律：

$$\overline{\overline{A}}=A$$

3．基本定理

（1）交换律：

$$\begin{cases} AB=BA \\ A+B=B+A \end{cases}$$

（2）结合律：

$$\begin{cases} (AB)C=A(BC) \\ (A+B)+C=A+(B+C) \end{cases}$$

（3）分配率：

$$\begin{cases} A(B+C)=AB+AC \\ A+BC=(A+B)(A+C) \end{cases}$$

证明

$$(A+B)(A+C)=AA+AB+AC+BC$$
$$=A+AB+AC+BC$$
$$=A(1+B+C)+BC$$
$$=A+BC$$

（4）反演律（又称摩根定律）

$$\begin{cases} \overline{AB}=\overline{A}+\overline{B} \\ \overline{A+B}=\overline{A}\ \overline{B} \end{cases}$$

4．常用公式

（1）还原律：

$$\begin{cases} AB+A\overline{B}=A \\ (A+B)(A+\overline{B})=A \end{cases}$$

（2）吸收律：

$$\begin{cases} A+AB=A \\ A(A+B)=A \end{cases}$$

$$\begin{cases} A(\overline{A}+B)=AB \\ A+\overline{A}B=A+B \end{cases}$$

证明
$$\begin{aligned} A+\overline{A}B &=(A+\overline{A})(A+B)=1\cdot(A+B) \\ &=AA+AB+A\overline{A}+\overline{A}B \\ &=(A+AB)+\overline{A}B \\ &=A+\overline{A}B \end{aligned}$$

（3）冗余律：

$$AB+\overline{A}C+BC=AB+\overline{A}C$$

证明
$$\begin{aligned} AB+\overline{A}C+BC &=AB+\overline{A}C+(A+\overline{A})BC \\ &=AB+\overline{A}C+ABC+\overline{A}BC \\ &=AB(1+C)+\overline{A}C(1+B) \\ &=AB+\overline{A}C \end{aligned}$$

2.2.2　逻辑代数中的基本规则

逻辑代数中有 3 个重要规则。通过这 3 个规则的变换，可以得到更多的公式，也可以扩充公式的应用范围。规则如下：

1. 代入规则

在任何一个逻辑等式中，如果将等式两边所有出现某一变量的地方都用同一个逻辑函数代替，则等式仍然成立。这个规则称为代入规则。

例如，已知等式 $\overline{AB}=\overline{A}+\overline{B}$，用函数 $Y=AC$ 代替 A，根据代入规则，等式仍然成立。

证明　左边：
$$\overline{(AC)B}=\overline{AC}+\overline{B}=\overline{A}+\overline{B}+\overline{C}$$

　　　　右边：
$$\overline{AC}+\overline{B}=\overline{A}+\overline{B}+\overline{C}$$

左右两边相等，等式成立。

2. 反演规则

对于任何一个逻辑表达式 Y，如果将表达式中的所有"·"换成"＋"，"＋"换成"·"，"0"换成"1"，"1"换成"0"，原变量换成反变量，反变量换成原变量，那么得到的表达式就是原函数 Y 的反函数 $\overline{Y}$。这个规则称为反演规则。

运用反演规则求反函数时应注意两点：

（1）运算符号的优先次序是：先括号，然后乘，最后加。

（2）不是单个变量的反号保持不变。

例如：

$$Y=A\overline{B}+CD \longrightarrow \overline{Y}=(\overline{A}+B)(\overline{C}+\overline{D})$$

$$Y=\overline{\overline{A\overline{B}+C}+D+E} \longrightarrow \overline{Y}=\overline{\overline{(\overline{A}+B)\cdot\overline{C}}\cdot\overline{D}\cdot\overline{E}}$$

3. 对偶规则

对于任何一个逻辑表达式 Y，如果将表达式中的所有"·"换成"＋"，"＋"换成"·"，"0"换成"1"，"1"换成"0"，而变量保持不变，则可得到的一个新的函数表达式 Y'，Y' 称为函数 Y 的对偶函数。这个规则称为对偶规则。求对偶函数时应注意变量和原式中的优先顺序应保持不变。例如：

$$Y = A\overline{B} + CD \longrightarrow Y' = (A + \overline{B})(C + D)$$

$$Y = \overline{\overline{A\overline{B} + C} + D + E} \longrightarrow Y' = \overline{\overline{(A + \overline{B}) \cdot C} \cdot D \cdot E}$$

对偶规则的意义在于：如果两个函数相等，则它们的对偶函数也相等。

将上述反函数的例子与对偶函数的例子进行对照，可以看出，对于一个逻辑函数，其反函数和对偶函数之间在形式上只差变量的"非"。因此，若已求得一个函数的反函数，只要将所有变量取反便得到该函数的对偶函数，反之亦然。

2.3   逻辑函数及其表示方法

2.3.1   逻辑函数的定义

逻辑函数：如果对应于输入逻辑变量 A、B、C、… 的每一组确定值，输出逻辑变量 Y 就有唯一确定的值与之对应，则称 Y 是 A、B、C、… 的逻辑函数，记为

逻辑函数

$$Y = f(A、B、C、\cdots)$$

将逻辑变量用"与""或""非"3 种运算符连接起来所构成的式子，称为逻辑表达式。逻辑表达式是逻辑函数的一种表示形式。一般地，在逻辑表达式中，等号右边的字母 A、B、C、D 等称为输入逻辑变量，等式左边的字母 Y 称为输出逻辑变量。字母上面没有非运算符的也可以叫做原变量，有非运算符的叫做反变量。

2.3.2   逻辑函数常用的表示方法

常用的逻辑函数表示方法有真值表、逻辑表达式、卡诺图、逻辑图、波形图。我们只要知道其中的一种表示形式，就可以将其转换为其他任何一种表示形式。

逻辑函数表示方法

1. 真值表

真值表是将输入逻辑变量的所有可能取值及其对应的逻辑函数值排列在一起组成的表格。这是一种用表格表示逻辑函数的方法。一个输入逻辑变量只有 0 和 1 两种可能的取值，故 n 个变量共有 2^n 种取值组合，将这 2^n 种不同的取值按顺序排列起来，同时在相应位置上填入函数值，便可得到逻辑函数的真值表。

真值表的优点是直观明了，输入变量一旦确定，即可在真值表中查出相应的函数值，所以在很多数字集成电路手册中，常以真值表的形式给出器件的逻辑功能。用真值表表示逻辑函数适用于逻辑变量的数目不超过 4 个。

2. 逻辑表达式

逻辑表达式是用与、或、非等基本逻辑运算来表示输入变量和输出变量因果关系的逻辑代数式。这是一种用公式表示逻辑函数的方法。

一个逻辑函数的表达式可以有与或表达式、或与表达式、与非-与非表达式、或非-或非表达式、与或非表达式，以及多种表示形式。一种形式的函数表达式对应于一种逻辑电路。尽管一个逻辑函数表达式的表示形式不同，但其逻辑功能是相同的。例如：

$$
\begin{aligned}
Y &= \overline{A}B + AC & \text{与或表达式} \\
  &= (A+B)(\overline{A}+C) & \text{或与表达式} \\
  &= \overline{\overline{\overline{A}B} \cdot \overline{AC}} & \text{与非-与非表达式} \\
  &= \overline{\overline{\overline{A}+B} + \overline{\overline{A}+C}} & \text{或非-或非表达式} \\
  &= \overline{\overline{A}\ \overline{B} + \overline{AC}} & \text{与或非表达式}
\end{aligned}
$$

其中：与或表达式最为常见，同时与或表达式也比较容易和其他形式的表达式进行相互转换。逻辑函数的与或表达式就是将函数表示为若干个乘积项之和的形式，即若干个与项相或的形式。

1）逻辑函数的最小项及其性质

（1）最小项。如果一个函数的某个乘积项包含了函数的全部变量，其中每个变量都以原变量或反变量的形式出现，且仅出现一次，则这个乘积项称为该函数的一个标准积项，标准积项通常称为最小项。

逻辑函数最小项

根据最小项的定义可知：一个变量 A 可组成两个最小项：A、$\overline{A}$；两个变量 A、B 可组成 4 个最小项：$\overline{A}\overline{B}$、$\overline{A}B$、$A\overline{B}$、AB；三个变量 A、B、C 可组成 8 个最小项：$\overline{A}\overline{B}\overline{C}$、$\overline{A}\overline{B}C$、$\overline{A}B\overline{C}$、$\overline{A}BC$、$A\overline{B}\overline{C}$、$A\overline{B}C$、$AB\overline{C}$、$ABC$。

一般情况下，n 个变量可组成 2^n 个最小项。

（2）最小项的表示方法。通常用符号 m_i 来表示最小项。其中，下标 i 是这样确定的：把最小项中的原变量记为 1，反变量记为 0，当变量顺序确定后，可以按顺序排列成一个二进制数，与这个二进制数相对应的十进制数，就是这个最小项的下标 i。按照这个原则，3 个变量的 8 个最小项可以分别表示为 $m_0 = \overline{A}\overline{B}\overline{C}$，$m_1 = \overline{A}\overline{B}C$，$m_2 = \overline{A}B\overline{C}$，$m_3 = \overline{A}BC$，$m_4 = A\overline{B}\overline{C}$，$m_5 = A\overline{B}C$，$m_6 = AB\overline{C}$，$m_7 = ABC$。

为了分析最小项的性质，现将 3 个变量的全部最小项的真值表列于表 2.1 中。

（3）最小项的性质。

① 对于任意一个最小项，只有一组变量取值使其值为 1。

② 任意两个不同的最小项的乘积必为 0。

③ 全部最小项的和必为 1。

表 2.1　变量全部最小项的真值表

A B C	m_0	m_1	m_2	m_3	m_4	m_5	m_6	m_7
0 0 0	1	0	0	0	0	0	0	0
0 0 1	0	1	0	0	0	0	0	0
0 1 0	0	0	1	0	0	0	0	0
0 1 1	0	0	0	1	0	0	0	0
1 0 0	0	0	0	0	1	0	0	0
1 0 1	0	0	0	0	0	1	0	0
1 1 0	0	0	0	0	0	0	1	0
1 1 1	0	0	0	0	0	0	0	1

2) 逻辑函数的最小项表达式

任一个逻辑函数均可以表示成一组最小项的和，这种表达式称为函数的最小项表达式，也称为函数的标准与或表达式，或称为函数的标准积之和形式。任何一个 n 变量的函数都有一个且仅有一个最小项表达式。

反复使用公式 $A+\overline{A}=1$ 和 $A(B+C)=AB+AC$，可以求出函数的最小项表达式。

例如：

$$
\begin{aligned}
Y &= \overline{A}+BC = \overline{A}(B+\overline{B})(C+\overline{C})+(A+\overline{A})BC \\
&= \overline{A}BC+\overline{A}B\overline{C}+\overline{A}\overline{B}C+\overline{A}\overline{B}\overline{C}+ABC+\overline{A}BC \\
&= \overline{A}\,\overline{B}\,\overline{C}+\overline{A}\,\overline{B}C+\overline{A}B\overline{C}+\overline{A}BC+ABC \\
&= m_0+m_1+m_2+m_3+m_7 \\
&= \sum m(0,1,2,3,7)
\end{aligned}
$$

其中："$\sum$"表示或运算，括号中的数字表示最小项的下标值。如果列出了函数的真值表，则只要将函数值为 1 的那些最小项相加，便是函数的最小项表达式。

例如，函数 $Y=\overline{A}B+\overline{B}C$ 的真值表如表 2.2 所示，由真值表可得函数的最小项表达式为

$$
Y = m_1+m_2+m_3+m_5 = \sum m(1,2,3,5)
$$

表 2.2　函数 $Y=\overline{A}B+\overline{B}C$ 的真值表

A B C	Y	最小项
0 0 0	0	m_0
0 0 1	1	m_1
0 1 0	1	m_2
0 1 1	1	m_3
1 0 0	0	m_4
1 0 1	1	m_5
1 1 0	0	m_6
1 1 1	0	m_7

3）反函数的最小项表达式

如果将真值表中函数值为 0 的那些最小项相加，便可得到反函数的最小项表达式。例如，如表 2.2 所示，可以写出函数 $Y=\overline{A}B+\overline{B}C$ 的反函数 $\overline{Y}$ 的最小项表达式为

$$\overline{Y}=m_0+m_4+m_6+m_7=\sum m(0,4,6,7)$$

3. 卡诺图

卡诺图是由表示变量的所有可能的取值组合成的小方格所构成的图形。卡诺图是真值表中各项的二维排列方式，是真值表的一种变形。在卡诺图中，真值表的每一行用一个小方格来表示。关于卡诺图的知识在本书 2.4.3 小节中进行详细讲解。

4. 逻辑图

逻辑图是由表示逻辑运算的逻辑符号所构成的图形。在数字电路中，用逻辑符号表示基本单元电路及由这些基本单元电路组成的部件，因此用逻辑图表示逻辑函数是一种比较接近工程实际的表示方法。根据逻辑表达式画逻辑图时，只要把逻辑表达式中各个逻辑运算用相应门电路的逻辑符号代替，就可以画出对应的逻辑图。因为逻辑表达式不是唯一的，所以逻辑图也不是唯一的。

例如，函数 $Y=\overline{A}B+BC$ 可以用图 2.10 所示的逻辑图来表示。

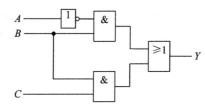

图 2.10　函数 $Y=\overline{A}B+BC$ 的逻辑图

5. 波形图

波形图是由输入变量的所有可能取值组合的高、低电平及其对应的输出函数值的高、低电平所构成的图形。波形图可以将输出函数的变化和输入变量的变化之间在时间上的对应关系直观地表示出来，因此又称为时间图或时序图。此外，可以利用示波器对电路的输入、输出波形进行测试、观察，以判断电路的输入、输出是否满足给定的逻辑关系。

例如，函数 $Y=\overline{A}B+BC$ 可以用图 2.11 所示的波形图来表示。

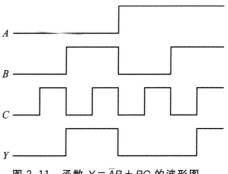

图 2.11　函数 $Y=\overline{A}B+BC$ 的波形图

2.4　逻辑函数的化简

2.4.1　化简的意义

根据逻辑表达式，可以画出相应的逻辑图。但是直接根据逻辑要求而归纳出来的逻辑

表达式及其对应的逻辑电路，往往不是最简单的形式，这就需要对逻辑表达式进行化简。逻辑函数表达式越简单，逻辑关系越明显，组成逻辑电路所需的电子元器件就会越少，电路工作越稳定可靠。

化简逻辑函数经常用到的方法有两种：一种是公式化简法，就是利用逻辑代数中的公式进行化简；另一种是图形化简法，用来进行化简的工具是卡诺图。

2.4.2 公式化简法

逻辑函数的公式化简法就是运用逻辑代数的基本公式、定理以及规则来化简逻辑函数的一种方法。常用的方法如下：

逻辑函数公式法化简

1. 并项法

利用公式 $A+\bar{A}=1$，将两项合并为一项，并消去一个变量。例如：
$$Y=ABC+\bar{A}BC+B\bar{C}=(A+\bar{A})BC+B\bar{C}=BC+B\bar{C}=B(C+\bar{C})=B$$

2. 吸收法

（1）利用公式 $A+AB=A$，消去多余的项。例如：
$$Y=A\bar{B}+A\bar{B}CDE=A\bar{B}$$

（2）利用公式 $A+\bar{A}B=A+B$，消去多余的变量。例如：
$$Y=AB+\bar{A}C+\bar{B}C=AB+(\bar{A}+\bar{B})C=AB+\overline{AB}C=AB+C$$

3. 配项法

（1）利用公式 $A=A(B+\bar{B})$，为某一项配上其所缺的变量，以便用其他方法进行化简。例如：
$$Y=A\bar{B}+B\bar{C}+\bar{A}C=A\bar{B}+B\bar{C}+\bar{A}C(B+\bar{B})$$
$$=A\bar{B}+B\bar{C}+\bar{A}BC+\bar{A}B\bar{C}$$
$$=A\bar{B}(1+\bar{C})+B\bar{C}(1+A)$$
$$=A\bar{B}+B\bar{C}$$

（2）利用公式 $A+A=A$，为某项配上其所能合并的项。例如：
$$Y=AB\bar{C}+\bar{A}BC+ABC=(AB\bar{C}+ABC)+(\bar{A}BC+ABC)=AB+BC$$

4. 消去冗余项法

利用冗余律 $AB+\bar{A}C+BC=AB+\bar{A}C$，将冗余项 BC 消去。例如：
$$Y_1=A\bar{B}+AC+ADE+\bar{C}D=A\bar{B}+(AC+\bar{C}D+ADE)=A\bar{B}+AC+\bar{C}D$$
$$Y_2=AB+\bar{B}C+AC(DE+FG)=AB+\bar{B}C$$

【例 2-1】化简函数 $Y=AB+A\bar{C}+\bar{B}C+B\bar{C}+ADEF$。

解
$$Y=AB+A\bar{C}+\bar{B}C+B\bar{C}+ADEF$$
$$=A(B+\bar{C})+\bar{B}C+B\bar{C}+ADEF$$
$$=A\overline{\bar{B}C}+\bar{B}C+B\bar{C}+ADEF$$
$$=A+\bar{B}C+B\bar{C}+ADEF$$
$$=A+\bar{B}C+B\bar{C}$$

【**例 2－2**】化简函数 $Y=(\overline{B}+D)(\overline{B}+D+A+G)(C+E)(\overline{C}+G)(A+E+G)$。

解　利用对偶规则先求出对偶函数 Y'，并对其进行化简。

$$Y'=\overline{B}D+\overline{B}DAG+CE+\overline{C}G+AEG=\overline{B}D+CE+\overline{C}G$$

接着再求 Y' 的对偶函数，就得到 Y 的最简或与表达式。

$$Y=(\overline{B}+D)(C+E)(\overline{C}+G)$$

公式法化简逻辑函数的优点是简单方便，不受逻辑变量数目的限制，适用于变量较多、较复杂逻辑函数的化简。其缺点是需要掌握许多公式和定理，技巧性强。并且直观性差，很难判断化简结果是否是最简的。

2.4.3　卡诺图化简法

卡诺图

卡诺图不但能表示逻辑函数，而且还能化简逻辑函数。卡诺图化简法也称为图形化简法，该方法简便、直观，是逻辑函数化简的一种常用方法。

1. 卡诺图的构成

将逻辑函数真值表中的最小项重新排列成矩阵形式，并且使矩阵的横方向和纵方向的逻辑变量的取值按照格雷码的顺序排列，这样构成的图形就是卡诺图。如图 2.12 所示分别为 2 变量、3 变量、4 变量的卡诺图。

图 2.12　卡诺图的构成

如果一个逻辑函数的某两个最小项只有一个变量不同，其余变量均相同，则称这样的两个最小项为相邻最小项。如 ABC 和 $\overline{A}BC$、$\overline{A}BCD$ 和 $\overline{A}BC\overline{D}$。相邻最小项可以合并并且消去一个变量，如 $ABC+\overline{A}BC=(A+\overline{A})BC=BC$，$\overline{A}BCD+\overline{A}BC\overline{D}=\overline{A}BC(D+\overline{D})=\overline{A}BC$。逻辑函数化简的实质就是合并相邻最小项。

卡诺图的特点是任意两个相邻最小项在卡诺图中也是相邻的。并且图中最左列的最小项与最右列的相应最小项也是相邻的；最上面一行的最小项与最下面一行的相应最小项也是相邻的。因此，每个 2 变量的最小项有 2 个最小项与它相邻；每个 3 变量的最小项有 3 个最小项与它相邻；每个 4 变量的最小项有 4 个最小项与它相邻。

2. 卡诺图表示函数的方法

（1）逻辑函数以真值表或者以最小项逻辑表达式给出。在卡诺图中，与给定逻辑函数的最小项相对应的方格内填入 1，其余的方格内填入 0，即得到该函数的卡诺图。例如，已知如表 2.3 所示的函数 Y 的真值表，在卡诺图中对应于 ABC 取值分别为 011、100、101、111 的方格内填入 1，其余方格内填入 0，即得如图 2.13 所示的卡诺图。

表 2.3　函数 Y 真值表

A	B	C	Y
0	0	0	0
0	0	1	0
0	1	0	0
0	1	1	1
1	0	0	1
1	0	1	1
1	1	0	0
1	1	1	1

再如，已知最小项逻辑表达式 $Y = A\overline{B}C + A\overline{B}\,\overline{C} + ABC + \overline{A}BC$，即 $Y = \sum m(3,4,5,7)$，那么在与最小项 m_3、m_4、m_5、m_7 相对应的方格内填入 1，其余方格内填入 0，即得该函数的卡诺图，如图 2.14 所示。

A＼BC	00	01	11	10
0	0	0	1	0
1	1	1	1	0

图 2.13　表 2.3 所示的函数 Y 的卡诺图

A＼BC	00	01	11	10
0	0	0	1	0
1	1	1	1	0

图 2.14　卡诺图

(2) 逻辑函数以一般的逻辑表达式给出。先将函数变换为与或表达式(不必变换成最小项之和的形式)，然后在卡诺图中，包含有每一个乘积项的那些最小项(该乘积项就是这些最小项的公因子)相对应的方格内填入 1，其余的方格内填入 0，即得到该函数的卡诺图。

例如，已知逻辑表达式 $Y = A\overline{B} + BC$，在这个表达式中有两个乘积项 $A\overline{B}$ 和 BC，包含乘积项 $A\overline{B}$ 的最小项有 $m_4 = A\overline{B}\,\overline{C}$ 和 $m_5 = A\overline{B}C$，包含乘积项 BC 的最小项有 $m_3 = \overline{A}BC$ 和 $m_7 = ABC$，在和这些最小项相对应的方格内填入 1，其余方格填入 0，即得该函数的卡诺图如图 2.15 所示。

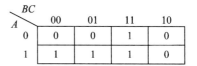

A＼BC	00	01	11	10
0	0	0	1	0
1	1	1	1	0

图 2.15　卡诺图

【例 2-3】画出 $Y = \overline{(A+D)(B+\overline{C})}$ 的卡诺图。

解 $$Y = \overline{(A+D)(B+\overline{C})} = \overline{A+D} + \overline{B+\overline{C}} = \overline{A}\,\overline{D} + \overline{B}C$$

卡诺图如图 2.16 所示。

AB＼CD	00	01	11	10
00	1	0	1	1
01	1	0	0	1
11	0	0	0	0
10	0	0	1	1

图 2.16　卡诺图

3. 卡诺图的性质

（1）卡诺图中，任何 $2(2^1)$ 个标 1 的相邻最小项，可以合并为 1 项，并消去 1 个变量。例如，在图 2.17 中，最小项 $m_0 = \overline{A}\,\overline{B}\,\overline{C}$ 与 $m_4 = A\overline{B}\,\overline{C}$ 相邻，它们可以合并，并消去变量 A，即 $\overline{A}\,\overline{B}\,\overline{C} + A\overline{B}\,\overline{C} = \overline{B}\,\overline{C}$；最小项 $m_3 = \overline{A}BC$ 与 $m_7 = ABC$ 相邻，它们也可以合并，并消去变量 A，即 $\overline{A}BC + ABC = BC$。这种合并在卡诺图中表示为把两个标 1 的方格圈在一起，并将圈中互反因子消去，保留共有变量因子。

（2）卡诺图中，任何 $4(2^2)$ 个标 1 的相邻最小项，可以合并为 1 项，并消去 2 个变量。例如，在图 2.18 中，最小项 m_0、m_2、m_8、m_{10} 彼此相邻，它们可以合并，即 $\overline{A}\,\overline{B}\,\overline{C}\,\overline{D} + \overline{A}\,\overline{B}C\overline{D} + A\overline{B}\,\overline{C}\,\overline{D} + A\overline{B}C\overline{D} = \overline{A}\,\overline{B}\,\overline{D} + A\overline{B}\,\overline{D} = \overline{B}\,\overline{D}$；最小项 m_5、m_7、m_{13}、m_{15} 彼此相邻，它们也可以合并，即 $\overline{A}B\overline{C}D + \overline{A}BCD + AB\overline{C}D + ABCD = \overline{A}BD + ABD = BD$。这样可得该图合并后的函数表达式为

$$Y = \overline{B}\,\overline{D} + BD$$

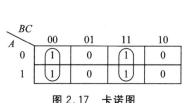

图 2.17 卡诺图

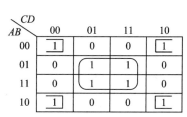

图 2.18 卡诺图

（3）卡诺图上任何 $8(2^3)$ 个标 1 的相邻最小项，可以合并为 1 项，并消去 3 个变量。例如，在图 2.19 中，8 个最小项合并后的结果为 $Y = D$。

图 2.19 卡诺图

综上所述：相邻最小项的数目必须为 2^i 个才能合并为一项，并消去 i 个变量。包含的最小项数目越多，即由这些最小项所形成的圈越大，消去的变量也就越多，从而所得到的逻辑表达式就越简单。这就是利用卡诺图化简逻辑函数的基本原理。

4. 卡诺图化简法的步骤

（1）将逻辑函数用卡诺图表示出来。

（2）合并相邻的最小项。画卡诺圈时，每个圈包含的标 1 的小方格的数目必须是 2^i 个，并可根据需要将一些标 1 的小方格同时画在几个圈内，但每个圈都要有新的方格，否则它就是多余的，同时不能漏掉任何一个标 1 的小方格；此外，要求圈的小方格的个数越少越好，每个圈所包含的标 1 的方格数目越多越好，这样化简后函

卡诺图化简

数的乘积项就最少，并且每个乘积项的变量也就最少，即化简后的函数是最简的。

（3）将代表每个圈的乘积项相加，即得函数的最简与或表达式。

【例 2-4】 用图像化简法化简函数 $Y=\overline{(A \oplus C)\overline{(A\overline{C}+\overline{A}C)\overline{B}\,\overline{D}}}$。

解　（1）将逻辑函数转换为与或表达式。

$$Y=\overline{(A \oplus C)\overline{(A\overline{C}+\overline{A}C)\overline{B}\,\overline{D}}}$$
$$=\overline{A \oplus C}+\overline{\overline{(A\overline{C}+\overline{A}C)\overline{B}\,\overline{D}}}$$
$$=\overline{A}\,\overline{C}+AC+A\overline{B}\,\overline{C}\,\overline{D}+\overline{A}\,BCD$$

（2）画出卡诺图，如图 2.20 所示。

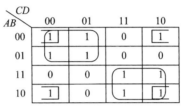

AB＼CD	00	01	11	10
00	1	1	0	1
01	1	1	0	0
11	0	0	1	1
10	1	0	1	1

图 2.20　卡诺图

（3）写出最简与或表达式。

$$Y=\overline{A}\,\overline{C}+AC+\overline{B}\,\overline{D}$$

2.4.4　具有无关项的逻辑函数化简

1. 具有无关项的逻辑函数

一般的逻辑函数，对应于每一组变量的取值，都能得到一个完全确定的函数值（0 或 1），如果一个逻辑函数有 n 个变量，函数就有 2^n 个最小项，对应于每一个最小项，函数都有一个确定的值。

实际中常会遇到一些逻辑函数，只要求某些最小项函数有确定的值，而对其余最小项，函数的取值可以随意，既可以为 0 也可以为 1；或者，在逻辑函数中变量的某些取值组合根本不会出现，或不允许出现。这些函数可以随意取值或不会出现的变量取值所对应的最小项称为随意项，无关项或约束项。

在真值表和卡诺图中，无关项对应的函数值用"×"表示。逻辑表达式中，用"d"表示无关项，或用等于 0 的条件等式来表示。该条件等式就是由无关项加起来所构成的值为 0 的逻辑表达式，叫做约束条件。

【例 2-5】 十字路口的交通信号灯，设红、绿、黄分别用 A、B、C 来表示，灯亮用 1 表示，灯灭用 0 表示；停车时 $Y=1$，通车时 $Y=0$。写出该问题的逻辑表达式。

解　交通信号灯在实际工作时，一次只允许一个灯亮，不允许有两个或两个以上的灯同时亮。在灯全灭时，表示此处交通不受管制，车辆可以自由通行。该逻辑问题可用表 2.4 来表示。

含随意项逻辑
函数的化简

表 2.4　例 2-5 真值表

A	B	C	Y
0	0	0	0
0	0	1	1
0	1	0	0
0	1	1	×
1	0	0	1
1	0	1	×
1	1	0	×
1	1	1	×

由真值表可以写出逻辑表达式：

$$\begin{cases} Y=\overline{A}\,\overline{B}C+A\overline{B}\,\overline{C} \\ \overline{A}BC+A\overline{B}C+AB\overline{C}+ABC=0 \end{cases}$$

或

$$Y=\sum m(1,\ 4)+\sum d(3,\ 5,\ 6,\ 7)$$

2. 含有无关项的逻辑函数的化简

充分利用无关项可以得到更简单的逻辑表达式，因而其相应的逻辑电路也会更简单。在化简的过程中，无关项的取值可以视具体情况取 0 或者 1。具体地讲，如果无关项对化简有利，则取 1；如果无关项对化简不利，则取 0。

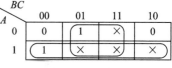

例如，在例 2-5 中，根据其真值表可以画出该逻辑函数的卡诺图，如图 2.21 所示。

A \ BC	00	01	11	10
0	0	1	×	0
1	1	×	×	×

图 2.21　卡诺图

利用无关项化简结果为

$$\begin{cases} Y=A+C \\ \overline{A}BC+A\overline{B}C+AB\overline{C}+ABC=0 \end{cases}$$

对比不利用无关项写出的逻辑表达式和利用无关项化简的结果可以看出，表达式的形式更加简单，并且结果的实际意义也明确很多，即只要红灯和黄灯亮就要停车。

【例 2-6】 化简函数 $Y(A、B、C、D)=\sum m(1,\ 2,\ 5,\ 6,\ 9)+\sum d(0,\ 7,\ 8,\ 10,\ 13,\ 14,\ 15)$。

解　该函数的卡诺图如图 2.22 所示。

AB \ CD	00	01	11	10
00	×	1	0	1
01	0	1	×	1
11	0	×	×	×
10	×	1	0	×

图 2.22　卡诺图

利用无关项化简为

$$\begin{cases} Y = \overline{C}D + C\overline{D} \\ \sum d(0,7,8,10,13,14,15) = 0 \end{cases}$$

2.4.5　逻辑函数几种表示方法的相互转换

逻辑函数表示法
间的相互转换

逻辑函数的 5 种表示方法各具特点，但在本质上是相通的，可以相互转换。其中，最为重要的是真值表与逻辑图之间的转换。

1. 由真值表到逻辑图的转换

真值表到逻辑图的转换步骤如下：

（1）根据真值表写出函数的与或表达式，或者画出函数的卡诺图。

（2）用公式法或者图形法进行化简，求出函数的最简与或表达式。

（3）根据函数的最简表达式画逻辑图，有时还要对与或表达式进行适当变换，才能画出所需要的逻辑图。

【例 2-7】输出变量 Y 是输入变量 A、B、C 的函数，当 A、B、C 的取值不一样时，$Y=1$；否则，$Y=0$。画出函数的逻辑图。

解　（1）列出函数的真值表，如表 2.5 所示。

表 2.5　例 2-7 函数的真值表

A	B	C	Y
0	0	0	0
0	0	1	1
0	1	0	1
0	1	1	1
1	0	0	1
1	0	1	1
1	1	0	1
1	1	1	0

由真值表写出函数的逻辑表达式为

$$Y = \sum m(1,2,3,4,5,6)$$

也可以根据真值表画出函数的卡诺图，如图 2.23 所示。

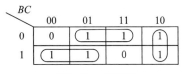

图 2.23　卡诺图

（2）用图形法化简。合并函数的最小项，得到函数的最简与或表达式为

$$Y = \overline{A}C + A\overline{B} + B\overline{C}$$

（3）画出函数的逻辑图。如图 2.24 所示。

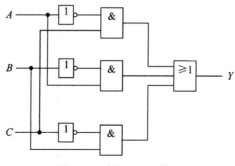

图 2.24   例 2-7 逻辑图

2. 逻辑图到真值表的转换

逻辑图到真值表的转换步骤如下：

（1）从输入到输出或从输出到输入，用逐级推导的方法，写出输出函数的逻辑表达式。

（2）将得到的逻辑表达式化简，求出函数的最简与或表达式。

（3）将变量的各种可能取值组合代入与或表达式中计算，列出函数的真值表。

【例 2-8】 逻辑图如图 2.25 所示，列出输出信号 Y 的真值表。

解 （1）从输出到输出逐级写出输出信号 Y 的逻辑表达式：

$$Y = AB + BC$$

（2）上式为最简与或表达式，无须化简。

（3）进行计算，列出真值表，见表 2.6。

图 2.25   例 2-8 逻辑图

表 2.6   例 2-8 函数的真值表

A	B	C	Y
0	0	0	0
0	0	1	0
0	1	0	0
0	1	1	1
1	0	0	0
1	0	1	0
1	1	0	1
1	1	1	1

你知道吗？

在学习逻辑代数时，我们知道了逻辑代数也叫布尔代数，可是关于它的首创者——英国数学家乔治·布尔的故事你知道吗？人的思维过程能用数

第 2 章拓展阅读

学表示吗？1849 年，英国数学家乔治·布尔(George Boole，1815—1864)首先对这个问题作了大胆的尝试，他应用代数方法研究了逻辑，把一些简单的逻辑思维数学化，建立了逻辑代数(布尔代数)。逻辑代数在发明后很久都不受重视，数学家们曾轻蔑地说它：没有数学意义，在哲学上也属于稀奇古怪的东西。直到 1938 年，一位 22 岁的美国年轻人克劳德·艾尔伍德·香农(美国数学家、信息论创始人)在硕士论文《继电器与开关电路的符号分析》中，将布尔代数与开关电路联系起来了，布尔代数从发明之初不被重视到应用差不多经历了一个世纪。现如今，布尔代数被广泛应用于开关电路和数字逻辑电路的分析和设计中。这些科学家的故事激励着我们刻苦学习、坚持理想，要具备创新意识和敢于挑战学科前沿的勇气。

同时，我们也知道卡诺图化简和公式化简可以使逻辑函数表达式更加直观、简便，但这种化简都要遵守一定的规则和定律，否则会将式子越化越繁琐。由此，我们是否受到启发，我们的生活必须要在一定的框架下，循规守矩、遵纪守法，人才能在社会上正常有序地生活，才会更加自由、舒适。你知道吗？

本 章 小 结

1．逻辑代数是分析和设计数字电路的重要工具。利用逻辑代数，可以把实际逻辑问题抽象为逻辑函数来描述，并且可以用逻辑运算的方法，解决逻辑电路的分析和设计问题。

2．与、或、非是 3 种基本逻辑关系，也是 3 种基本逻辑运算。与非、或非、与或非、异或则是由与、或、非 3 种基本逻辑运算复合而成的 4 种常用逻辑运算。

3．逻辑代数的公式和定理是推演、变换、化简逻辑函数的依据。

4．逻辑函数的化简有公式法和图形法等。公式法是利用逻辑代数的公式、定理、规则来对逻辑函数化简，这种方法适用于各种复杂的逻辑函数，但需要熟练地运用公式和定理，且具有一定的运算技巧。图形法就是利用函数的卡诺图来对逻辑函数化简，这种方法简单直观，容易掌握，但变量太多时卡诺图太复杂，图形法已不适用。在对逻辑函数化简时，充分利用随意项可以得到十分简单的结果。

本 章 习 题

1．列出逻辑函数 $F=\overline{A}B+AB\overline{C}$ 的真值表。

2．写出下列函数的反函数 $\overline{F}$，并将其化成最简与或式。

(1) $F_1=(\overline{A}+\overline{D})(\overline{B}+\overline{C}+D)(AB+\overline{C})$

(2) $F_2=(\overline{A}+\overline{B})(BCD+\overline{E})(\overline{B}+\overline{C}+\overline{E})(\overline{C}+A)$

(3) $F_3=A\cdot\overline{\overline{B}+C}+\overline{A}D$

(4) $F_4=(A\oplus B)C+(B\oplus \overline C)D$

3．证明下列逻辑式相等。

$$A\overline C+\overline BC+\overline AB=\overline AC+B\overline C+A\overline B$$

4．用逻辑代数的基本公式和常用公式将下列逻辑函数化为最简与或形式。

(1) $Y=A\overline B+B+\overline AB$

(2) $Y=A\overline BC+\overline A+B+\overline C$

(3) $Y=\overline{\overline{\overline ABC}+\overline{A\overline B}}$

(4) $Y=A\overline BCD+ABD+A\overline CD$

(5) $Y=A\overline B(\overline{\overline ACD+AD+\overline B\,\overline C})(\overline A+B)$

(6) $Y=AC(\overline{CD}+\overline AB)+BC(\overline{\overline B+AD+CE})$

(7) $Y=A\overline C+ABC+AC\overline D+CD$

(8) $Y=A+(\overline{B+\overline C})(A+\overline B+C)(A+B+C)$

(9) $Y=B\overline C+A\overline BCE+\overline B(\overline{\overline A\,\overline D+AD})+B(A\overline D+\overline AD)$

(10) $Y=AC+A\overline CD+AB\overline EF+B(D\oplus E)+B\overline C D\overline E+B\overline CDE+AB\overline EF$

5．求下列函数的反函数并化简为最简与或形式。

(1) $Y=AB+C$

(2) $Y=(A+BC)\overline CD$

(3) $Y=\overline{(A+\overline B)(\overline A+C)}AC+BC$

(4) $Y=\overline{\overline{A\overline BC}+\overline CD}(AC+BD)$

(5) $Y=A\overline D+\overline AC+\overline BCD+C$

(6) $Y=\overline E\,\overline F\,\overline G+\overline EF G+\overline EFG+\overline EFG+E\overline F\,\overline G+E\overline FG+EF\overline G+EFG$

6．将下列各函数式化为最小项之和的形式。

(1) $Y=\overline ABC+AC+\overline BC$

(2) $Y=A\overline B\,\overline CD+BCD+\overline AD$

(3) $Y=A+B+CD$

(4) $Y=AB+\overline{\overline{BC}(\overline C+\overline D)}$

(5) $Y=L\overline M+M\overline N+N\overline L$

7．将下列各式化为最大项之积的形式。

(1) $Y=(A+B)(\overline A+\overline B+\overline C)$

(2) $Y=A\overline B+C$

(3) $Y=\overline AB\overline C+\overline BC+A\overline BC$

(4) $Y=BC\overline D+C+\overline AD$

(5) $Y(A,B,C)=\sum(m_1,m_2,m_4,m_6,m_7)$

8．用卡诺图化简法将下列函数化为最简与或形式。

(1) $Y=ABC+ABD+\overline C\,\overline D+A\overline BC+\overline AC\overline D+A\overline CD$

(2) $Y = A\overline{B} + \overline{A}C + BC + \overline{C}D$

(3) $Y = \overline{A}\ \overline{B} + B\overline{C} + \overline{A} + \overline{B} + ABC$

(4) $Y = \overline{A}\ \overline{B} + AC + \overline{B}C$

(5) $Y = A\overline{B}\ \overline{C} + \overline{A}\ \overline{B} + \overline{A}D + C + BD$

(6) $Y(A, B, C) = \sum (m_0, m_1, m_2, m_3, m_5, m_6, m_7)$

(7) $Y(A, B, C) = \sum (m_1, m_3, m_5, m_7)$

(8) $Y(A, B, C) = \sum (m_0, m_1, m_2, m_3, m_4, m_6, m_8, m_9, m_{10}, m_{11}, m_{14})$

(9) $Y(A, B, C) = \sum (m_0, m_1, m_2, m_5, m_8, m_9, m_{10}, m_{12}, m_{14})$

(10) $Y(A, B, C) = \sum (m_1, m_4, m_7)$

9. 化简下列逻辑函数(方法不限)。

(1) $Y = A\overline{B} + \overline{A}C + \overline{C}\ \overline{D} + D$

(2) $Y = \overline{A}(C\overline{D} + \overline{C}D) + B\overline{C}D + A\overline{C}D + \overline{A}C\overline{D}$

(3) $Y = \overline{(\overline{A} + \overline{B})D} + (\overline{A}\ \overline{B} + BD)\overline{C} + \overline{A}\ \overline{C}BD + \overline{D}$

(4) $Y = A\overline{B}D + \overline{A}\ \overline{B}\ \overline{C}\ D + \overline{B}CD + \overline{(A\overline{B} + C)(B + D)}$

(5) $Y = \overline{A\overline{B}\ \overline{C}D + AC\overline{D}E + \overline{B}D\overline{E} + AC\ \overline{D}E}$

10. 试画出用与非门和反相器实现下列函数的逻辑图。

(1) $Y = AB + BC + AC$

(2) $Y = (\overline{A} + B)(A + \overline{B})C + \overline{BC}$

(3) $Y = \overline{A B\overline{C} + A\overline{B}C + \overline{A}BC}$

(4) $Y = A\overline{\overline{BC}} + \overline{\overline{AB}} + \overline{A}\ \overline{B} + BC$

第 2 章　习题答案

第3章

逻辑门电路

知识点

- 实现基本逻辑运算的逻辑门电路的功能。
- 集成逻辑门的主要特性和参数。
- TTL 逻辑门和 CMOS 逻辑门的主要特点。

在数字系统中，大量应用着执行基本逻辑操作的电路，这些电路被称为基本逻辑电路或门电路。逻辑门电路是逻辑电路中应用非常广泛的一种基本电路。电路的输出变量与输入变量之间存在着一定的逻辑关系。"门"即开关，信号能否通过"门"，取决于信号和控制条件之间的逻辑关系。

3.1 基本逻辑门电路

用以实现基本逻辑运算的单元电路称为基本门电路。基本门电路是指只有单一逻辑功能的门电路，如与门、或门、非门。

3.1.1 二极管门电路

1. 二极管与门

与门是一种能够实现"与"运算的逻辑电路。图 3.1 所示为二极管与门电路及其逻辑符号，其中 A、B 为输入变量，Y 为输出变量。

（1）$u_A = u_B = 0$ V 时，二极管 D_1、D_2 都处于正向导通状态，所以 $u_Y = 0.7$ V。

（2）$u_A = 0$ V，$u_B = 5$ V 时，二极管 D_1 优先导通，Y 点电位被 D_1 钳制在 0.7 V，使 D_2 反向截止，所以 $u_Y = 0.7$ V。

（3）$u_A = 5$ V，$u_B = 0$ V 时，二极管 D_2 优先导通，Y 点电位被 D_2 钳制在 0.7 V，使 D_1 反向

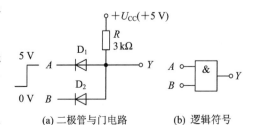

分立元件门电路

(a) 二极管与门电路　　　(b) 逻辑符号

图 3.1　二极管与门

截止，所以 $u_Y = 0.7$ V。

（4）$u_A = u_B = 5$ V 时，二极管 D_1、D_2 都处于反向截止状态，所以 $u_Y = 0$ V。

将以上分析列入表 3.1 中，可见图 3.1(a)所示的电路满足逻辑关系：当 A、B 中只要有一个输入为低电平时，对应的二极管导通，输出为低电平，只有当 A、B 同时输入高电平时，输出才为高电平，所以实现了逻辑与的关系，逻辑表达式为

$$Y = A \cdot B \tag{3-1}$$

用 1 表示高电平 H，而用 0 表示低电平 L，则称其为正逻辑体制；与此相反，用 0 表示高电平 H，而用 1 表示低电平 L，则称其为负逻辑体制。对于同一电路，可以采用正逻辑体制，也可以采用负逻辑体制。正逻辑和负逻辑两种体制不牵涉到逻辑电路本身的结构问题，但根据所选正负逻辑的不同，即使同一电路也具有不同的逻辑功能。本书如无特殊说明，一律采用正逻辑体制。

输入和输出逻辑变量分别用 A、B 和 Y 表示，将其代入表 3.1 中，即得到与门逻辑真值表 3.2。

与门的输入端可以有多个，只有当所有的输入都为高电平时，输出才为高电平；只要有一个输入为低电平，输出则为 0。即 $Y = ABC$。图 3.2 所示是 3 输入与门的工作波形，从图中可以清楚地看出与门的逻辑关系。

表 3.1 与门输入和输出的电平关系

u_A	u_B	u_Y	D_1	D_2
0 V	0 V	0.7 V	导通	导通
0 V	5 V	0.7 V	导通	截止
5 V	0 V	0.7 V	截止	导通
5 V	5 V	5 V	截止	截止

表 3.2 与门真值表

A	B	Y
0	0	0
0	1	0
1	0	0
1	1	1

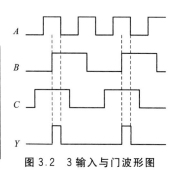

图 3.2 3 输入与门波形图

2. 二极管或门

或门是一种能够实现"或"运算的逻辑电路。图 3.3 所示为二极管或门电路及其逻辑符号，其中 A、B 为输入变量，Y 为输出变量。

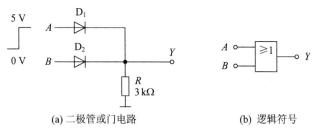

(a) 二极管或门电路　　　　　(b) 逻辑符号

图 3.3 二极管或门

（1）$u_A = u_B = 0$ V 时，二极管 D_1、D_2 都处于反向截止状态，所以 $u_Y = 0$ V。

（2）$u_A = 0$ V，$u_B = 5$ V 时，二极管 D_2 优先导通，Y 点电位被 D_2 钳制在 4.3 V，使 D_1 反向截止，所以 $u_Y = 4.3$ V。

（3）$u_A = 5$ V，$u_B = 0$ V 时，二极管 D_1 优先导通，Y 点电位被 D_1 钳制在 4.3 V，使 D_2

反向截止，所以 $u_Y = 4.3$ V。

（4）$u_A = u_B = 5$ V 时，二极管 D_1、D_2 都处于正向导通状态，所以 $u_Y = 4.3$ V。

输入和输出的电平关系见表 3.3。从表中可知，当 A、B 中只要有一个输入高电平时，输出 Y 即为高电平；只有当 A、B 都输入低电平时，D_1、D_2 都截止，输出才为低电平，从而实现了逻辑或的关系，逻辑表达式为：

$$Y = A + B \tag{3-2}$$

其真值表如表 3.4 所示。

或门的输入端也可以有多个，当其中有一个输入为高电平时，输出一定为高电平；当所有的输入都为低电平时，输出为低电平。即 $Y = A + B + C$。图 3.4 是 3 输入或门的工作波形，从中也可以清楚地看出或门的逻辑关系。

表 3.3　或门输入输出电平关系

u_A	u_B	u_Y	D_1	D_2
0 V	0 V	0 V	截止	截止
0 V	5 V	4.3 V	截止	导通
5 V	0 V	4.3 V	导通	截止
5 V	5 V	4.3 V	导通	导通

表 3.4　或门真值表

A	B	Y
0	0	0
0	1	1
1	0	1
1	1	1

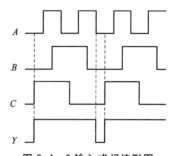

图 3.4　3 输入或门波形图

3.1.2　三极管非门

非门是一种能够实现"非"运算的逻辑电路。三极管非门如图 3.5 所示，为使输入低电平时三极管能可靠截止，只要图中 R_1、R_2 以及负电源 $-U_{BB}$ 的参数选择适当，当输入为低电位时，三极管基极为负电位，三极管将可靠截止，输出高电平；当输入为高电位时，三极管又可工作在饱和状态，输出低电平，实现逻辑非的关系。用逻辑表达式表示为

$$Y = \overline{A} \tag{3-3}$$

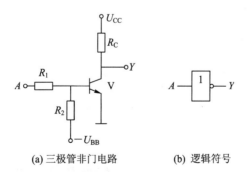

(a) 三极管非门电路　　　　(b) 逻辑符号

图 3.5　三极管非门

三极管非门（反相器）的真值表如表 3.5 所示。

图 3.6 所示是非门的波形图，可以看出非门的逻辑关系（输入低电平输出高电平，输入高电平输出低电平）。

表 3.5　非门真值表

A	Y
0	1
1	0

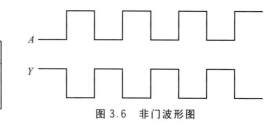

图 3.6　非门波形图

3.1.3　复合门电路

二极管与门和或门电路简单，缺点是其存在电平移动、带负载能力差、工作速度低、可靠性差；其优点是没有电平偏移、带负载能力强、工作速度高、可靠性好。将二极管与门、或门和非门连接起来，构成与非门、或非门。这种门电路称为二极管-三极管逻辑门电路（Diode-Transistor Logic，DTL）。

图 3.7 所示为 DTL 与非门的等效电路和逻辑符号，其真值表如表 3.6 所示，逻辑表达式为

$$Y = \overline{A \cdot B}$$

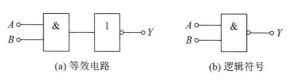

(a) 等效电路　　　　　(b) 逻辑符号

图 3.7　2 输入与非门

图 3.8 所示为 DTL 或非门的等效电路和逻辑符号，其真值表如表 3.7 所示，逻辑表达式为

$$Y = \overline{A + B} \tag{3-5}$$

表 3.6　2 输入与非门的真值表

A	B	Y
0	0	1
0	1	1
1	0	1
1	1	0

表 3.7　2 输入或非门的真值表

A	B	Y
0	0	1
0	1	0
1	0	0
1	1	0

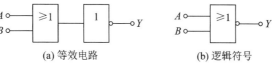

(a) 等效电路　　　　　(b) 逻辑符号

图 3.8　2 输入或非门

3.2　TTL 集成逻辑门电路

TTL 集成门电路

在双极型集成逻辑门电路中应用最广泛的是 TTL 电路，因为它的输入端和输出端都

是三极管的结构，所以称作三极管-三极管逻辑电路（Transistor-Transistor Logic，TTL）。国产的 TTL 电路有 CT54/74、CT54/74H、CT54/74S、CT54/74LS 等系列。其中，CT54/74 系列为标准系列，CT54/74LS 系列为低功耗肖特基系列。54 是军品器件，74 是民品器件，它们的区别仅在电压、温度等参数上，而逻辑上完全相同。

3.2.1　TTL 与非门

1. 电路结构

图 3.9(a)所示为 CT74 系列 TTL 与非门的典型电路。图中 V_1、R_1、V_{D1}、V_{D2} 组成输入级，V_2、R_2、R_3 组成倒相级，V_3、V_4、V_{D3}、R_4 组成输出级。V_1 是多发射极三极管，它的基区和集电区是共用的，而在 P 型的基区上加了两个（或多个）高掺杂的 N 型区，从而形成两个互相独立的发射极，相当于发射极独立而基极和集电极分别并联在一起的三极管，其等效电路如图 3.10 所示。V_2 的集电极和发射极分别输出二路极性变化相反的电压信号，称作倒相级；V_2 管的输出信号分别控制 V_3 和 V_4 管使它们一个导通而另一个截止，从而降低了输出级的静态功耗并提高其负载的能力。这种形式的电路通常称为推拉式电路。

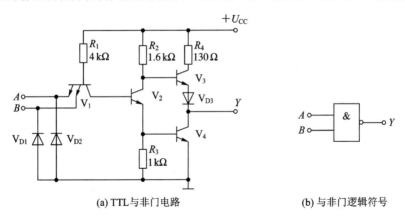

(a) TTL 与非门电路　　　　　　　(b) 与非门逻辑符号

图 3.9　CT74 系列 TTL 与非门及逻辑符号

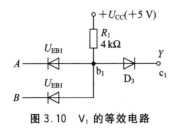

图 3.10　V_1 的等效电路

表 3.8　与非门真值表

A　B	Y
0　0	1
0　1	1
1　0	1
1　1	0

2. 工作原理

设 $U_{CC}=5$ V，$U_{IH}=3.4$ V，$U_{IL}=0.2$ V，并设开启电压 $U_{th}=0.7$ V。当 A、B 两端中有低电平输入时，V_1 管的发射结导通，其基极电位被钳位在 0.9 V 左右，这一电压分给 V_1 的集电结、V_2 和 V_4 管的发射结，故三个 PN 结不具备导通条件，V_2 和 V_4 管截止，而 V_1 管的集电极回路电阻为 R_2 与 V_2 管集电结反偏电阻之和，此阻值很大，此时 V_1 饱和。V_2 截止后，V_{C2}（V_2 的集电极中位）为高电平，V_{E2}（V_2 的发射极电位）为低电平，故 V_3 管饱和导通，而 V_4 管截止，输出为 U_{OH}。

$$U_{OH} = 5\ \text{V} - 0.7\ \text{V} - 0.7\ \text{V} \approx 3.6\ \text{V}$$

当 A、B 同时为高电平时，如果不考虑 V_2 和 V_4 的存在，则有 $v_{B1} = U_{IH} + U_{th} = 4.1\ \text{V}$，显然在 V_2 和 V_4 存在的情况下，其发射结必然导通，且 U_{CC} 经 R_1、V_1 管的集电结向 V_2 和 V_4 管提供基极电流，V_{B1}（V_1 的基极电位）被钳位在 $2.1\ \text{V}$ 左右。V_2 导通，V_{C2} 下降而 V_{E2} 上升，V_3 管截止而 V_4 管导通，输出为 U_{OL}。

$$U_{OL} = U_{CES} = 0.3\ \text{V}$$

综上所述，Y 与 A、B 间的关系为与非关系，即 $Y = \overline{A \cdot B}$，真值表如表 3.8 所示。与非门的逻辑符号见图 3.9(b)所示。图中，V_{D1}、V_{D2} 为输入端的钳位二极管，它们可抑制输入端可能出现的负极性干扰脉冲，以防止 V_1 的发射极电流过大，起到保护三极管的作用。

图 3.11 所示为集成与非门的引脚排列图。74LS00 内含四个 2 输入与非门，74LS20 内含两个 4 输入与非门。

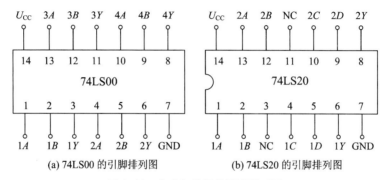

(a) 74LS00 的引脚排列图　　　　(b) 74LS20 的引脚排列图

图 3.11　集成与非门的引脚排列图

3.2.2　其他形式 TTL 逻辑门

1. 或非门

或非门是一种能实现"或"和"非"两种逻辑运算的电路，逻辑符号如图 3.12 所示。或非门的逻辑功能可用表 3.9 所示的真值表表示，也可以用逻辑函数式表示为

$$Y = \overline{A + B}$$

表 3.9　或非门的真值表

A	B	Y
0	0	1
0	1	0
1	0	0
1	1	0

图 3.12　或非门的逻辑符号

集成或非门的电路见图 3.13(a)。74LS02 是四 2 输入或非门，其引脚排列图见图 3.13(b)。

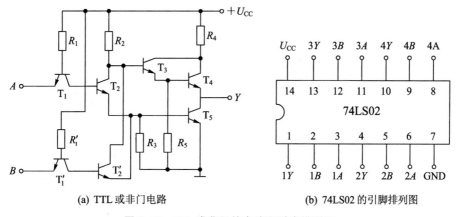

(a) TTL 或非门电路   (b) 74LS02 的引脚排列图

图 3.13　TTL 或非门的电路和引脚排列图

2. TTL 与或非门

与或非门是一种能实现"与""或"和"非"三种逻辑运算的电路，逻辑符号如图 3.14 所示。与或非门的逻辑功能可用表 3.10 所示的真值表表示，也可以用逻辑函数式表示为

$$Y = \overline{A \cdot B + C \cdot D} \tag{3-6}$$

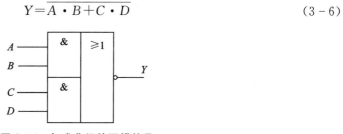

图 3.14　与或非门的逻辑符号

表 3.10　与或非门的真值表

A	B	C	D	Y	A	B	C	D	Y
0	0	0	0	1	1	0	0	0	1
0	0	0	1	1	1	0	0	1	1
0	0	1	0	1	1	0	1	0	1
0	0	1	1	0	1	0	1	1	0
0	1	0	0	1	1	1	0	0	0
0	1	0	1	1	1	1	0	1	0
0	1	1	0	1	1	1	1	0	0
0	1	1	1	0	1	1	1	1	0

　　TTL 集成与或非门 74LS51 的电路和引脚排列图见图 3.15，74LS51 是两路 2-2 输入与或非门。

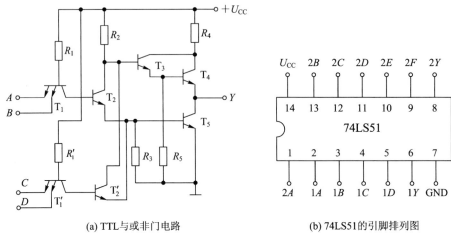

(a) TTL 与或非门电路   (b) 74LS51的引脚排列图

图 3.15   TTL 与或非门电路和引脚排列图

3. TTL 异或门

异或门是一种能实现"异或"运算的逻辑电路，逻辑符号如图 3.16 所示。异或门的逻辑功能可用表 3.11 所示的真值表表示，也可以用逻辑函数式表示为

$$Y = \overline{A} \cdot B + A \cdot \overline{B} = \overline{\overline{\overline{A} \cdot \overline{B}} + A \cdot B} = A \oplus B \qquad (3-7)$$

同或运算为异或的非，即

$$Y = A \odot B = \overline{A} \cdot \overline{B} + A \cdot B = \overline{A \oplus B} \qquad (3-8)$$

等效电路如图 3.17 所示。

表 3.11   异或门真值表

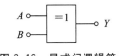

A B	Y
0 0	0
0 1	1
1 0	1
1 1	0

图 3.16   异或门逻辑符号

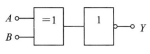

图 3.17   同或门等效电路

TTL 集成异或门 74LS86 的引脚排列图如图 3.18 所示，其中包含 4 个独立的异或门。

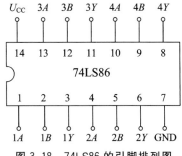

图 3.18   74LS86 的引脚排列图

3.2.3   TTL 集电极开路门

推拉式输出电路结构具有输出电阻低的优点，但有一定的局限性。首先，不能把它们

的输出端并联使用；其次，在采用推拉式输出级的门电路中，电流一经确定则输出的高电平就固定了，因而无法满足对不同输出高低电平的要求；最后，推拉式电路结构也不能满足驱动较大电流且高电压的负载的要求。克服上述局限性的方法是把输出级改为集电极开路的三极管结构，做成集电极开路的门电路（Open Collector, OC 门）。

图 3.19 所示为 OC 门的电路结构及逻辑符号。OC 门在实际工作时要在输出的集电极和电源之间加接负载电阻，只要负载电阻和电源的数值选择得当，则可满足不同输出电平的需要，当 OC 门输出管设计尺寸较大时，则可以承受较大的电流和电压。故 OC 门可用来驱动大电流高电压负载。

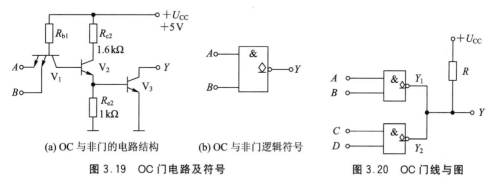

(a) OC 与非门的电路结构　　(b) OC 与非门逻辑符号

图 3.19　OC 门电路及符号　　　　　　图 3.20　OC 门线与图

OC 门可以将其输出端进行并联，如图 3.20 所示。我们将 OC 门输出端并联在一起的连接方式称为"线与"。即

$$Y = \overline{AB} \cdot \overline{CD} = \overline{AB + CD} \qquad (3-9)$$

其他类型（如与门、或门、非门、或非门等）的 TTL 电路同样可以做成集电极开路的形式，无论是哪种门电路，只要输出三极管的集电极是开路的，都允许接成"线与"的形式。

在数字系统的接口部分常需要进行电平转换，这可用 OC 门来实现。图 3.21(a) 所示电路是用 OC 门改变 TTL 电路输出的逻辑电平，使得不同逻辑电平的逻辑电路相连接。此外，OC 门的输出可连接其他的外部电路，如继电器、脉冲变压器、指示灯等，如图 3.21(b)所示。

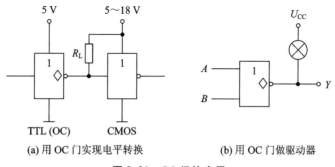

(a) 用 OC 门实现电平转换　　　　　　(b) 用 OC 门做驱动器

图 3.21　OC 门的应用

3.2.4　TTL 三态输出门

OC 门虽然可以实现"线与"，由于外界负载电阻 R 不能取得太小，因而限制了电路的工作速度，但"三态"门可以改进这点。所谓"三态"，即输出不仅有"0""1"两态，还有第三

态，即高阻态。TTL 三态输出门是在普通的门电路上附加了控制电路而构成的，如图 3.22 所示给出了三态输出门的电路及其逻辑符号，其真值表见表 3.12。

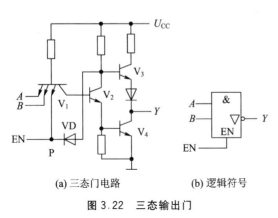

(a) 三态门电路 　　(b) 逻辑符号

图 3.22　三态输出门

表 3.12　三态与非门真值表

EN	A	B	Y
0	0	0	Z(高阻抗)
0	0	1	Z(高阻抗)
0	1	0	Z(高阻抗)
0	1	1	Z(高阻抗)
1	0	0	1
1	0	1	1
1	1	0	1
1	1	1	0

图 3.22(a)中，当 EN=1 时，P 点为高电位，二极管 VD 截止，电路的工作状态与普通与非门相同；当 EN=0 时，V_2、V_4 同时截止，且 VD 导通，V_3 管基极电位被钳位在 1.0 V 左右，使 V_3 也截止，由于 V_3、V_4 同时截止，输出端呈现高阻状态，三态输出门由此而来（输出端出现高电平、低电平和高阻三种状态）。

在图 3.22(a)电路中，当 EN=1 时，电路为工作状态，我们称控制端高电平有效。三态门的控制端 EN 也可以是低电平有效，即 EN 为低电平时，三态门为工作状态；EN 为高电平时，三态门为高阻状态，逻辑符号见图 3.23。

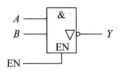

图 3.23　另一种三态门逻辑符号

三态与非门最重要的用途是可向一条导线上轮流传送几组不同的数据和控制信号，如图 3.24 所示，这种方式在计算机中被广泛采用。但需要指出，为了保证接在同一条总线上的三态门都能正常工作，必要条件就是，在任何时间内最多只有一个门处于工作状态，否则就有可能发生输出状态不正常的现象。

图 3.25(a)所示是三态门用于多路开关，$E=0$ 时，门 G_1 使能，G_2 禁止，$Y=A$；$E=1$ 时，门 G_2 使能，G_1 禁止，$Y=B$。图 3.25(b)所示是三态门用于信号双向传输，$E=0$ 时信号向右传送，$Y=A$；$E=1$ 时信号向左传送，$A=Y$。

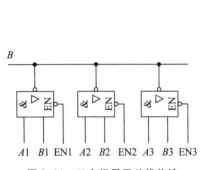

图 3.24　三态门用于总线传输

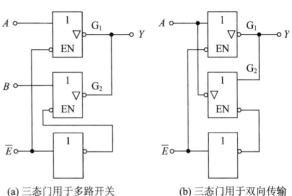

(a) 三态门用于多路开关　　(b) 三态门用于双向传输

图 3.25　三态门的应用

3.2.5　74TTL 系列集成门电路

1. TTL 系列产品

（1）74 系列。74 系列是 TTL 最早的产品，是中速器件，现在还在使用。

（2）74H 系列。74H 系列是 74 系列的改进型。在电路结构上，74H 系列输出级采用了复合管结构，但电路的功耗比较大，现在已不再使用。

（3）74S 系列。74S 系列是 TTL 的高速肖基特系列，TTL 的三极管、二极管采用肖基特结构能够极大地提高开关速度，所以该系列产品速度较高，但品种比 74LS 系列少。

（4）74LS 系列。74LS 系列是 TTL 低功耗肖基特系列，是目前 TTL 数字集成电路中的主要应用产品系列。品种和生产厂家很多，价格较低。

（5）74ALS 系列。74ALS 系列是 TTL 低功耗肖基特系列，是 74LS 系列的换代产品，其速度、功耗都有较大的改进，但价格、品种等方面还未赶上 74LS 系列。

（6）74AS 系列。74AS 系列是 74S 系列的换代产品，其速度、功耗都有所改进。

（7）74F 系列。74F 系列是相似于 74ALS 系列和 74AS 系列的高速系列产品，该品种较少。

74 族数字集成电路还在不断地发展，主要在低功耗和高速化方向发展。

国产 TTL 系列数字集成电路和国际 TTL 系列集成电路对应的关系如表 3.13 所示。常用的 TTL 系列集成门电路型号见表 3.14。

表 3.13　国内外 TTL 系列产品对照

名　　　称	国产系列	国际对应系列
通用标准系列	CT1000(CT54/74)	54/74
高速系列	CT2000(CT54/74H)	54H/74H
肖基特系列	CT3000(CT54/74S)	54S/74S
低功耗肖基特系列	CT4000(CT54/74LS)	54LS/74LS

表 3.14　常用的 TTL 系列集成门电路

型　号	名　　　称	型　号	名　　　称
74LS00	四 2 输入与非门	74LS18	双 4 输入与非门（施密特触发）
74LS01	四 2 输入与非门（OC 门）	74LS20	双 4 输入与非门
74LS02	四 2 输入或非门	74LS21	双 4 输入与门
74LS03	四 2 输入与非门（OC 门）	74LS22	双 4 输入与非门（OC 门）
74LS04	六反相器	74LS25	双 4 输入与非门（带选通器）
74LS08	四 2 输入与门	74LS27	三 3 输入或非门
74LS09	四 2 输入与门（OC）	74LS30	8 输入与非门
74LS10	三 3 输入与非门	74LS32	四 2 输入或门
74LS11	三 3 输入与门	74LS51	2 路 2-2 输入与或非门
74LS12	三 3 输入与非门（OC 门）	74LS86	四 2 输入异或门
74LS14	六反相器（施密特触发）	74LS134	12 输入与非门（三态）
74LS15	三 3 输入与门	74LS136	四 2 输入异或门（OC 门）

2. TTL 与非门的外特性及参数

正确选择和使用门电路，必须掌握它的外部特性及反映门电路性能的有关参数。

1）电压传输特性及有关参数

电压传输特性是指门电路输出电压 u_o 随输入电压 u_i 变化的特性，通常用电压传输特性曲线来表示，如图 3.26 所示。

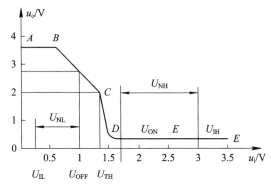

图 3.26　基本 TTL 与非门的电压传输特性曲线

（1）输出高电平电压 U_{OH}：在正逻辑体制中代表逻辑"1"的输出电压。U_{OH} 的理论值为 3.6 V。

输出低电平电压 U_{OL}：在正逻辑体制中代表逻辑"0"的输出电压。U_{OL} 的理论值为 0.3 V。

（2）由图 3.26 可见，随着 u_i 从 0 逐渐增大，u_o 的变化过程可分为 4 个阶段：截止区（AB 段）、线性区（BC 段）、转折区（CD 段）、饱和区（DE 段）。

2）阈值电压、关门电平、开门电平和输入信号噪声容限

（1）阈值电压 U_{TH}。电压传输特性的转折区所对应的输入电压，即决定电路截止和导通的分界线，也是决定输出高、低电压的分界线。

$U_{TH}=1.4$ V。当 $u_i \geqslant U_{TH}$ 时，就认为与非门饱和，输出低电平；当 $u_i < U_{TH}$ 时，就认为与非门截止，输出为高电平。U_{TH} 又常被形象化地称为门槛电压。U_{TH} 的值为 1.3～1.4 V。

（2）关门电平和开门电平。在保证输出至少为额定高电平的 90% 时，允许的最大输入低电平值称为关门电平 U_{OFF}。在图 3.26 中，$U_{OFF} \approx 1.1$ V。

在保证输出为低电平时，所允许的最小高电平值称为开门电平 U_{ON}。

（3）输入信号噪声容限。在保证输出高电平不低于额定值的 90% 的前提下，允许叠加在输入高电平的最大噪声电压称为低电平噪声容限 U_{NL}。由图 3.26 可知

$$U_{NL}=U_{OFF}-U_{IL} \qquad (3-10)$$

当 $U_{OFF}=1.1$ V、$U_{IL}=0.3$ V 时，$U_{NH}=0.8$ V。

在保证输出为低电平的前提下，所允许叠加在输入高电平上的最大噪声电压称为高电平噪声容限 U_{NH}。由图 3.26 可知

$$U_{NH}=U_{IH}-U_{ON} \qquad (3-11)$$

$U_{NH}=1.4$ V，输入噪声容限示意图如图 3.27 所示。

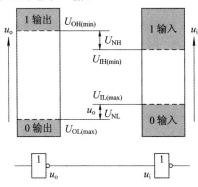

图 3.27　输入噪声容限示意图

3）输入特性及有关参数

输入特性是门电路输入电流和输入电压之间的关系。它反映电路对前级信号源的影响并关系到如何正确地进行门电路之间以及门电路与其他电路之间的连接问题。

（1）输入伏安特性。基本 TTL 与非门的输入伏安特性如图 3.28 所示，输入电流以流入输入端为正。

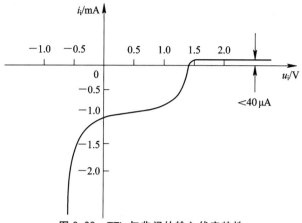

图 3.28 TTL 与非门的输入伏安特性

输入短路电流 I_{IS}：$u_i=0$ 时的输入电流称为输入短路电流。测试时，被测的输入端接地，其他输入端悬空。I_{IS} 典型值为 1.5 mA 左右，不得大于 2.2 mA。

输入漏电流 I_{IH}：与非门一个输入端为高电平，其余输入端接地时，流入高电平输入端的电流称为输入漏电流。I_{IH} 典型值为 10 μA，不得超过 70 μA。

（2）输入负载特性。输入负载特性是指当输入端接上电阻 R_P 时，u_i 随 R_P 变化的关系。在具体使用门电路时，往往需要在输入端与地之间或者输入端与信号之间接入电阻，TTL 门电路输入端接电阻时的等效电路如图 3.29 所示。

TTL 与非门的输入端负载特性如图 3.30 所示。

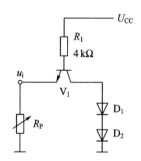

图 3.29 TTL 门电路输入端接电阻时的等效电路

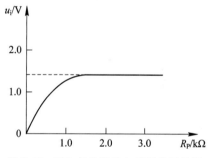

图 3.30 TTL 与非门输入端的负载特性

4）瞬时特性及有关参数

瞬时特性是指若在门电路的输入端加一个理想的矩形波，实验和理论分析都证明，在输出端得到的脉冲不但要比输入脉冲滞后，而且其波形的边沿也要变坏。TTL 与非门的传输时间波形如图 3.31 所示。

导通延迟时间 t_{PHL}——从输入波形上升沿的中点到输出波形下降沿的中点所经历的时间；

截止延迟时间 t_{PLH}——从输入波形下降沿的中点到输出波形上升沿的中点所经历的时间。

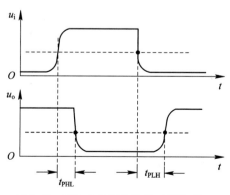

图 3.31 TTL 与非门的传输时间波形

与非门的平均传输延迟时间 t_{pd} 是 t_{PHL} 和 t_{PLH} 的平均值。即

$$t_{pd} = \frac{t_{PHL} + t_{PLH}}{2} \tag{3-12}$$

电路的 t_{pd} 越小，说明它的工作速度越快，TTL 与非门的 t_{pd} 大约在 30 ns。一般 TTL 与非门传输延迟时间 t_{pd} 的值为几纳秒到十几纳秒。

5）TTL 与非门的扇出系数 No

No 表示同一型号的与非门作为负载时，一个与非门能够驱动同类与非门的最大数目。它表示门电路最大负载的能力。一般希望 No 越大越好，典型的数值是 No≥8。

6）最高工作频率 f_{CP}

最高工作频率即门电路对输入信号频率的最高限制。

以 74LS00 为例，表 3.15 列出了常用的参数值。

表 3.15　74LS00 与非门参数

符号	参数名称	参　数　值			单位
		最大	典型	最小	
U_{IH}	输入高电平电压		3.6	2	V
U_{IL}	输入低电平电压	0.8	0.3		V
U_{OH}	输出高电平电压		3.6	2.7	V
U_{OL}	输出低电平电压	0.5	0.3		V
I_{OH}	输出高电平电流	−0.4			mA
I_{OL}	输出低电平电流	8			mA
I_{IH}	输入高电平电流	20			mA
I_{IL}	输入低电平电流	−0.4			mA
U_{CC}	电源电压		5±5%		V
No	扇出系数		20		
t_{pd}	平均传输延迟时间		9.5		ns
f_{CP}	最高工作频率		33		MHz

3.3　CMOS 逻辑门电路

3.3.1　概述

MOS 电路是以 MOS 管为基础的集成电路，MOS 管中的电流是一种载流子的运动形成的，故 MOS 电路属于单极型电路。

1. MOS 集成电路的分类

MOS 集成电路可分为三类:

(1) NMOS 电路:是指由 N 沟道增强型 MOS 管构成的门电路;

(2) PMOS 电路:是指由 P 沟道增强型 MOS 管构成的门电路:

(3) CMOS 电路:是指兼有 N 沟道和 P 沟道增强型 MOS 管构成的门电路,称为互补 MOS 电路(CMOS 电路)。由于 CMOS 电路工作速度快,功耗低,性能优越,因此下面将以 CMOS 门为例,分析 MOS 管集成逻辑门。

2. CMOS 集成门电路的优点

(1) 静态功耗低。当 $U_{DD}=5$ V 时,中规模电路的静态功耗小于 100 mW。

(2) 电源电压范围宽。CC4000 系列的 CMOS 门电路的电源电压范围为 3~18 V。因此使用该种器件时,电源电压灵活方便,甚至未加稳压的电源也可使用。

(3) 输入阻抗高。CMOS 电路的输入端均有保护二极管和串联电阻构成的保护电路,在正常工作范围内,其保护二极管均处于反向偏置状态,直流输入阻抗取决于这些二极管的泄漏电流。通常情况下,当等效输入电阻大于 108 Ω 时,驱动 CMOS 集成电路所消耗的驱动功率几乎可以不计。

(4) 带负载能力强。在低频工作时,一个输出端可驱动 50 个以上的 CMOS 器件的输入端。

(5) 抗干扰能力强。CMOS 电路的抗干扰能力是指电路在噪声干扰下,能维持电路原来的逻辑状态并正确进行状态的转换。电路的抗干扰能力通常以噪声容限来表示,即直流电压噪声容限、交流(脉冲)噪声容限和能量噪声(输入端积累的噪声能量)三种。直流噪声容限可达电源电压的 40% 以上,则使用的电源电压越高,其抗干扰能力就越强。这是工业中使用 CMOS 逻辑电路时,都采用较高电压的原因。TTL 相应的噪声容限只有 0.8 V(因 TTL 工作电压为 5 V)。

(6) 逻辑摆幅大。空载时的输出高电平 $U_{OH} \approx U_{DD}$,输出低电平 $U_{OL} \approx U_{SS}$。

(7) 稳定性好,具有较强的抗辐射能力。

目前,市场上数字电路产品进口的较多,产品型号的前缀为公司代号,如 MC、CD、μPD、HFE 分别代表摩托罗拉半导体(MOTA)、美国无线电(RCA)、日本电气(NEC)、菲力浦等公司。各产品的后缀相同的型号均可互换。

CMOS 集成电路主要有 4000 系列、74HC 系列及 74HCT 系列等。

3.3.2 CMOS 电路反相器

CMOS(Complementary Metal-Oxide-Semiconductor)反相器的电路结构如图 3.32 所示。其中,VT_P 为 P 沟道增强型 MOS 管,VT_N 为 N 沟道增强型 MOS 管。若 VT_P 及 VT_N 的开启电压分别为 $U_{GS(th)P}$ 和 $U_{GS(th)N}$,并设 $U_{DD} > |U_{GS(th)}| + U_{GS(th)N}$,$U_{GS(th)P} = |U_{GS(th)N}|$。

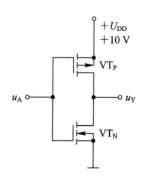

图 3.32 CMOS 反相器

当输入为低电平，$u_1 = 0$ V 时，因 $|U_{GSP}| = |-U_{DD}| > |U_{GS(th)P}|$，$U_{GSN} < U_{GS(th)N}$。故 VT_P 导通，导通内阻很小（因 U_{GSP} 很大）；VT_N 截止，内阻很高，输出为高电平 $u_O = U_{DD}$。当输入为高电平时，$u_1 = U_{DD}$ 时，因 $U_{GSP} = 0 < |U_{GS(th)P}|$，$U_{GSN} = U_{DD} > U_{GS(th)N}$，故 VT_P 截止，VT_N 导通，输出为低电平，$u_O = 0$ V。

综上所述，电路的输出与输入之间具有逻辑非的关系，即 $Y = \overline{A}$，则称上述电路为 CMOS 非门或 CMOS 反相器。

在 CMOS 反相器中，无论输入是高电平还是低电平，VT_P 与 VT_N 总是一只导通，另外一只截止，因此这种电路结构的输出状态具有互补性，且截止管内阻非常高，故静态电流极小，因而 CMOS 反相器的静态功耗极小。

3.3.3　其他类型的 CMOS 门

1. CMOS 与非门

CMOS 与非门如图 3.33 所示。它由两只并联的 P 沟道增强型 MOS 管 VT_{P1}、VT_{P2} 和两只串联的 N 沟道增强型 MOS 管 VT_{N1}、VT_{N2} 组成。A、B 当中有一个或全为低电平时，VT_{N1}、VT_{N2} 中有一个或全部截止，VT_{P1}、VT_{P2} 中有一个或全部导通，输出 Y 为高电平。只有当输入 A、B 全为高电平时，VT_{N1} 和 VT_{N2} 才会都导通，VT_{P1} 和 VT_{P2} 才会都截止，输出 Y 才会为低电平。所以 $Y = \overline{A \cdot B}$，由此可见，此电路为与非门。

CMOS 与非门的工作波形与 TTL 门一样，如图 3.34 所示。

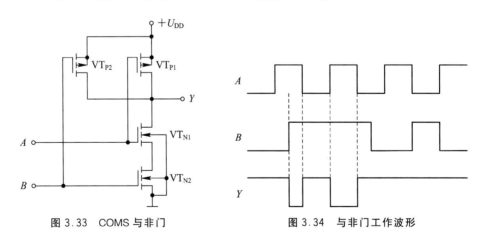

图 3.33　COMS 与非门　　　　　图 3.34　与非门工作波形

2. CMOS 或非门

CMOS 或非门如图 3.35 所示。它由两只串联的 P 沟道增强型 MOS 管 VT_{P1}、VT_{P2} 和两只并联 N 沟道增强型 MOS 管 VT_{N1}、VT_{N2} 组成。当 A、B 中只要有一个高电平输入时，该输入端所对应的 NMOS 管导通，PMOS 管截止，所以输出低电平；当 A、B 全部输入低电平时，VT_{P1}、VT_{P2} 均导通，VT_{N1}、VT_{N2} 均截止，输出高电平，故有 $Y = \overline{A + B}$，此电路为或非门。

CMOS 或非门的逻辑波形见图 3.36。

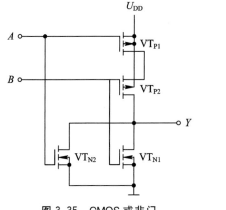

图 3.35 CMOS 或非门

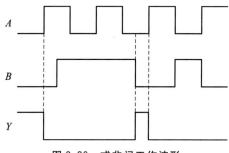

图 3.36 或非门工作波形

3. CMOS 异或门

CMOS 或非门由三个 CMOS 反相器和一个 CMOS 传输门组成,如图 3.37。输入端 A 和 B 相同时,当 $A=B=0$ 时,TG 断开,则 $C=\overline{B}=1$,$F=\overline{C}=0$;当 $A=B=1$ 时,TG 接通,$C=B=1$,反相器 2 的两只 MOS 管都截止,输出 $F=0$,所以输入端 A 和 B 相同,输出 $F=0$。输入端 A 和 B 不同,当 $A=1$,$B=0$ 时,输出 $F=1$;当 $A=0$,$B=1$ 时,输出 $F=1$。所以,输入端 A 和 B 不同,输出 $F=1$。由此可知:该电路实现的是异或的逻辑功能,即

$$F=A\oplus B=\overline{A}B+A\overline{B}$$

异或门的工作波形如图 3.38 所示。

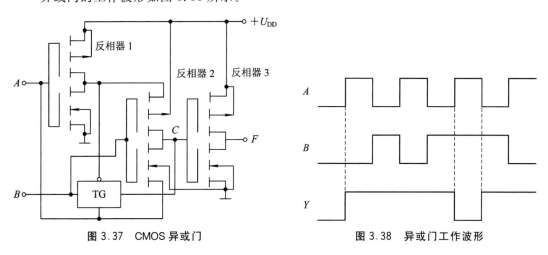

图 3.37 CMOS 异或门

图 3.38 异或门工作波形

4. CMOS 传输门和双向模拟开关

CMOS 传输门是 CMOS 电路的基本单元,它是由一个 PMOS 管和一个 NMOS 管并联而成的,电路结构和逻辑符号如图 3.39 所示。它们的源极接在一起作为传输门的输入端,漏极接在一起作为传输门的输出端。PMOS 管的衬底接正电源 U_{DD},NMOS 管的衬底接地。两个栅极分别接极性相反、幅度相等的一对控制信号 C 和 $\overline{C}$。

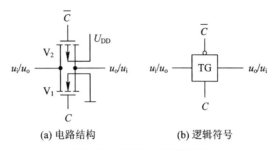

(a) 电路结构　　　　　　　(b) 逻辑符号

图 3.39　CMOS 电路传输门

$C=0$，$\overline{C}=1$，即 C 端为低电平(0 V)和 $\overline{C}$ 端为高电平($+U_{DD}$)时，V_1 和 V_2 都不具备开启条件而截止，输入和输出之间相当于开关断开一样，呈现高阻状态，传输门截止；$C=1$，$\overline{C}=0$，即 C 端为高电平($+U_{DD}$)和 $\overline{C}$ 端为低电平(0 V)时，V_1 和 V_1 都具备了导通条件，输入和输出之间相当于开关接通一样，$u_o=u_i$。

由于 V_1、V_2 管的结构是对称的，漏极和源极可以互易使用。故传输门可以作双向开关，输入及输出端可以互易使用。

利用 CMOS 传输门及 CMOS 反相器可构成各种复杂的逻辑电路，如数据选择器、寄存器及计数器等，也可构成模拟开关。模拟开关的电路结构及逻辑符号如图 3.40 所示。图 3.41 所示是单双掷控制开关，当 $C=1$ 时，TG2 导通，TG1 呈高阻断开，$u_{O2}=u_{I2}$；当 $C=0$ 时，TG1 导通，TG2 呈高阻断开，$u_{O1}=u_{I1}$。

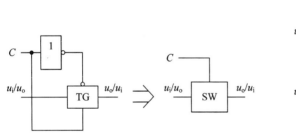

图 3.40　CMOS 双向开关及逻辑符号

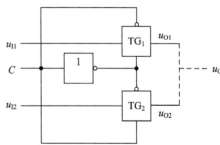

图 3.41　单双掷控制开关

5. CMOS 漏极开路门(OD 门)

CMOS 漏极开路门等效电路如图 3.42(a)所示，图 3.42(b)为其逻辑符号。OD 门使用时需要在电源和输出外接负载电阻 R_D，电路才能正常工作，实现 $Y=\overline{A \cdot B}$。

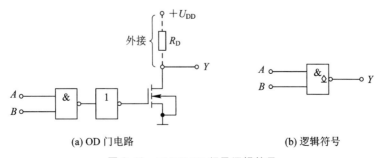

(a) OD 门电路　　　　　　　(b) 逻辑符号

图 3.42　CMOS OD 门及逻辑符号

CMOS 漏极开路门有多种多样，这类电路有以下主要特点：① 输出 MOS 管的漏极是开路的，如图 3.42(a)中虚线所示；② 可以实现线与功能，即可以把几个 OD 门的输出端用导线连接起来实现与运算；③ 可以通过选择电源 U_{DD} 和负载电阻 R_D 的值可满足不同输出电平值的需要，实现逻辑电平的转换；④ 带负载能力强。

6. CMOS 三态门

CMOS 三态门电路和逻辑符号见图 3.43，A 是信号输入端，$\overline{E}$ 是使能端，Y 为输出端。由图 3.43 可知，$\overline{E}=0$ 时，V_3、V_4 导通，V_1、V_2 构成反相器，则 $Y=\overline{A}$；当 $\overline{E}=1$ 时，V_3、V_4 截止，Y 与电源和地都断开，输出端处于高阻状态。所以，电路的输出有高阻态、高电平和低电平 3 种状态，该电路是一种三态门。

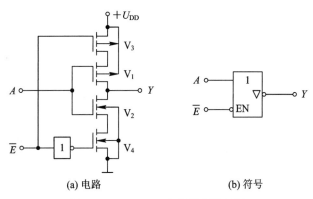

(a) 电路　　　　　　　　　　(b) 符号

图 3.43　CMOS 三态门及逻辑符号

3.3.4　4000 系列 CMOS 系列集成门电路

1. CMOS 逻辑门电路的系列

CMOS 集成电路诞生于 20 世纪 60 年代，其制造工艺经过不断地改进，在应用的广度上已与 TTL 平分秋色。在技术参数方面，CMOS 集成电路已经达到或接近 TTL 的水平，其中功耗、噪声容限等参数已优于 TTL 电路。CMOS 集成电路主要有以下几个系列：

（1）基本的 CMOS——4000 系列。这是早期的 CMOS 集成逻辑门产品，工作电源电压为 3～18 V，由于其功耗低、噪声容限大、扇出系数大等优点，得到了广泛的使用。4000 系列的缺点是工作速度比较低，平均传输延迟时间为几十纳秒，最高工作频率小于 5 MHz。

（2）高速的 CMOS——HC 系列。74HC COMS 系列是高速 COMS 系列集成电路，具有 74LS 系列的工作速度和 COMS 系列固有的低功耗及工作电源电压范围宽的特点。74HC 是 74LS 同序号的翻版，型号最后几位数字相同，表示其逻辑功能、外引脚排列完全兼容。74HC 系列工作电源电压范围为 2～6 V，平均传输延迟时间小于 10 ns，最高工作频率可达 50 MHz。

（3）与 TTL 兼容的高速 CMOS——HCT 系列。HCT 系列的主要特点与 TTL 器件电压兼容，它的电源电压范围为 4.5～5.5 V，输入电压参数为 $U_{IH(min)}=2.6$ V，$U_{IL(max)}=0.8$ V，与 TTL 完全相同。该系列产品的型号参数只要最后 3 位数字与 74LS 系列的相同，则器件的逻辑功能、外形尺寸、引脚排列顺序也完全相同，这样就为用 CMOS 产品代替 TTL 产品提供了方便。

（4）先进的 CMOS-AC（ACT）系列。该系列的工作频率得到了继续提高，同时保持了 CMOS 超低功耗的特点。其中，ACT 系列与 TTL 器件电压兼容，电源电压范围为 4.5～5.5 V，AC（ACT）系列的逻辑功能、引脚排列顺序等都与同型号的 HC（HCT）系列完全相同。

2. CMOS 逻辑门电路主要参数的特点

CMOS 逻辑门电路主要参数的定义同 TTL 电路，下面主要说明 CMOS 逻辑电路的特点：

（1）输出高电平与输出低电平：$U_{OH(min)} = 0.9\,U_{DD}$；$U_{OL(max)} = 0.01\,U_{DD}$。所以，CMOS 门电路的逻辑摆幅（即高低电平之差）较大，接近电源电压 U_{DD} 的值。

（2）阈值电压 U_{TH}：约为 $U_{DD}/2$。

（3）抗干扰容限：CMOS 非门的关门电平 U_{OFF} 为 $0.45U_{DD}$，开门电平 U_{ON} 为 $0.55U_{DD}$。因此，其高、低电平噪声容限均达 $0.45U_{DD}$。其他 CMOS 门电路的噪声容限一般也大于 $0.3U_{DD}$。而且 U_{DD} 越高，其抗干扰能力越强。

（4）传输延迟与功耗：CMOS 电路的功耗很小，一般单个门电路的功耗为 1 mW；但传输延迟较大，一般为几十 ns/门，且与电源电压有关，U_{DD} 越高，CMOS 电路传输延迟越小，功耗越大。

（5）扇出系数：因 CMOS 电路有极高的输入阻抗，故其扇出系数很大，一般额定扇出系数可达 50。

为便于对照比较，表 3.16 中列出了 TTL 和 CMOS 两种电路输出电压、输出电流、输入电压、输入电流的参数。

表 3.16　TTL 和 CMOS 参数比照

参数名称	电路种类				
	TTL 74 系列	TTL 74LS 系列	CMOS 4000 系列	高速 CMOS 74HC 系列	高速 CMOS 74HCT 系列
$U_{OH(min)}/V$	2.4	2.7	4.6	4.4	4.4
$U_{OL(max)}/V$	0.4	0.5	0.05	0.1	0.1
$I_{OH(max)}/mA$	-0.4	-0.4	-0.51	-4	-4
$I_{OL(max)}/mA$	16	8	0.51	4	4
$U_{IH(min)}/V$	2	2	3.5	3.5	2
$U_{IL(max)}/V$	0.8	0.8	1.5	1	0.8
$I_{IH(max)}/\mu A$	40	2	0.1	0.1	0.1
$I_{IL(max)}/mA$	-1.6	-0.4	-0.1×10^{-3}	-0.1×10^{-3}	-0.1×10^{-3}

CMOS 集成门电路由于品质良好，如输入电阻高、低功耗、抗干扰能力强、集成度高等优点而得到了广泛应用，并形成了系列和国际标准。其中，4000 系列和 4500 系列就是典型产品。4000/4500 系列中同编号的器件，不表示相同逻辑功能的器件，这与 TTL 系列的 54/74 族集成电路不同。

　　国产 CMOS 系列数字集成电路和国际 CMOS 系列的对应关系如表 3.17。

表 3.17　国内外 CMOS 系列集成电路对照

国产系列	国际对应系列
CC4000	CD4000/MC14000
CC4500	CD4500/MC14500

　　常用的 4000 系列集成门电路见表 3.18。

表 3.18　常用的 4000/4500 系列集成门电路

型　号	名　　称	型　号	名　　称
4000	双 3 三输入或非门＋1 输入反相器	4070	四异或门
4001	四 2 输入或非门	4071	四 2 输入或门
4002	双 4 输入或非门	4072	双 4 输入或门
4010	六缓冲器/电平变换器(同相)	4073	三 3 输入与门
4011	四 2 输入与非门	4075	三 3 输入或门
4012	双 4 输入与非门	4077	四异或非门
4023	三 3 输入与非门	4078	8 输入或非门
4025	三 3 输入或非门	4081	四 2 输入与门
4030	四异或门	4503	六缓冲器(三态)
4069	六反相器		

3.3.5　74HC COMS 系列集成门电路

　　74HC COMS 系列是高速 COMS 系列集成电路，具有 74LS 系列的工作速度和 COMS 系列固有的低功耗及工作电源电压范围宽的特点。74HC 是 74LS 同序号的翻版，型号最后几位数字相同，表示逻辑功能、外引脚排列完全兼容。工作电压为 5 V。表 3.19 列出了常用的 74HC 系列集成门电路。

表 3.19　常用的 74HC 系列集成门电路

型　号	74LS 对应的型号	型　号	74LS 对应的型号
74HC00	74LS00	74HC20	74LS20
74HC02	74LS02	74HC27	74LS27
74HC04	74LS04	74HC32	74LS32
74HC08	74LS08	74HC51	74LS51
74HC10	74LS10	74HC86	74LS86

3.4 集成逻辑门电路的应用

本节介绍集成门电路在使用中应注意的问题,包括门电路多余输入端的处理,门电路外接负载,以及不同电路之间的接口问题。

3.4.1 TTL 电路使用常识

1. 电路处理方法

在使用集成门电路时,如果输入信号数小于门的输入端数,则有多余的输入端。一般情况下,我们不让多余的输入端悬空,以防止引入干扰信号。对多余输入端的处理,以不改变电路的工作状态及其稳定性、可靠性为原则。

对于 TTL 与非门,通常将多余的输入端通过 1 kΩ 的电阻 R 与电源 $+U_{CC}$ 相连;也可以将多余的输入端与另一个接有输入信号的输入端连接。这两种方法如图 3.44 所示。TTL 与门多余输入端的处理方法和与非门完全相同。对于 TTL 或非门,则应该把多余的输入端接地,或把多余的输入端与另一个接有输入信号的输入端相接。这两种方法如图 3.45 所示。TTL 或门多余输入端的处理方法和或非门完全相同。

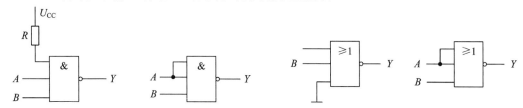

图 3.44 TTL 与非门多余输入端的处理方法   图 3.45 TTL 或非门多余输入端的处理方法

2. TTL 电路的电源电压

TTL 电路的电源电压不能高出 5.5 V,使用时不能将电源与地线颠倒接错,否则会因电流过大损坏器件。

3. 输入/输出端

电路的输入端不能直接与高出 5.5 V 及低于 −0.5 V 的低内阻电源相连,否则低内阻电源提供的大电流会因过热而损坏器件;电路的输出端不允许与电源或地线短路,否则会造成器件损坏。除三态门和 OC 门外,输出端不允许并联使用,OC 门线与时应按要求配接上拉电阻。

4. 拔插芯片

移动或插入集成电路时,应在电源断电的情况下进行,因电流的冲击会造成芯片的永久性损坏。

3.4.2 CMOS 电路的使用常识

CMOS 电路的输入阻抗高,则极易接受静电电荷。为了防止产生的静电击穿 COMS 电路，则在输入端都加了保护电路，但这也不能保证绝对安全。因此，在使用 CMOS 电路时，必须注意以下事项：

（1）CMOS 集成电路要屏蔽存放。一般放在金属容器内，也可用金属箔将其引脚短路。

（2）供电电源电压值不得超过 CMOS 电路的最大额定电压。

（3）焊接 CMOS 电路时，电烙铁的功率不准大于 20 W，烙铁要良好地接地，最好利用电烙铁断电后的余热快速焊接，禁止在电烙铁通电的情况下进行焊接。

（4）输入电压必须处于 U_{SS} 与 U_{DD} 之间。

（5）测试 CMOS 电路时，若信号源和线路板采用两组电源，在通电时，应先接通线路板电源；在断电时，应先断开信号源电源。也就是说，在 CMOS 电路本身没有接通电源的情况下禁止接入输入信号。

（6）对于 CMOS 电路，多余的输入端必须依据相应电路的逻辑功能来决定，一般应将与门及与非门的多余输入端接 U_{DD} 或高电平上，或门和或非门的多余输入端接 U_{SS} 或低电平上；一般不宜与使用的输入端并联使用，因为输入端并联时将使前级的负载电容增加，工作速度下降，动态功耗增加。若电路的工作速度不高，不需要特别考虑功耗，可以将多余端与使用端并联，如图 3.46 所示。

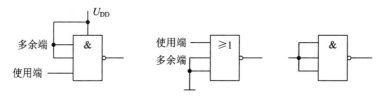

图 3.46　CMOS 电路多余端的处理

（7）输入线较长时，由于分布电容和分布电感的影响，因此很容易构成 LC 振荡电路，而损坏输入端的保护二极管，故必须在输入端串接一个保护电阻。

（8）CMOS 电路装在印刷线路插板上时，各输入端都要接入限流保护电路，以防止线路板从机器中拔出时 CMOS 器件的输入端悬空；在装接线路板时，应将其他元件安装之后再安装 CMOS 器件，这也是为了防止 CMOS 器件的输入端悬空。

（9）为了防止脉冲信号串入电源引起高、低频干扰，可在印刷线路板的电源和地线之间并接 10 μF 和 0.1 μF 的两个滤波电容。

3.4.3　TTL 与 CMOS 电路的接口

在 TTL 与 CMOS 两种电路并存时，经常会遇到将两种电路互相对接的问题。无论是用 TTL 电路驱动 CMOS 电路，还是用 CMOS 电路驱动 TTL 电路，驱动门都必须为负载门提供合乎标准的高、低电平，以及足够的驱动电流，即都必须满足下列各式：

$$驱动门的 U_{OH(min)} \geqslant 负载门的 U_{IH(min)}$$

$$驱动门的 U_{OL(max)} \leqslant 负载门的 U_{IL(max)}$$

$$驱动门的 I_{OH(max)} \geqslant 负载门的 I_{IH(总)}$$

$$驱动门的 I_{OL(max)} \geqslant 负载门的 I_{IL(总)}$$

1. 用 TTL 电路驱动 CMOS 电路

TTL 门驱动 CMOS 门时，TTL 门电路高电平典型值只有 3.4 V，CMOS 电路的输入高电平要求高于 3.5 V。因此，必须采用接口电路将 TTL 电路的输出高电平提高到 3.5 V 以上，具体有以下几种方法：

（1）$U_{CC} \approx U_{DD}$ 时，在 TTL 门电路输出端与电源 U_{DD} 之间接一个电阻 R_L，R_L 的阻值由几百到几千欧姆，如图 3.47 所示。当 TTL 输出高电平时，TTL 门输出端的负载管及驱动管同时截止，只要 R_L 取适当值，即可将 U_{OH} 提升到 U_{DD}。

（2）若 CMOS 门的电源电压较高，即 $U_{DD} \gg U_{CC}$，它要求的 $U_{IH(min)}$ 的值将超过 TTL 输出端所能承受的电压，此时应采用输出端耐压较高的 OC 门作为驱动门。

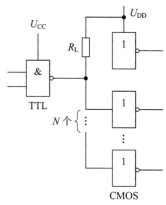

图 3.47 U_{CC} 与 U_{DD} 接近时用上拉电阻提升输出高电平

解决上述问题还可采用具有电平转换作用的 CMOS 门来实现，例如采用 CC40109 可将 TTL 输出的电平转换成 CMOS 门所需的输入电平值，其电路接法如图 3.48 所示。图 3.49 是 CC40109 的逻辑符号以及外引线图，图中所标注的 EN 为控制信号，当 EN＝1 时，表示电路处于正常的工作状态。

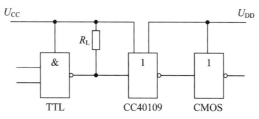

图 3.48 用 CC40109 实现电平转换

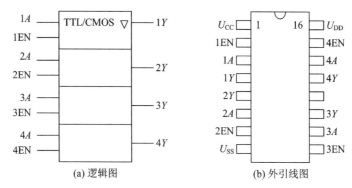

(a) 逻辑图　　　　　　　(b) 外引线图

图 3.49 四路电平转换器 CC40109

2. 用 CMOS 电路驱动 TTL 电路

CMOS 电路驱动 TTL 电路时，主要考虑电流的问题是 CMOS 门的驱动能力达不到 TTL 电路的要求，因此需要扩大 CMOS 电路输出低电平时吸收负载电流的能力。采用的措施有以下几种：

（1）将同一封装内的门电路并联使用，以扩大其输出低电平时的带负载能力，如图 3.50 所示。

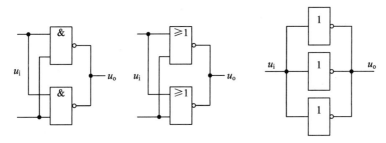

图 3.50 　将 CMOS 并联以提高带负载能力

（2）在 CMOS 门的输出端增加一级 CMOS 驱动器，如 CC4010 或漏极开路的驱动器 CC40107。当 $U_{DD}=5$ V 时，CC40407 输出低电平的负载能力，可驱动 10 个 CT74 系列 TTL 门，如图 3.51 所示。若找不到合适的驱动器，可采用分立元件的三极管放大器来实现电流扩展，如图 3.52 所示。

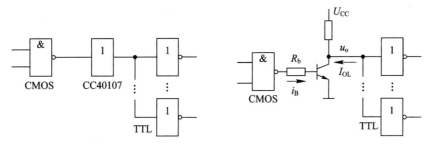

图 3.51 　用 CMOS 驱动器驱动 TTL 电路　　　图 3.52 　通过电流放大器驱动 TTL

（3）用 74HC/74HCT 系列 CMOS 门直接驱动 TTL 门电路。因为 74HC/74HCT 与 TTL 是相容的，所以不用做电平、电流变换。

你知道吗？

第 3 章拓展阅读

　　通过本章的学习，我们知道数字集成电路包括 TTL 门电路和 CMOS 门电路，集成电路是国家重点发展的技术。可是你知道吗？目前集成芯片产业链话语权基本被美国企业所垄断，中国每年进口价值超过 3 000 亿美元的集成电路，中国芯片厂商广泛使用美国制造的芯片设计工具和申请专利，以及应用一些欧美国家的制造技术。近几年陆续发生的美国对中兴通讯和华为的"卡脖子"事件不断地提醒我们每一位青年学子，祖国的科技事业任重而道远，这就需要我们身处其中的每位同学认真学习科学技术，积极致力于科研工作，使祖国的科技事业实现更高、更远的发展。同时，也应该为诸如华为等企业在世界科技前沿的表现感到自豪！

本 章 小 结

1. 最简单的门电路是二极管与门、或门、三极管非门。通过电路可以体会到与、或、非三种最基本的逻辑运算，用电子电路怎样实现与、或、非运算。它们是集成逻辑门电路的基础。

2. 目前，普遍使用的数字集成电路主要有两大类：一类是由三极管组成的 TTL 集成电路；另一类是由 MOSFET 构成的 MOS 集成电路。

3. TTL 集成门电路是本章的重点，介绍了 TTL 集成与非门、与门、或非门、与或非门、异或门、同或门、三态门、OC 门等。它们结构特点是：TTL 由输入级、中间级、输出级组成。这三级不同的组合可以构成品种繁多、形式多样的 TTL 门电路。熟练掌握了 TTL 与非门，其他形式的 TTL 门可以派生得到。TTL 集成逻辑门电路的开关速度较高，电路有较强的驱动负载的能力。

4. MOS 门电路，特别是 CMOS 门电路也可以组成与非门、或非门、与或非门、异或门、同或门等。由于 MOSFET 在结构上具有对称性，它还可以构成信号传输门。传输门除了在取样——保持、斩波电路、模数、数模转换得到广泛应用外，同时在构成基本门方面也带来许多方便。CMOS 集成电路与 TTL 门电路相比，它的优点是功耗低、扇出数大、噪声容限大、开关速度与 TTL 接近，已成为数字集成电路的发展方向。

5. 为了更好地使用数字集成芯片，我们应熟悉 TTL 和 CMOS 各个系列产品的外部电气特性和主要参数，还应能正确处理多余的输入端，能正确解决不同类型电路间的接口问题及其抗干扰问题。

本 章 习 题

1. 二极管门电路如图 3.53 所示。

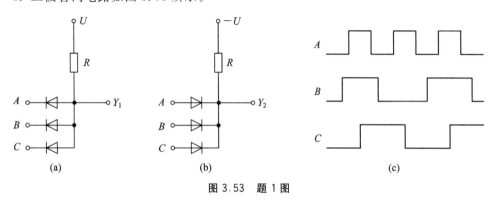

<table>
<tr><td>(a)</td><td>(b)</td><td>(c)</td></tr>
</table>

图 3.53　题 1 图

（1）分析输出信号 Y_1、Y_2 和输入信号 A、B、C 之间的逻辑关系。

（2）根据图 3.53(c)给出 A、B、C 的波形，对应画出 Y_1、Y_2 的波形。

2. 写出图 3.54 各电路输出信号的逻辑表达式，并根据给定的波形画出各输出信号的波形。

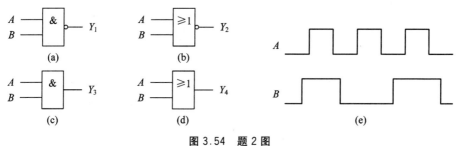

图 3.54　题 2 图

3. 输入波形如图 3.55(b)所示，试画出图 3.55(a)所示逻辑门的输出波形。

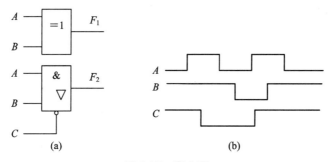

图 3.55　题 3 图

4. 图 3.56 和图 3.57 中各电路中凡是能实现非功能的打√，否则打×。图 3.56 所示为 TTL 门电路，图 3.57 所示为 CMOS 门电路。

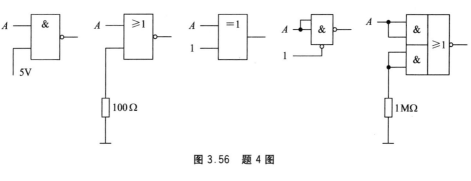

图 3.56　题 4 图

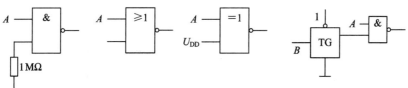

图 3.57　题 4 图

5. 改正图 3.58 所示 TTL 电路中的错误。

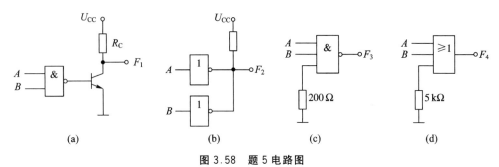

图 3.58 题 5 电路图

6. 电路如图 3.59 所示，已知输入信号 A、B 的波形如图 3.59(g)所示，试画出各个电路的输出电压波形。

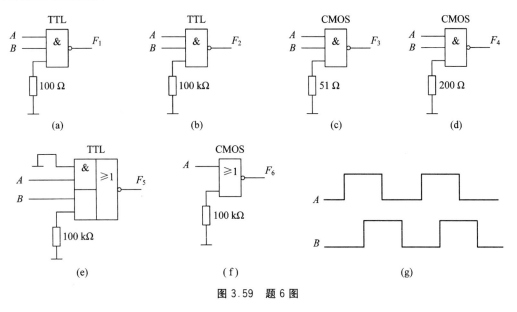

图 3.59 题 6 图

7. CMOS 电路如图 3.60(a)所示，已知输入 A、B 及控制端 C 的波形如图 3.60(b)所示，试画出 Y 端的波形。

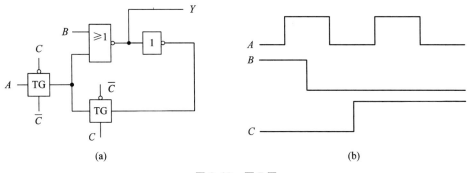

图 3.60 题 7 图

8. 试判断图 3.61 所示的 TTL 电路能否按各图要求的逻辑关系正常工作？若电路的接法有错，则修改电路。

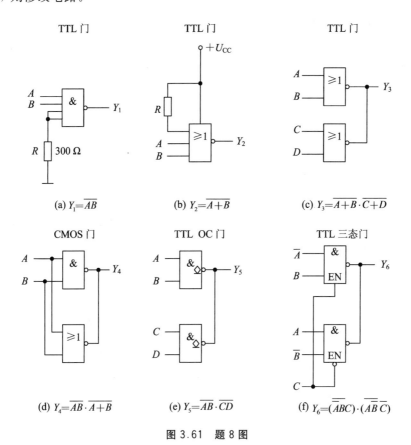

(a) $Y_1 = \overline{AB}$　　(b) $Y_2 = \overline{A+B}$　　(c) $Y_3 = \overline{\overline{A+B} \cdot \overline{C+D}}$

(d) $Y_4 = \overline{\overline{AB} \cdot \overline{A+B}}$　　(e) $Y_5 = \overline{AB \cdot CD}$　　(f) $Y_6 = (\overline{\overline{ABC}}) \cdot (\overline{\overline{A} \, \overline{B} \, \overline{C}})$

图 3.61　题 8 图

9. 已知电路两个输入信号的波形如图 3.62 所示，信号的重复频率为 1 MHz，每个门的平均延迟时间 $t_{pd} = 20$ ns。试画出：

(1) 不考虑 t_{pd} 时的输出波形。

(2) 考虑 t_{pd} 时的输出波形。

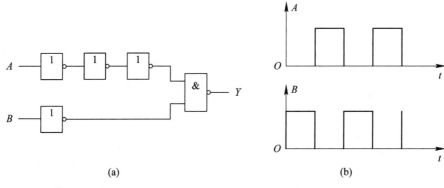

(a)　　　　　　　　　　　　(b)

图 3.62　题 9 图

10. 图 3.63 所示均为 TTL 门电路，

(1) 写出 Y_1、Y_2、Y_3、Y_4 的逻辑表达式。

(2) 若已知 A、B、C 的波形，分别画出 $Y_1 \sim Y_4$ 的波形。

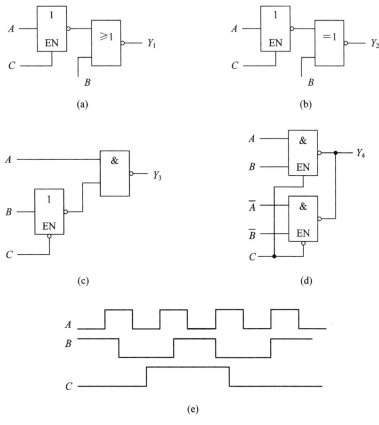

图 3.63　题 10 图

11. 为了提高 TTL 与非门的带负载能力，可在其输出端接一个 NPN 三极管，组成如图 3.64 所示的开关电路。当与非门输出高电平 $U_{\mathrm{OH}} = 3.6$ V 时，三极管能为负载提供的最大电流是多少？

12. 试用四 2 输入与非门 74LS00 实现 $Y = AB + CD$ 功能。画出实验连线图，74LS00 外部引线排列见图 3.65 所示。

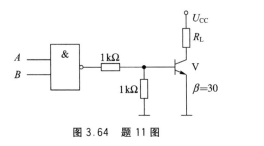

图 3.64　题 11 图

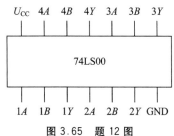

图 3.65　题 12 图

13. 由 TTL 与非门、或非门、三态门组成的电路如图 3.66(a)所示,图 3.66(b)是各输入的输入波形,试画出其输出 Y_1 和 Y_2 的波形。

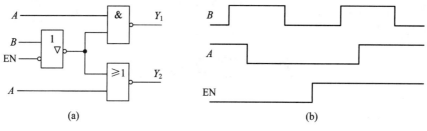

(a)　　　　　　　　　　　　　　　　(b)

图 3.66　题 13 图

14. 图 3.67 所示的逻辑电路,图中 D_1 是 TTL 三态输出与非门,D_2 是 74 系列 TTL 与非门,电压表的量程为 5 V,内阻为 100 kΩ。试问,在下列情况下电压表的读数以及 D_2 的输出电压 Y 各为多少?

(1) $A=0.3$ V,开关 S 打开;

(2) $A=0.3$ V,开关 S 闭合;

(3) $A=3.6$ V,开关 S 打开;

(4) $A=3.6$ V,开关 S 闭合。

15. 求图 3.68 所示电路的输出逻辑表达式。

图 3.67　题 14 图

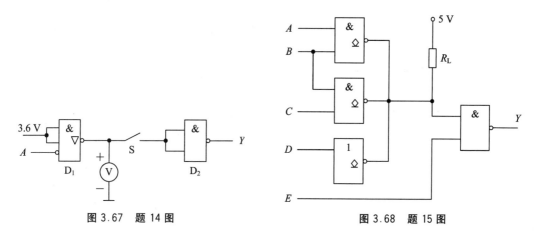

图 3.68　题 15 图

第 4 章

组合逻辑电路

知识点

- 组合逻辑电路的分析与设计方法。
- 组合逻辑电路中的竞争与冒险现象。
- 常用的中规模组合逻辑集成电路。

4.1　组合逻辑电路的特点

在功能上，任何时刻，组合逻辑电路的输出状态只取决于同一时刻各输入状态的组合，而与电路的原状态无关。

在结构上，组合逻辑电路是由门电路组合而成的，电路中没有记忆单元，也没有反馈通路。

组合逻辑电路可以是单输入、单输出的，也可以是多输入、多输出的，如图 4.1 所示。

图 4.1 中：

$$Y_1 = F_1(I_1, I_2, \cdots, I_i)$$
$$Y_2 = F_2(I_1, I_2, \cdots, I_i)$$
$$\vdots$$
$$Y_j = F_j(I_1, I_2, \cdots, I_i)$$

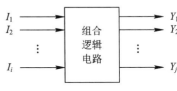

图 4.1　组合逻辑电路

每个输出变量是部分或全部输入变量的函数。

4.2　组合逻辑电路的分析

组合逻辑电路的分析就是要找出给定逻辑电路输出和输入之间的逻辑关系，并指出电路的逻辑功能。

组合逻辑电路的分析可按以下步骤进行：

（1）根据给定的逻辑电路图，写出每个输出端的逻辑表达式。

（2）将得到的逻辑表达式化简。

（3）由化简的逻辑表达式列出真值表。

（4）根据真值表和逻辑表达式对逻辑电路进行分析，判断该电路所能完成的逻辑功能，并作出简要的文字描述，或进行改进设计。

组合电路的分析

【**例 4 - 1**】分析如图 4.2 所示组合逻辑电路的逻辑功能。

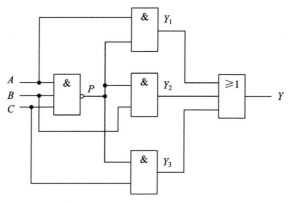

图 4.2 例 4 - 1 逻辑图

解 （1）由逻辑图逐级写出逻辑表达式：

$$P = \overline{ABC}$$

$$Y_1 = AP, \ Y_2 = BP, \ Y_3 = CP$$

$$Y = Y_1 + Y_2 + Y_3 = AP + BP + CP = A \cdot \overline{ABC} + B \cdot \overline{ABC} + C \cdot \overline{ABC}$$

（2）化简与变换：

$$Y = (A + B + C)\overline{ABC} = \overline{\overline{A + B + C} \cdot \overline{ABC}} = \overline{\overline{ABC} + ABC}$$

（3）由表达式列出真值表，见表 4.1。

表 4.1 例 4 - 1 的真值表

A	B	C	Y
0	0	0	0
0	0	1	1
0	1	0	1
0	1	1	1
1	0	0	1
1	0	1	1
1	1	0	1
1	1	1	0

（4）分析逻辑功能：当 A，B，C 三个变量取值不一致时，输出为"1"；而当它们的取值相同时，输出为"0"。该电路为"不一致电路"。

【例 4-2】分析如图 4.3 所示组合逻辑电路的逻辑功能。

解　（1）由逻辑图逐级写出逻辑表达式并化简：

$$Y_1=\overline{AB}，Y_2=\overline{BC}，Y_3=\overline{AC}$$

$$Y=\overline{Y_1 \cdot Y_2 \cdot Y_3}=\overline{\overline{AB} \cdot \overline{BC} \cdot \overline{AC}}=AB+BC+AC$$

（2）由表达式列出真值表，见表 4.2。

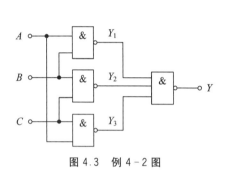

图 4.3　例 4-2 图

表 4.2　例 4-2 的真值表

A	B	C	Y
0	0	0	0
0	0	1	0
0	1	0	0
0	1	1	1
1	0	0	0
1	0	1	1
1	1	0	1
1	1	1	1

（3）分析逻辑功能：在三个输入变量中，只要有两个或两个以上的输入变量为"1"，则输出函数 Y 为"1"，否则 Y 为"0"，它表示了一种"少数服从多数"的逻辑关系。这是一种三变量多数表决器。

4.3　组合逻辑电路的设计

组合电路设计

组合逻辑电路的设计与其分析过程正好相反。组合逻辑电路的设计是根据给定的逻辑功能要求或给定的逻辑函数，在一定条件下设计出能实现该逻辑功能的最佳方案，并画出其逻辑电路图。组合逻辑电路的设计可以按照以下步骤进行：

（1）由实际的逻辑问题列出真值表；

（2）由真值表写出逻辑表达式；

（3）化简逻辑表达式；

（4）画逻辑图。

在以上四个步骤中，第一步最为关键，即根据实际的逻辑问题列出真值表。任何逻辑问题只要能列出它的真值表，就能把它的逻辑电路设计出来。实际逻辑问题一般都是以文字形式给出的，设计者需要找出逻辑问题中的因果关系，确定输入逻辑变量和输出逻辑变量，并对变量进行赋值，根据输入变量不同的逻辑状态，确定输出逻辑变量的状态，从而列出真值表。

【例 4 - 3】 设计一个楼上和楼下开关的控制逻辑电路来控制楼梯上的电灯，在上楼前用楼下的开关打开电灯，上楼后用楼上的开关关闭电灯；或者在下楼前用楼上的开关打开电灯，下楼后用楼下的开关关闭电灯。（要求用 74LS00 芯片实现）

解　（1）分析实际逻辑问题，列出真值表，见表 4.3。

表 4.3　例 4 - 3 的真值表

A	B	Y
0	0	0
0	1	1
1	0	1
1	1	0

设楼上、楼下开关分别为 A、B，灯泡为 Y；开关闭合为 1，断开为 0；灯亮为 1，灯灭为 0。

（2）根据真值表写出逻辑表达式并化简：

$$Y = \overline{A}B + A\overline{B}$$

（3）根据给出的集成芯片的类型变换逻辑表达式并画出逻辑图（见图 4.4）：

$$
\begin{aligned}
Y &= \overline{A}B + A\overline{B} = \overline{\overline{\overline{A}B + A\overline{B}}} \\
&= \overline{\overline{A}B \cdot \overline{A\overline{B}}} = \overline{\overline{A}B + B\overline{B}} \cdot \overline{A\overline{A} + A\overline{B}} \\
&= \overline{\overline{(\overline{A} + \overline{B})B} \cdot \overline{A(\overline{A} + \overline{B})}} \\
&= \overline{\overline{\overline{AB}B} \cdot \overline{A\overline{AB}}}
\end{aligned}
$$

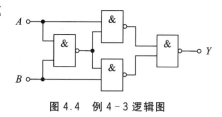

图 4.4　例 4 - 3 逻辑图

【例 4 - 4】 用 2 输入的与非门设计一个 3 输入（I_0，I_1，I_2）、3 输出（L_0，L_1，L_2）的信号排队电路。它的功能是：当输入 I_0 为 1 时，无论 I_1 和 I_2 为 1 或 0，输出 L_0 为 1，L_1 和 L_2 为 0；当 I_0 为 0 且 I_1 为 1 时，无论 I_2 为 1 或 0，输出 L_1 为 1，其余两个输出为 0；当 I_2 为 1 且 I_0 和 I_1 均为 0 时，输出 L_2 为 1，其余两个输出为 0。如果 I_0、I_1、I_2 均为 0，则 L_0、L_1、L_2 也均为 0。

解　（1）分析逻辑问题，列出真值表，见表 4.4。

表 4.4　例 4 - 4 的真值表

I_0	I_1	I_2	L_0	L_1	L_2
0	0	0	0	0	0
0	0	1	0	0	1
0	1	0	0	1	0
0	1	1	0	1	0
1	0	0	1	0	0
1	0	1	1	0	0
1	1	0	1	0	0
1	1	1	1	0	0

（2）根据真值表写出逻辑表达式：

$$L_0 = I_0$$

$$L_1 = \overline{I_0} I_1 \overline{I_2} + \overline{I_0} I_1 I_2 = \overline{I_0} I_1$$

$$L_2 = \overline{\overline{I_0 I_1} I_2}$$

（3）根据要求将表达式转换为与非形式：

$$L_0 = I_0$$

$$L_1 = \overline{\overline{\overline{I_0} I_1}}$$

$$L_2 = \overline{\overline{\overline{I_0} \ \overline{I_1}} I_2} = \overline{\overline{\overline{I_0} \ \overline{I_1} I_2}}$$

（4）画出逻辑图，见图4.5。

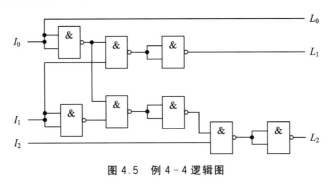

图4.5　例4-4逻辑图

注：$\overline{\overline{A \cdot A}} = \overline{A}$ 即可将两输入的与非门当作反相器。

4.4　组合逻辑电路中的竞争与冒险

前面分析组合逻辑电路时，都没有考虑门电路的延时时间对电路产生的影响。实际上，从信号输入到稳定输出需要一定的时间。由于从输入到输出的过程中，不同通路上门的级数不同，或者门电路的平均延时时间有差异，因此信号从输入经不同通路传输到输出级的时间不同，从而可能会使逻辑电路产生错误输出。通常把这种现象称为竞争冒险。

组合电路中的竞争冒险

4.4.1　产生竞争与冒险的原因

首先，分析图4.6所示电路的工作情况。在图4.6(a)中，与门的输入是 A 和 $\overline{A}$ 两个互补信号。由于非门的延迟，$\overline{A}$ 的下降沿要滞后于 A 的上升沿，因此在很短的时间间隔内，与门的两个输入都会出现高电平，致使它的输出出现一个高电平窄脉冲（它是按逻辑设计要求不应出现的干扰脉冲），如图4.6(b)所示。在图4.7(a)中，或门的输入是 A 和 $\overline{A}$ 两个互补信号。由于非门的延迟，$\overline{A}$ 的上升沿要滞后于 A 的下降沿，因此在很短的时间间隔内，或门的两个输入都会出现低电平，致使它的输出出现一个低电平窄脉冲(它是按逻辑设计要求不应出现的干扰脉冲)，如图 4.7(b)所示。

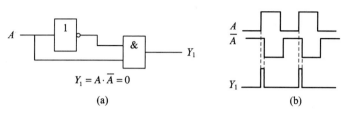

图 4.6　有竞争与冒险的与门电路

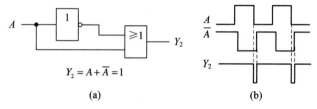

图 4.7　有竞争与冒险的或门电路

由图 4.6 与 4.7 可以看出，由于传输路径不同，因此输入信号的变化(跳变)传输到同一个门上的时间有先有后，这种信号竞相到达同一个门输入端的现象称为"竞争"。由于竞争使输出出现了干扰窄脉冲的现象称为"冒险"。Y_1 中出现的冒险叫"1"冒险，Y_2 中出现的冒险叫"0"冒险。

4.4.2　竞争冒险现象的判别

判断一个逻辑电路是否可能发生冒险现象常用的方法有代数法和卡诺图法。

1. 代数判别法

(1) 写出组合逻辑电路的逻辑表达式，检查是否有某个变量同时以原变量和反变量的形式出现在逻辑表达式中，即判断是否存在竞争。

(2) 若存在竞争，则消去表达式中不存在竞争的变量，仅保留有竞争的变量，看是否满足以下关系：

$F = A + \overline{A}$：说明存在"0"冒险；

$F = A\overline{A}$：说明存在"1"冒险。

【例 4 - 5】判断 $Y = A\overline{C} + BC$ 是否存在冒险，如存在，指出冒险类型。

解　因为变量 C 存在竞争，所以消去 A、B。令

令 $AB = 00$，则 $Y = 0$；

令 $AB = 01$，则 $Y = C$；

令 $AB = 10$，则 $Y = \overline{C}$；

令 $AB = 11$，则 $Y = C + \overline{C}$。

即 $A = B = 1$ 时，C 变量可产生"0"冒险。

2. 卡诺图法

先作出函数的卡诺图，并画出和函数表达式中各"与"项对应的卡诺图。例如，图 4.8 所示为函数 $Y=A\overline{C}+BC$ 的卡诺图。观察其卡诺图，若存在某两个卡诺圈只相邻而不相交，如图 4.8 所示，则会产生冒险现象。

图 4.8　卡诺图

4.4.3　竞争冒险现象的消除方法

消除组合逻辑电路中的冒险现象，主要有以下两种方法：

1. 在输出端加小的滤波电容

由于竞争产生的干扰脉冲一般都很窄，所以在电路输出端对地并接一个 100 pF 以下的小电容即可有效地滤除尖峰脉冲。此方法的优点是简单易行，缺点是输出波形同时被恶化。

2. 用卡诺图法消除冒险

用卡诺图法消除冒险现象是通过增加冗余项的方法，即在原函数表达式中增加多余的"与"项或"或"项，使原函数在任何条件下都不会出现 $F=A+\overline{A}$ 或 $F=A\overline{A}$ 的形式，从而消除冒险的产生。

【例 4-6】用增加冗余项的方法消除函数 $Y=A\overline{C}+BC$ 中可能出现的冒险现象。

解　由例 4-5 的分析可知，当 $A=B=1$ 时，C 的变化使电路输出可能产生"0"冒险。若给逻辑函数增加一个冗余项，即在卡诺图中增加一个卡诺圈，如图 4.9 中虚线所示，则逻辑表达式为 $Y=A\overline{C}+BC+AB$。

此时，若 $A=B=1$，则输出 $Y=1$，即消除了竞争。

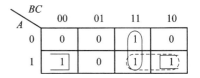

图 4.9　例 4-6 的卡诺图

在卡诺图中，增加冗余项的方法就是增加尽量少的多余卡诺圈，使相邻而不相交的卡诺圈互相交叉，如图 4.9 中虚线所示。与多余卡诺圈相对应的"与"项即为要加入原函数表达式中的冗余项。

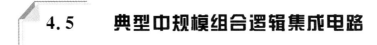

4.5　典型中规模组合逻辑集成电路

4.5.1　加法器

数字电子计算机能进行各种信息处理，其中最常用的还是各种算术运算。因为算术运算中的加、减、乘、除四则运算在数字电路中往往是转化为加法运算来实现的，所以加法运算是运算电路的核心。计算机的运算速度也是以每秒钟完成加法运算的次数来度量的。能实现二进制加法运算的逻辑电路称为加法器。

加法器

1. 半加器和全加器

1）半加器

能实现两个 1 位的二进制数相加，而不考虑低位进位的运算电路称为半加器。

设 A_i、B_i 分别表示第 i 位的被加数和加数输入，S_i 表示本位和的输出，C_i 表示向高位的进位输出，可以列出半加器的真值表，如表 4.5 所示。由表 4.5 可得半加器的逻辑表达式为

$$S_i = \overline{A_i} B_i + A_i \overline{B_i} = A_i \oplus B_i$$
$$C_i = A_i B_i$$

根据上述逻辑表达式可画出半加器的逻辑图及逻辑符号，如图 4.10 所示。

表 4.5　半加器的真值表

A_i	B_i	S_i	C_i
0	0	0	0
0	1	1	0
1	0	1	0
1	1	1	1

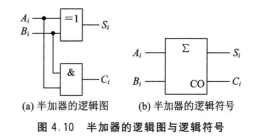

(a) 半加器的逻辑图　　(b) 半加器的逻辑符号

图 4.10　半加器的逻辑图与逻辑符号

2）全加器

对两个 1 位的二进制数进行相加并考虑低位的进位，即相当于三个 1 位二进制数相加，求得和及进位的逻辑电路称为全加器。

设 A_i、B_i 分别表示第 i 位的加数输入，C_{i-1} 表示来自相邻低位的进位输入，S_i 表示本位和的输出，C_i 表示向高位的进位输出，可以列出全加器的真值表，如表 4.6 所示。

表 4.6　全加器的真值表

A_i	B_i	C_{i-1}	S_i	C_i
0	0	0	0	0
0	0	1	1	0
0	1	0	1	0
0	1	1	0	1
1	0	0	1	0
1	0	1	0	1
1	1	0	0	1
1	1	1	1	1

由表 4.6 可以写出全加器的逻辑表达式为

$$
\begin{aligned}
S_i &= \overline{A_i}\ \overline{B_i} C_{i-1} + \overline{A_i} B_i \overline{C_{i-1}} + A_i \overline{B_i}\ \overline{C_{i-1}} + A_i B_i C_{i-1} \\
&= (\overline{A_i}\ \overline{B_i} + A_i B_i) C_{i-1} + (\overline{A_i} B_i + A_i \overline{B_i}) \overline{C_{i-1}} \\
&= (A_i \odot B_i) C_{i-1} + (A_i \oplus B_i) \overline{C_{i-1}} \\
&= \overline{(A_i \oplus B_i)} C_{i-1} + (A_i \oplus B_i) \overline{C_{i-1}} \\
&= (A_i \oplus B_i) \oplus C_{i-1}
\end{aligned}
$$

$$C_i = \overline{A_i}B_iC_{i-1} + A_i\overline{B_i}C_{i-1} + A_iB_i\overline{C_{i-1}} + A_iB_iC_{i-1}$$
$$= (A_i \oplus B_i)C_{i-1} + A_iB_i$$

根据上述逻辑表达式可画出全加器的逻辑图及逻辑符号，如图 4.11 所示。

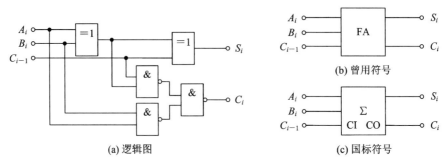

图 4.11　全加器的逻辑图与逻辑符号

2. 多位数加法器

1）串行进位加法器

若有多位数相加，则可采用并行相加串行进位的方式来完成。例如，有两个 4 位二进制数 $A_3A_2A_1A_0$ 和 $B_3B_2B_1B_0$ 相加，可以将四个全加器级联，低位全加器的进位输出连接到相邻的高位全加器的进位输入，如图 4.12 所示。

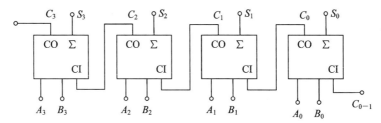

图 4.12　位串行进位加法器

在串行进位加法器中，全加器的个数等于相加的二进制数的位数，最低位的全加器的 C_{i-1} 端接 0。

由图 4.12 可知，尽管串行进位加法器各位相加是并行的，但其进位信号是由低位向高位逐级传递的，这样要形成高位的和，必须等到低位的进位形成后才能确定。因此，串行进位加法器的速度不高。

2）超前进位加法器

由于串行进位加法器的速度受到进位信号的限制，因此人们又设计了一种超前进位加法器，使每位的进位只由加数和被加数决定，而与低位的进位无关。

根据进位表达式与和表达式，得：

$$C_i = (A_i \oplus B_i)C_{i-1} + A_iB_i$$
$$S_i = (A_i \oplus B_i) \oplus C_{i-1}$$

令 $G_i = A_iB_i$，$P_i = (A_i \oplus B_i)$，则

$$C_i = G_i + P_i C_{i-1}$$

$$S_i = P_i \oplus C_{i-1}$$

上面两式是超前进位加法器的两个基本公式。由这两个公式可以递推出各位全加器的表达式。例如，对于 4 位超前进位加法器，有：

$$\begin{cases} S_0 = P_0 \oplus C_{0-1} \\ C_0 = G_0 + P_0 C_{0-1} \end{cases}$$

$$\begin{cases} S_1 = P_1 \oplus C_0 \\ C_1 = G_1 + P_1 C_0 = G_1 + P_1 G_0 + P_1 P_0 C_{0-1} \end{cases}$$

$$\begin{cases} S_2 = P_2 \oplus C_1 \\ C_2 = G_2 + P_2 C_1 = G_2 + P_2 G_1 + P_2 P_1 G_0 + P_2 P_1 P_0 C_{0-1} \end{cases}$$

$$\begin{cases} S_3 = P_3 \oplus C_2 \\ C_3 = G_3 + P_3 C_2 = G_3 + P_3 G_2 + P_3 P_2 G_1 + P_3 P_2 P_1 G_0 + P_3 P_2 P_1 P_0 C_{0-1} \end{cases}$$

其中：C_{0-1} 为来自外部的进位输入；$G_i = A_i B_i$，$P_i = (A_i \oplus B_i)(i=1, 2, 3, 4)$ 是各位的进位生成项和进位传递条件，都只与各位的两个加数有关，它们是可以并行产生的。由这些表达式可以画出 4 位超前进位加法器的逻辑图，如图 4.13 所示。图中虚线框内的电路是实现超前进位的电路部分。

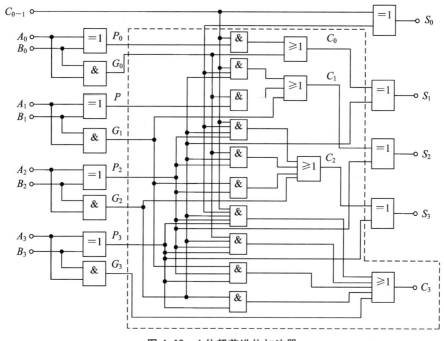

图 4.13　4 位超前进位加法器

由图 4.13 所示可知，超前进位加法器的逻辑电路远比串行进位加法器的复杂。随着位数的增加，电路的复杂程度也迅速增加，而且门电路的扇入和扇出数也会增大。所以，超前进位的集成加法器一般为 4 位加法器。

图 4.14 所示为集成 4 位二进制超前进位的 TTL 加法器 74LS283 和 CMOS 加法器 4008 的引脚排列图。

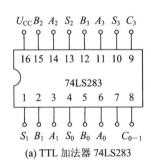 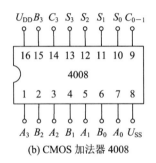

(a) TTL 加法器 74LS283   (b) CMOS 加法器 4008

图 4.14　集成 4 位二进制超前进位的加法器的引脚排列图

当需要计算更多位数的加法时，可将多片 4 位加法器连接起来，较低位加法器的进位输出送到较高位加法器的进位输入端。图 4.15 所示为 4 片 4 位加法器串联起来构成的 16 位加法器。

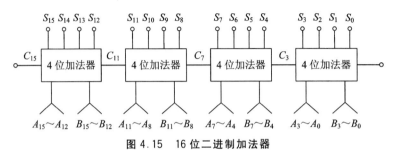

图 4.15　16 位二进制加法器

4.5.2 数值比较器

比较器

数值比较器是实现两个相同位数的二进制数的大小比较，并判断其大小关系的电路。在数字电路中，数值比较器的输入是要进行比较的两个二进制数，输出是比较的结果。

1. 1 位数值比较器

两个 1 位二进制数进行比较，输入信号是两个要进行比较的 1 位二进制数，输出是比较结果，有三种情况。

例如：A、B 表示两个二进制数，比较结果分别用 Y_1、Y_2、Y_3 表示 $A>B$、$A<B$、$A=B$。由此可以列出 1 位数值比较器的真值表，见表 4.7。

表 4.7　1 位数值比较器的真值表

A	B	$Y_1(A>B)$	$Y_2(A<B)$	$Y_3(A=B)$
0	0	0	0	1
0	1	0	1	0
1	0	1	0	0
1	1	0	0	1

由表 4.7 可以写出各个输出的逻辑表达式为

$$\begin{cases} Y_1 = A\overline{B} \\ Y_2 = \overline{A}B \\ Y_3 = \overline{A}\ \overline{B} + AB = \overline{\overline{AB} + A\overline{B}} \end{cases}$$

由以上逻辑表达式可以画出 1 位数值比较器的卡诺图，如图 4.16 所示。

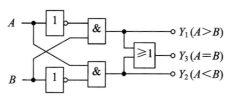

图 4.16 1 位数值比较器的卡诺图

2. 集成 4 位数值比较器

多位数值比较器的原理是从最高位开始进行比较，只有当最高位数相等时再比较次高位，依次类推，直到比较到最低位数。74LS85 是典型的集成 4 位二进制数值比较器。其真值表如表 4.8 所示。

表 4.8 4 位数值比较器的真值表

比 较 输 入				级 联 输 入			输 出		
$A_3\ B_3$	$A_2\ B_2$	$A_1\ B_1$	$A_0\ B_0$	$A'>B'$	$A'<B'$	$A'=B'$	$A>B$	$A<B$	$A=B$
$A_3>B_3$	×	×	×	×	×	×	1	0	0
$A_3<B_3$	×	×	×	×	×	×	0	1	0
$A_3=B_3$	$A_2>B_2$	×	×	×	×	×	1	0	0
$A_3=B_3$	$A_2<B_2$	×	×	×	×	×	0	1	0
$A_3=B_3$	$A_2=B_2$	$A_1>B_1$	×	×	×	×	1	0	0
$A_3=B_3$	$A_2=B_2$	$A_1<B_1$	×	×	×	×	0	1	0
$A_3=B_3$	$A_2=B_2$	$A_1=B_1$	$A_0>B_0$	×	×	×	1	0	0
$A_3=B_3$	$A_2=B_2$	$A_1=B_1$	$A_0<B_0$	×	×	×	0	1	0
$A_3=B_3$	$A_2=B_2$	$A_1=B_1$	$A_0=B_0$	1	0	0	1	0	0
$A_3=B_3$	$A_2=B_2$	$A_1=B_1$	$A_0=B_0$	0	1	0	0	1	0
$A_3=B_3$	$A_2=B_2$	$A_1=B_1$	$A_0=B_0$	0	0	1	0	0	1

当 $A_3A_2A_1A_0$ 和 $B_3B_2B_1B_0$ 两个数比较时：

(1) 如果 $A_3>B_3$，则可以肯定 $A>B$，这时输出 $A>B$ 为 1；若 $A_3<B_3$，则可以肯定 $A<B$，这时输出 $A<B$ 为 1。

(2) 当 $A_3=B_3$，再比较次高位 A_2 和 B_2。若 $A_2>B_2$，则输出 $A>B$ 为 1；若 $A_2<B_2$，则输出 $A<B$ 为 1。

(3) 当 $A_2=B_2$，继续比较次高位 A_1 和 B_1。依此类推，直到所有的高位都相等，才比较最低位。

3. 集成数值比较器 74LS85 逻辑功能的扩展

在图 4.17 中，2、3、4 号接线端是"级联输入端"，当 $A_3A_2A_1A_0 = B_3B_2B_1B_0$ 时，比较的结果将取决于"级联输入端"的状态。利用"级联输入端"可以实现比较器功能扩展，使用方法是：

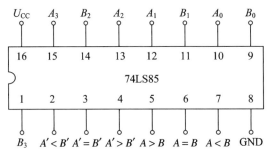

图 4.17   集成 4 位数值比较器 74LS85 的引脚排列图

（1）用一块芯片来比较 4 位二进制数时，应使级联输入端的 $A' = B'$ 端接 1，$A' > B'$ 端与 $A' < B'$ 端都接 0，即认为 4 位级联输入信号都为 0。

（2）当要扩展比较位数时，可应用级联输入端进行片间连接。例如，将 3 片 4 位数值比较器扩展为 12 位数值比较器，如图 4.18 所示。可将 3 片芯片串联起来，即将低位片的输出端 $A > B$，$A < B$，$A = B$ 分别去接高位片的级联输入端 $A' > B'$，$A' < B'$，$A' = B'$。当高 4 位都相等时，就可由低 4 位来决定两个比较数的大小。注意：最低四位的级联输入端 $A' > B'$，$A' < B'$，$A' = B'$ 必须分别预置为 0，0，1，也就是认为最低 4 位的级联输入信号都是 0（即相等），才能使两个多位数的各位都相同，比较器的 $A = B$ 输出端的输出为 1。

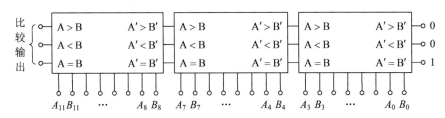

图 4.18   4 位数值比较器扩展为 12 位数值比较器

4.5.3　编码器

用文字、符号或数码表示特定对象的过程称为编码，如邮政编码、身份证号码、学号等。在数字电路中，用二进制代码表示有关信息（字母、数字、符号），称为编码。能够实现编码功能的逻辑电路称为编码器。按照被编码

编码器

信号的不同特点和要求，有二进制编码器、非二进制编码器、普通编码器、优先编码器之分。

1. 二进制编码器

用 n 位二进制代码来表示 $N = 2^n$ 个信号的电路称为二进制编码器。二进制编码器的输入有 $N = 2^n$ 个信号，输出为 n 位二进制代码。

1）3 位二进制编码器

3 位二进制编码器有 8 个输入端和 3 个输出端，常称为 8 线-3 线编码器，它实现了把 8 个输入信号 $I_0 \sim I_7$ 编成对应的 3 位二进制代码输出。

用 3 位二进制代码表示 8 个信号的方案很多，现分别用 000～111 表示 $I_0 \sim I_7$。由于编码器在任何时刻都只能对一个输入信号进行编码，即不允许有两个或两个以上输入信号同时存在的情况出现，也就是说，$I_0 \sim I_7$ 是一组互相排斥的变量，因此真值表可以表示为表 4.9，其简化形式如表 4.10 所示。

表 4.9　3 位二进制编码器的真值表

输　入								输　出		
I_0	I_1	I_2	I_3	I_4	I_5	I_6	I_7	Y_2	Y_1	Y_0
1	0	0	0	0	0	0	0	0	0	0
0	1	0	0	0	0	0	0	0	0	1
0	0	1	0	0	0	0	0	0	1	0
0	0	0	1	0	0	0	0	0	1	1
0	0	0	0	1	0	0	0	1	0	0
0	0	0	0	0	1	0	0	1	0	1
0	0	0	0	0	0	1	0	1	1	0
0	0	0	0	0	0	0	1	1	1	1

表 4.10　3 位二进制编码器的简化真值表

输入	输　出		
	Y_2	Y_1	Y_0
I_0	0	0	0
I_1	0	0	1
I_2	0	1	0
I_3	0	1	1
I_4	1	0	0
I_5	1	0	1
I_6	1	1	0
I_7	1	1	1

由于 $I_0 \sim I_7$ 是互相排斥的，所以只需要将函数值为 1 的变量加起来，便可以得到相应输出信号的最简与或表达式：

$$Y_2 = I_4 + I_5 + I_6 + I_7$$
$$Y_1 = I_2 + I_3 + I_6 + I_7$$
$$Y_0 = I_1 + I_3 + I_5 + I_7$$

若要用与非门来实现，则可将表达式转化为与非形式：

$$Y_2 = \overline{\overline{I_4 + I_5 + I_6 + I_7}} = \overline{\overline{I_4}\,\overline{I_5}\,\overline{I_6}\,\overline{I_7}}$$
$$Y_1 = \overline{\overline{I_2 + I_3 + I_6 + I_7}} = \overline{\overline{I_2}\,\overline{I_3}\,\overline{I_6}\,\overline{I_7}}$$
$$Y_0 = \overline{\overline{I_1 + I_3 + I_5 + I_7}} = \overline{\overline{I_1}\,\overline{I_3}\,\overline{I_5}\,\overline{I_7}}$$

用门电路实现的逻辑电路如图 4.19 所示。

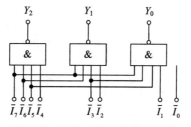

图 4.19　3 位二进制普通编码器

2）3 位二进制优先编码器

3 位二进制编码器是普通编码器，一次只能输入一个编码信号。在优先编码器中则不同，允许几个信号同时输入，但是电路只对其中优先级别最高的信号进行编码，不处理级别低的信号，或者说级别低的信号不起作用。至于优先级别的高低，则完全由设计者根据各个输入信号的轻重缓急情况决定。

3 位二进制优先编码器的输入是 8 个要进行优先编码的信号 $I_0 \sim I_7$，设 I_7 的优先级别最高，I_6 次之，依此类推，I_0 最低，并分别用 $000 \sim 111$ 表示 $I_0 \sim I_7$。根据优先级别高的信号排斥级别低的信号这一特点，即可列出优先编码器的简化真值表，如表 4.11 所示。

表 4.11　3 位二进制优先编码器的简化真值表

输　入								输　出		
I_7	I_6	I_5	I_4	I_3	I_2	I_1	I_0	Y_2	Y_1	Y_0
1	×	×	×	×	×	×	×	1	1	1
0	1	×	×	×	×	×	×	1	1	0
0	0	1	×	×	×	×	×	1	0	1
0	0	0	1	×	×	×	×	1	0	0
0	0	0	0	1	×	×	×	0	1	1
0	0	0	0	0	1	×	×	0	1	0
0	0	0	0	0	0	1	×	0	0	1
0	0	0	0	0	0	0	1	0	0	0

由表 4.11 可得

$$Y_2 = I_7 + \bar{I}_7 I_6 + \bar{I}_7 \bar{I}_6 I_5 + \bar{I}_7 \bar{I}_6 \bar{I}_5 I_4 = I_7 + I_6 + I_5 + I_4$$

$$Y_1 = I_7 + \bar{I}_7 I_6 + \bar{I}_7 \bar{I}_6 \bar{I}_5 \bar{I}_4 I_3 + \bar{I}_7 \bar{I}_6 \bar{I}_5 \bar{I}_4 \bar{I}_3 I_2$$

$$= I_7 + I_6 + \bar{I}_5 \bar{I}_4 I_3 + \bar{I}_5 \bar{I}_4 I_2$$

$$Y_0 = I_7 + \bar{I}_7 \bar{I}_6 I_5 + \bar{I}_7 \bar{I}_6 \bar{I}_5 \bar{I}_4 I_3 + \bar{I}_7 \bar{I}_6 \bar{I}_5 \bar{I}_4 \bar{I}_3 \bar{I}_2 I_1$$

$$= I_7 + \bar{I}_6 I_5 + \bar{I}_6 \bar{I}_4 I_3 + \bar{I}_6 \bar{I}_4 \bar{I}_2 I_1$$

用门电路实现的逻辑电路如图 4.20 所示。

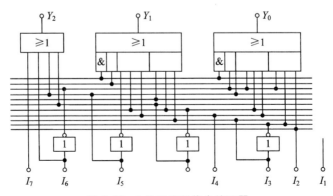

图 4.20　3 位二进制优先编码器

3）集成 8 线-3 线优先编码器

74LS148 是一种常用的 8 线-3 线优先编码器，其引脚排列图和逻辑功能示意图如图 4.21 所示，其真值表如表 4.12 所示。

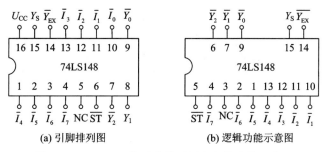

图 4.21 74LS148 的引脚排列图和逻辑功能示意图

表 4.12 74LS148 的真值表

输　　入									输　　出				
$\overline{ST}$	$\overline{I_7}$	$\overline{I_6}$	$\overline{I_5}$	$\overline{I_4}$	$\overline{I_3}$	$\overline{I_2}$	$\overline{I_1}$	$\overline{I_0}$	$\overline{Y_2}$	$\overline{Y_1}$	$\overline{Y_0}$	$\overline{Y_{EX}}$	$\overline{Y_S}$
1	×	×	×	×	×	×	×	×	1	1	1	1	1
0	1	1	1	1	1	1	1	1	1	1	1	1	0
0	0	×	×	×	×	×	×	×	0	0	0	0	1
0	1	0	×	×	×	×	×	×	0	0	1	0	1
0	1	1	0	×	×	×	×	×	0	1	0	0	1
0	1	1	1	0	×	×	×	×	0	1	1	0	1
0	1	1	1	1	0	×	×	×	1	0	0	0	1
0	1	1	1	1	1	0	×	×	1	0	1	0	1
0	1	1	1	1	1	1	0	×	1	1	0	0	1
0	1	1	1	1	1	1	1	0	1	1	1	0	1

$\overline{I_0} \sim \overline{I_7}$ 是编码器的输入端，低电平有效。$\overline{Y_2}$，$\overline{Y_1}$，$\overline{Y_0}$ 为编码器的输出端，低电平有效。编码的优先级别是从 $\overline{I_7}$ 至 $\overline{I_0}$ 递降。

$\overline{ST}$ 是使能输入端，低电平有效。Y_S 是使能输出端；$\overline{Y_{EX}}$ 是扩展输出端，是控制标志，用于级联和扩展。Y_{6S} 与 $\overline{Y_{EX}}$ 不同的状态体现了编码器的不同工作情况，如表 4.13 所示。

表 4.13 74LS148 的工作状态对照表

Y_S	$\overline{Y_{EX}}$	工作状态
0	0	不可能出现
0	1	正常工作，但无输入
1	0	正常工作，有输入
1	1	禁止编码

2. 二-十进制编码器

将十进制的 10 个数码 $0 \sim 9$ 编成二进制代码的逻辑电路称为二-十进制编码器。其工作原理与二进制编码器无本质上的区别。

1）8421 码编码器

8421 码编码器是常见的一种二-十进制编码器，其真值表如表 4.14 所示。

表 4.14　8421 码编码器的真值表

输　入	输　出			
I	Y_3	Y_2	Y_1	Y_0
$0(I_0)$	0	0	0	0
$1(I_1)$	0	0	0	1
$2(I_2)$	0	0	1	0
$3(I_3)$	0	0	1	1
$4(I_4)$	0	1	0	0
$5(I_5)$	0	1	0	1
$6(I_6)$	0	1	1	0
$7(I_7)$	0	1	1	1
$8(I_8)$	1	0	0	0
$9(I_9)$	1	0	0	1

由真值表可写出输出函数的逻辑表达式为

$$Y_3 = I_8 + I_9 = \overline{\overline{I_8}\,\overline{I_9}}$$

$$Y_2 = I_4 + I_5 + I_6 + I_7 = \overline{\overline{I_4}\,\overline{I_5}\,\overline{I_6}\,\overline{I_7}}$$

$$Y_1 = I_2 + I_3 + I_6 + I_7 = \overline{\overline{I_2}\,\overline{I_3}\,\overline{I_6}\,\overline{I_7}}$$

$$Y_0 = I_1 + I_3 + I_5 + I_7 + I_9 = \overline{\overline{I_1}\,\overline{I_3}\,\overline{I_5}\,\overline{I_7}\,\overline{I_9}}$$

用门电路实现的逻辑电路如图 4.22 所示。

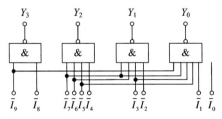

图 4.22　8421 码编码器

2）8421 码优先编码器

设 8421 码优先编码器的优先顺序是从 I_9 降至 I_0，则其真值表如表 4.15 所示。

表 4.15　8421 码优先编码器的真值表

I_9	I_8	I_7	I_6	I_5	I_4	I_3	I_2	I_1	I_0	Y_3	Y_2	Y_1	Y_0
1	×	×	×	×	×	×	×	×	×	1	0	0	1
0	1	×	×	×	×	×	×	×	×	1	0	0	0
0	0	1	×	×	×	×	×	×	×	0	1	1	1
0	0	0	1	×	×	×	×	×	×	0	1	1	0
0	0	0	0	1	×	×	×	×	×	0	1	0	1
0	0	0	0	0	1	×	×	×	×	0	1	0	0
0	0	0	0	0	0	1	×	×	×	0	0	1	1
0	0	0	0	0	0	0	1	×	×	0	0	1	0
0	0	0	0	0	0	0	0	1	×	0	0	0	1
0	0	0	0	0	0	0	0	0	1	0	0	0	0

输出信号的表达式及逻辑图的实现略。

3）集成 10 线-4 线优先编码器

集成 74LS147 编码器是 8421 码优先编码器，也称为 10 线-4 线优先编码器。其引脚排列图如图 4.23 所示。

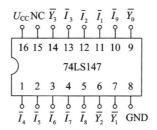

图 4.23　74LS147 优先编码器的引脚排列图

74LS147 优先编码器有 9 个输入端和 4 个输出端，都是低电平有效，即当某一个输入端为低电平 0 时，4 个输出端就以低电平 0 的形式输出其对应的 8421 编码。当 9 个输入全为 1 时，4 个输出也全为 1，表示输入十进制数 0 的 8421 编码输出。

4.5.4　译码器

译码是编码的逆过程，它的功能是将每个输入的二进制代码译成对应的输出高、低电平信号。具有译码功能的逻辑电路称为译码器。

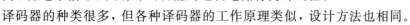

译码器

译码器的种类很多，但各种译码器的工作原理类似，设计方法也相同。

1．二进制译码器

将输入的二进制代码转换成对应的输出信号的电路，称为二进制译码器。

1）3 位二进制译码器

由于 $n=3$，即输入的是 3 位二进制代码 $A_2A_1A_0$，而 3 位二进制代码可表示 8 种不同的状态，所以输出的必须是 8 个译码信号，设 8 个输出信号分别为 $Y_0 \sim Y_7$，因此称为 3 线-8 线译码器。根据二进制译码器的功能可列出 3 位二进制译码器的真值表，如表 4.16 所示。

表 4.16 3 位二进制译码器的真值表

A_2	A_1	A_0	Y_0	Y_1	Y_2	Y_3	Y_4	Y_5	Y_6	Y_7
0	0	0	1	0	0	0	0	0	0	0
0	0	1	0	1	0	0	0	0	0	0
0	1	0	0	0	1	0	0	0	0	0
0	1	1	0	0	0	1	0	0	0	0
1	0	0	0	0	0	0	1	0	0	0
1	0	1	0	0	0	0	0	1	0	0
1	1	0	0	0	0	0	0	0	1	0
1	1	1	0	0	0	0	0	0	0	1

由表 4.16 可知，对应于一组变量的取值，在 8 个输出中只有 1 个为 1，其余 7 个为 0。由真值表可直接写出各输出信号的逻辑表达式为

$$Y_0 = \overline{A}_2 \overline{A}_1 \overline{A}_0 = m_0$$

$$Y_1 = \overline{A}_2 \overline{A}_1 A_0 = m_1$$

$$Y_2 = \overline{A}_2 A_1 \overline{A}_0 = m_2$$

$$Y_3 = \overline{A}_2 A_1 A_0 = m_3$$

$$Y_4 = A_2 \overline{A}_1 \overline{A}_0 = m_4$$

$$Y_5 = A_2 \overline{A}_1 A_0 = m_5$$

$$Y_6 = A_2 A_1 \overline{A}_0 = m_6$$

$$Y_7 = A_2 A_1 A_0 = m_7$$

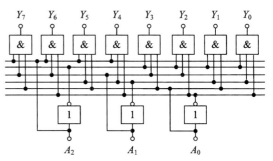

图 4.24 3 位二进制译码器

即 $Y_i = m_i (i = 0, 1, 2, \cdots, 7)$。

根据这些逻辑表达式画出逻辑图，如图 4.24 所示。

2）集成 3 线-8 线译码器

图 4.25 所示是带选通控制端的集成 3 线-8 线译码器 74LS138。其中：A_2、A_1、A_0 为二进制译码输入端；$\overline{Y}_7 \sim \overline{Y}_0$ 为译码输出端，低电平有效；G_1、$\overline{G_{2A}}$、$\overline{G_{2B}}$ 为选通控制端。当 $G_1 = 1$，$\overline{G_{2A}} + \overline{G_{2B}} = 0$ 时，译码器处于工作状态；当 $G_1 = 0$，$\overline{G_2} = \overline{G_{2A}} + \overline{G_{2B}} = 1$ 时，译码器处于禁止状态。其真值表如表 4.17 所示。

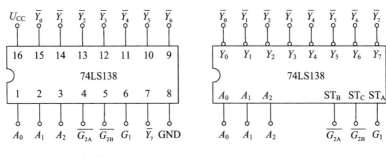

(a) 引脚排列图　　　　　　(b) 逻辑功能示意图

图 4.25 74LS138 的引脚排列图和逻辑功能示意图

表 4.17　74LS138 的真值表

输　入					输　出							
使　能		选　择										
G_1	$\overline{G_2}$	A_2	A_1	A_0	$\overline{Y_7}$	$\overline{Y_6}$	$\overline{Y_5}$	$\overline{Y_4}$	$\overline{Y_3}$	$\overline{Y_2}$	$\overline{Y_1}$	$\overline{Y_0}$
$\times$	1	$\times$	$\times$	$\times$	1	1	1	1	1	1	1	1
0	$\times$	$\times$	$\times$	$\times$	1	1	1	1	1	1	1	1
1	0	0	0	0	1	1	1	1	1	1	1	0
1	0	0	0	1	1	1	1	1	1	1	0	1
1	0	0	1	0	1	1	1	1	1	0	1	1
1	0	0	1	1	1	1	1	1	0	1	1	1
1	0	1	0	0	1	1	1	0	1	1	1	1
1	0	1	0	1	1	1	0	1	1	1	1	1
1	0	1	1	0	1	0	1	1	1	1	1	1
1	0	1	1	1	0	1	1	1	1	1	1	1

由真值表可得，当 $G_1 = 1$、$\overline{G_2} = \overline{G_{2A}} + \overline{G_{2B}} = 0$ 时，译码器正常工作。可以写出各个输出信号的逻辑表达式

$$\overline{Y_0} = \overline{\overline{A_2}\,\overline{A_1}\,\overline{A_0}} = \overline{m_0}, \quad \overline{Y_1} = \overline{\overline{A_2}\,\overline{A_1}\,A_0} = \overline{m_1}$$

$$\overline{Y_2} = \overline{\overline{A_2}\,A_1\,\overline{A_0}} = \overline{m_2}, \quad \overline{Y_3} = \overline{\overline{A_2}\,A_1\,A_0} = \overline{m_3}$$

$$\overline{Y_4} = \overline{A_2\,\overline{A_1}\,\overline{A_0}} = \overline{m_4}, \quad \overline{Y_5} = \overline{A_2\,\overline{A_1}\,A_0} = \overline{m_5}$$

$$\overline{Y_6} = \overline{A_2\,A_1\,\overline{A_0}} = \overline{m_6}, \quad \overline{Y_7} = \overline{A_2\,A_1\,A_0} = \overline{m_7}$$

即 $\overline{Y_i} = \overline{m_i}$（$i = 0, 1, 2, \cdots, 7$）。

2. 二-十进制译码器

1) 8421 码译码器

将输入的 10 组 8421BCD 码译成 10 组高、低电平输出信号的译码器称为二-十进制译码器。

其输入是十进制数的 4 位二进制编码（BCD 码），分别用 $A_3 \sim A_0$ 表示；输出的是与 10 个十进制数字相对应的 10 个信号，用 $Y_9 \sim Y_0$ 表示。由于二-十进制译码器有 4 根输入线，10 根输出线，所以又称为 4 线-10 线译码器，其真值表如表 4.18 所示。

表 4.18 中左边是输入的 8421 码，右边是译码输出。其中，1010～1111 共 6 种状态没有使用，是无效状态。由真值表可写出输出信号的逻辑表达式为

$$Y_0 = \overline{A_3}\,\overline{A_2}\,\overline{A_1}\,\overline{A_0}, \quad Y_1 = \overline{A_3}\,\overline{A_2}\,\overline{A_1}\,A_0, \quad Y_2 = \overline{A_3}\,\overline{A_2}\,A_1\,\overline{A_0}, \quad Y_3 = \overline{A_3}\,\overline{A_2}\,A_1\,A_0,$$

$$Y_4 = \overline{A_3}\,A_2\,\overline{A_1}\,\overline{A_0}, \quad Y_5 = \overline{A_3}\,A_2\,\overline{A_1}\,A_0, \quad Y_6 = \overline{A_3}\,A_2\,A_1\,\overline{A_0}, \quad Y_7 = \overline{A_3}\,A_2\,A_1\,A_0,$$

$$Y_8 = A_3\,\overline{A_2}\,\overline{A_1}\,\overline{A_0}, \quad Y_9 = A_3\,\overline{A_2}\,\overline{A_1}\,A_0 .$$

其逻辑图如图 4.26 所示。

表 4.18 8421 码译码器的真值表

A_3	A_2	A_1	A_0	Y_9	Y_8	Y_7	Y_6	Y_5	Y_4	Y_3	Y_2	Y_1	Y_0
0	0	0	0	0	0	0	0	0	0	0	0	0	1
0	0	0	1	0	0	0	0	0	0	0	0	1	0
0	0	1	0	0	0	0	0	0	0	0	1	0	0
0	0	1	1	0	0	0	0	0	0	1	0	0	0
0	1	0	0	0	0	0	0	0	1	0	0	0	0
0	1	0	1	0	0	0	0	1	0	0	0	0	0
0	1	1	0	0	0	0	1	0	0	0	0	0	0
0	1	1	1	0	0	1	0	0	0	0	0	0	0
1	0	0	0	0	1	0	0	0	0	0	0	0	0
1	0	0	1	1	0	0	0	0	0	0	0	0	0

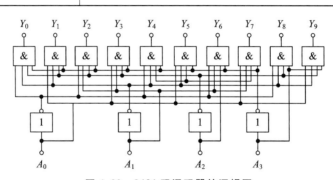

图 4.26 8421 码译码器的逻辑图

2）集成 4 线-10 线译码器

图 4.27 所示是 8421 输入的集成 4 线-10 线译码器，输出为反变量，即低电平有效。

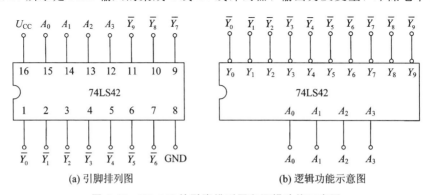

(a) 引脚排列图　　　　　　　　(b) 逻辑功能示意图

图 4.27 74LS42 的引脚排列图和逻辑功能示意图

3. 数码显示译码器

数码显示译码器是由数码显示器和显示译码器构成的，由显示译码器驱动数码显示器，从而将二进制代码表示的数字、文字、符号等信息翻译成人们习惯的形式直观地显示出来的电路。

1）数码显示器

数字电路中最常用的数码显示器有半导体显示器（Light emitting diode，LED）和液晶显示器（Liquid Crystal Display，LCD）。

显示译码器

LED 也称为发光二极管显示器，它可以直接把电转化为光。用若干个 LED 组成的 LED 屏，可连接计算机显示文字和图形，理论上可做成任意大尺寸的显示屏，二极管节能、环保、占地小、亮度高。

LCD 的构造是在两片平行的玻璃中放置液态的晶体，两片玻璃中间有许多垂直和水平的细小电线，透过通电与否来控制杆状水晶分子改变方向，将光线折射出来产生画面。也就是说液晶本身是不发光的，光线来自背光，LCD 可显示精致画面。

7 段 LED 数码显示器即数码管，其工作原理是将要显示的十进制数码分成 7 段，每段为一个发光二极管，利用不同的发光段组合来显示不同的数字。如图 4.28(a)所示为数码管的外形结构。

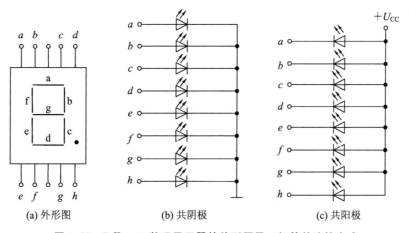

(a) 外形图　　　　(b) 共阴极　　　　(c) 共阳极

图 4.28　7 段 LED 数码显示器的外形图及二极管的连接方式

数码管中的 7 个发光二极管有共阴极和共阳极两种接法，如图 4.28(b)(c)所示，图中的发光二极管 $a \sim g$ 用于显示十进制的 10 个数字 0～9，h 用于显示小数点。从图中可以看出，对于共阴极的显示器，某一段接高电平时发光；对于共阳极的显示器，某一段接低电平时发光。使用时每个发光二极管要串联一个约 100 Ω 的限流电阻。

7 段 LED 数码显示器是利用不同发光段组合来显示不同的数字。以共阴极显示器为例，若 a、c、d、f、g 各段接高电平，则对应的各段发光，显示出十进制数字 5；若 a、b、c 各段接高电平，则显示十进制数字 7。

2）显示译码器

设计显示译码器首先要考虑字形，现以驱动共阴极的 7 段 LED 数码显示器的二-十进制译码器为例，具体说明显示译码器的设计过程。

设输入信号为 8421 码，根据数码管的显示原理，可列出驱动共阴极数码管的 7 段显示译码器的真值表，如表 4.19 所示。

表 4.19　7 段显示译码器的真值表

输入 A_3 A_2 A_1 A_0	输出 a　b　c　d　e　f　g	显示字形
0　0　0　0	1　1　1　1　1　1　0	0
0　0　0　1	0　1　1　0　0　0　0	1
0　0　1　0	1　1　0　1　1　0　1	2
0　0　1　1	1　1　1　1　0　0　1	3
0　1　0　0	0　1　1　0　0　1　1	4
0　1　0　1	1　0　1　1　0　1　1	5
0　1　1　0	0　0　1　1　1　1　1	6
0　1　1　1	1　1　1　0　0　0　0	7
1　0　0　0	1　1　1　1　1　1　1	8
1　0　0　1	1　1　1　0　0　1　1	9
1　0　1　0	0　0　0　1　1　0　1	×
1　0　1　1	0　0　1　1　0　0　1	×
1　1　0　0	0　1　0　0　0　1　1	×
1　1　0　1	1　0　0　1　0　1　1	×
1　1　1　0	0　0　0　1　1　1　1	×
1　1　1　1	0　0　0　0　0　0　0	×

输入 A_3、A_2、A_1、A_0 是 8421 码,其中 1010~1111 这 6 种状态没有使用,是无效状态。

3)集成显示器译码器

常用的集成 7 段译码器属 TTL 型的有 74LS47、74LS48 等,CMOS 型的有 CD4055 液晶显示驱动器等。74LS47 为低电平有效,用于驱动共阳极的 LED 显示器,因为 74LS47 为集电极开路(Open Circuit,OC)输出结构,工作时必须外接集电极电阻。74LS48 为高电平有效,用于驱动共阴极的 LED 显示器,其内部电路的输出级有集电极电阻,使用时可直接接显示器。

74LS48 的引脚排列如图 4.29 所示,其真值表见表 4.20。

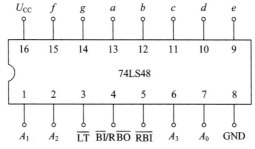

图 4.29　集成 7 段译码驱动器 74LS48 的引脚图

表 4.20　集成 7 段译码驱动器 74LS48 的真值表

功能或十进制数	输入						输出						
	$\overline{LT}$	RBI	A_3	A_2	A_1	A_0	$\overline{BI}/\overline{RBO}$	a	b	c	d	e	f	g
$\overline{BI}/\overline{RBO}$(灭灯)	×	×	×	×	×	×	0(输入)	0	0	0	0	0	0	0
$\overline{LT}$(试灯)	0	×	×	×	×	×	1	1	1	1	1	1	1	1
$\overline{RBI}$(动态灭零)	1	0	0	0	0	0	0	0	0	0	0	0	0	0
0	1	1	0	0	0	0	1	1	1	1	1	1	1	0
1	1	×	0	0	0	1	1	0	1	1	0	0	0	0
2	1	×	0	0	1	0	1	1	1	0	1	1	0	1
3	1	×	0	0	1	1	1	1	1	1	1	0	0	1
4	1	×	0	1	0	0	1	0	1	1	0	0	1	1
5	1	×	0	1	0	1	1	1	0	1	1	0	1	1
6	1	×	0	1	1	0	1	0	0	1	1	1	1	1
7	1	×	0	1	1	1	1	1	1	1	0	0	0	0
8	1	×	1	0	0	0	1	1	1	1	1	1	1	1
9	1	×	1	0	0	1	1	1	1	1	0	0	1	1
10	1	×	1	0	1	0	1	0	0	0	1	1	0	1
11	1	×	1	0	1	1	1	0	0	1	1	0	0	1
12	1	×	1	1	0	0	1	0	1	0	0	0	1	1
13	1	×	1	1	0	1	1	1	0	0	1	0	1	1
14	1	×	1	1	1	0	1	0	0	0	1	1	1	1
15	1	×	1	1	1	1	1	0	0	0	0	0	0	0

由真值表 4.20 可以看出，为了增强器件的功能，在 74LS48 中还设置了一些辅助端。这些辅助端的功能如下：

(1) 试灯输入端 $\overline{LT}$：低电平有效。当 $\overline{LT}=0$ 时，数码管的 7 段全亮，与输入的译码信号无关。本输入端用于测试数码管的好坏。

(2) 动态灭零输入端 $\overline{RBI}$：低电平有效。当 $\overline{LT}=1$、$\overline{RBI}=0$ 且译码输入全为 0 时，该位输出不显示，即 0 字被熄灭；当译码输入不全为 0 时，该位正常显示。本输入端用于消隐无效的 0，如数据 0034.50 可显示为 34.5。

(3) 灭灯输入/动态灭零输出端 $\overline{BI}/\overline{RBO}$：这是一个特殊的端钮，有时用于输入，有时用于输出。当 $\overline{BI}/\overline{RBO}$ 作为输入使用，且 $\overline{BI}/\overline{RBO}=0$ 时，数码管 7 段全灭，与译码输入无关。当 $\overline{BI}/\overline{RBO}$ 作为输出使用时，受控于 $\overline{LT}$ 和 $\overline{RBI}$；当 $\overline{LT}=1$ 且 $\overline{RBI}=0$ 时，$\overline{BI}/\overline{RBO}=0$；其他情况下 $\overline{BI}/\overline{RBO}=1$。本端钮主要用于显示多位数字时，多个译码器之间的连接。

4. 译码器的应用

1) 3 线-8 线译码器 74LS138 实现组合逻辑函数

74LS138 的每个输出端表示一项最小项的"非"，而逻辑函数可以用最小项逻辑表达式来表示，利用这个特点，可以利用 74LS138 译码器和适当的门电路实现组合逻辑电路的设计。

【例 4 - 7】 试用 74LS138 译码器实现下列逻辑函数。

$$F_1 = \sum m(0, 4, 7)$$

$$F_2 = \sum m(1, 2, 3, 4, 5, 6, 7)$$

解 当译码器 74LS138 的 $G_1 = 1$，$G_2 = 0$ 时，译码器正常工作，因此 $\overline{Y_i} = \overline{m_i}$。

$$F_1 = \sum m(0, 4, 7) = m_0 + m_4 + m_7 = \overline{\overline{m_0 + m_4 + m_7}} = \overline{\overline{m_0} \cdot \overline{m_4} \cdot \overline{m_7}} = \overline{\overline{Y_0} \cdot \overline{Y_4} \cdot \overline{Y_7}}$$

$$F_2 = \sum m(1, 2, 3, 5, 6, 7) = m_1 + m_2 + m_3 + m_5 + m_6 + m_7$$

$$= \overline{\overline{m_1 + m_2 + m_3 + m_5 + m_6 + m_7}} = \overline{\overline{m_1} \cdot \overline{m_2} \cdot \overline{m_3} \cdot \overline{m_5} \cdot \overline{m_6} \cdot \overline{m_7}} = \overline{\overline{Y_1} \cdot \overline{Y_2} \cdot \overline{Y_3} \cdot \overline{Y_5} \cdot \overline{Y_6} \cdot \overline{Y_7}}$$

所以，只需要将函数的输出变量加至译码器的输入端 A_2、A_1、A_0，并在输出端增加少量的门电路即可，见图 4.30。

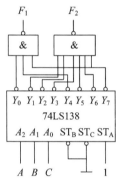

图 4.30　例 4 - 7 的连线图

2）译码器的级联

利用级联可以提升译码能力。图 4.31 所示电路是将两片 74LS138 级联构成了 4 线-16 线的译码器，工作原理如下：

$E = 1$ 时，两个译码器均不工作；

$E = 0$，$A_3 = 0$ 时，低位片译码器工作，高位片译码器不工作；

$E = 0$，$A_3 = 1$ 时，高位片译码器不工作，低位片译码器工作。

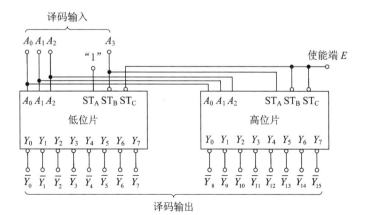

图 4.31　2 片 74LS138 级联组成 4 线-16 线译码器

数据选择器

4.5.5　数据选择器

数据选择器是根据地址码从多路输入数据中选择一路，送到输出端，它是多输入单输出的组合逻辑电路。图 4.32 所示，数据选择器就是根据 n 位的地址码，组成的 2^n 个地址，从 2^n 个输入数据中选择一路输出。

图 4.32　数据选择器示意图

常用的数据选择器有 4 选 1、8 选 1、16 选 1 等多种类型。

1. 4 选 1 数据选择器

4 选 1 数据选择器有 4 个输入数据 D_0、D_1、D_2、D_3，两个选择控制信号 A_1 和 A_0，以及一个输出信号 Y。设 $A_1 A_0$ 取值分别为 00、01、10、11，分别选择数据 D_0、D_1、D_2、D_3 输出，那么 4 选 1 数据选择器对应的真值表如表 4.21 所示。

表 4.21　4 选 1 数据选择器的真值表

输　　入			输　　出
D	A_1	A_0	Y
D_0	0	0	D_0
D_1	0	1	D_1
D_2	1	0	D_2
D_3	1	1	D_3

根据真值表可以写出输出 Y 的逻辑表达式为

$$Y = D_0 \overline{A}_1 \overline{A}_0 + D_1 \overline{A}_1 A_0 + D_2 A_1 \overline{A}_0 + D_3 A_1 A_0 = \sum_{i=0}^{3} D_i m_i$$

式中：m_i 为 A_1、A_0 组成的最小项。根据上式画出的逻辑图如图 4.33 所示。

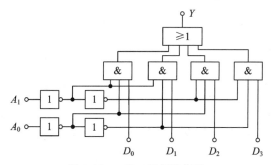

图 4.33　4 选 1 数据选择器

随着选择控制信号 A_1 和 A_0 取值的不同，被打开的与门也随之变化，而只有加在被打开与门输入端的数据才能传送到输出端，所以 A_1A_0 也称为地址码或地址控制信号。

2. 集成数据选择器

74LS153 是集成双 4 选 1 数据选择器，其引脚排列图如图 4.34 所示，真值表见表 4.22。

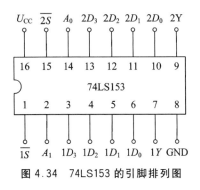

图 4.34 74LS153 的引脚排列图

表 4.22 4 选 1 数据选择器真值表

输 入				输 出
S	D	A_1	A_0	Y
1	×	×	×	0
0	D_0	0	0	D_0
0	D_1	0	1	D_1
0	D_2	1	0	D_2
0	D_3	1	1	D_3

由图 4.34 所示可以看出 74LS153 有两个 4 选 1 数据选择器，两者共用一组地址选择信号 A_1A_0。$\overline{S}$ 为选通控制信号，低电平有效。当 $\overline{S}=1$ 时，选择器被禁止，无论地址是什么码，Y 总是等于 0；当 $\overline{S}=0$ 时，选择器被选中，处于工作状态，由地址码决定选择哪一路数据输出。

74LS151 是集成 8 选 1 数据选择器，其引脚排列图如图 4.35 所示，真值表如表 4.23。

表 4.23 8 选 1 数据选择器真值表

输 入					输 出	
D	A_2	A_1	A_0	$\overline{S}$	Y	$\overline{Y}$
×	×	×	×	1	0	1
D_0	0	0	0	0	D_0	$\overline{D}_0$
D_1	0	0	1	0	D_1	$\overline{D}_1$
D_2	0	1	0	0	D_2	$\overline{D}_2$
D_3	0	1	1	0	D_3	$\overline{D}_3$
D_4	1	0	0	0	D_4	$\overline{D}_4$
D_5	1	0	1	0	D_5	$\overline{D}_5$
D_6	1	1	0	0	D_6	$\overline{D}_6$
D_7	1	1	1	0	D_7	$\overline{D}_7$

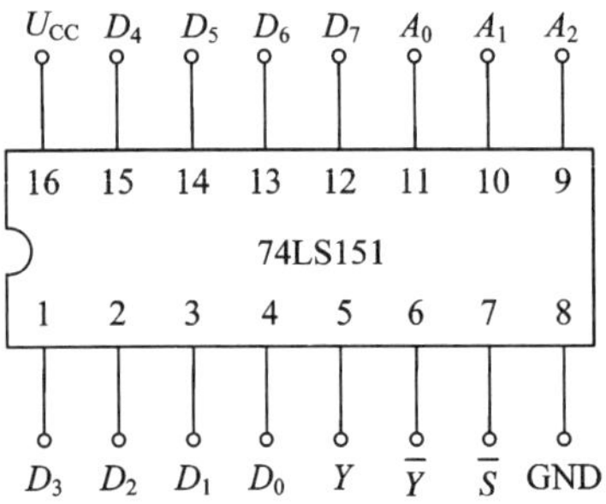

图 4.35 74LS151 的引脚排列图

74LS151 有 8 个数据输入端 $D_0 \sim D_7$，3 个地址输入端 $A_2A_1A_0$，两个互补输出端 Y 和 $\overline{Y}$，一个选通控制端 $\overline{S}$（低电平有效）。当 $\overline{S}=1$ 时，选择器被禁止，无论地址是什么码，$Y=0$、$\overline{Y}=1$，输入数据和地址码均不起作用；当 $\overline{S}=0$ 时，选择器被选中，处于工作状态，此时有

$$Y = D_0\overline{A}_2\overline{A}_1\overline{A}_0 + D_1\overline{A}_2\overline{A}_1A_0 + \cdots + D_7A_2A_1A_0 = \sum_{i=0}^{7} D_i m_i$$

$$\overline{Y} = \overline{D}_0\overline{A}_2\overline{A}_1\overline{A}_0 + \overline{D}_1\overline{A}_2\overline{A}_1A_0 + \cdots + \overline{D}_7A_2A_1A_0 = \sum_{i=0}^{7} \overline{D}_i m_i$$

式中：m_i 为 A_2、A_1、A_0 组成的最小项；$D_0 \sim D_7$ 为 8 个输入数据。

3. 数据选择器的应用

数据选择器是一个与或逻辑电路，具有 n 个地址变量的 2^n 选 1 数据选择器，输出信号逻辑表达式的一般形式为

数据选择器实现
逻辑函数

$$Y = \sum_{i=0}^{2^n-1} D_i m_i$$

式中：m_i 是 n 个地址变量构成的最小项，当 $D_i = 1$ 时，其对应的最小项 m_i 在与或表达式中出现；当 $D_i = 0$ 时，其对应的最小项 m_i 在与或表达式中不出现。

【例 4-8】 试分别用 74LS153 和 74LS151 实现以下逻辑函数。

$$F = \overline{A}\overline{B}C + \overline{A}B\overline{C} + AB$$

解 （1）用 4 选 1 数据选择器 74LS153 来实现。74LS153 有 2 位地址码 $A_1 A_0$，可以令 $A_1 = A$，$A_0 = B$，那么，

$$F = m_0 \cdot C + m_1 \cdot \overline{C} + m_3 \cdot 1$$

因此：

$$D_0 = C，D_1 = \overline{C}，D_2 = 0，D_3 = 1$$

连线图如图 4.36 所示。

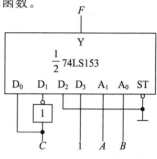

图 4.36　74LS153 实现函数 F 的连线图

（2）用 8 选 1 数据选择器 74LS151 来实现。74LS151 有 3 位地址码 A_2、A_1、A_0，可以令 $A_2 = A$，$A_1 = B$，$A_0 = C$，那么先将逻辑表达式写成最小项逻辑表达式为

$$F = \overline{A}\overline{B}C + \overline{A}B\overline{C} + AB\overline{C} + ABC$$

即

$$F = m_1 \cdot 1 + m_2 \cdot 1 + m_6 \cdot 1 + m_7 \cdot 1$$

因此：

$$D_1 = D_2 = D_6 = D_7 = 1；D_0 = D_3 = D_4 = D_5 = 0$$

连线图如图 4.37 所示。

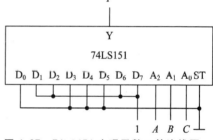

图 4.37　74LS151 实现函数 F 的连线图

在数据选择器正常工作的情况下，即 $\overline{S} = 0$，用数据选择器实现组合逻辑函数的步骤：

① 将逻辑表达式改写为最小项逻辑表达式；

② 选择数据选择器。若选择 74LS153，则将最小项逻辑表达式中的每一项的前两位当作地址码 $A_1 A_0$，则与之相与的变量即为 D_i；若选择 74LS151，则将最小项逻辑表达式中的每一项的前三位当作地址码 $A_2 A_1 A_0$，则与之相与的变量即为 D_i。

③ 画出连线图。

4.5.6　数据分配器

数据分配是数据选择的逆过程，数据分配器能将一路输入数据，根据地址选择码分配给多路数据输出中的某一路输出的电路。通常数据分配器有 1 根输入线，n 根地址选择线和 2^n 根输出线，称为 1 路-2^n 路数据分配器。

数据分配器

1. 1 路-4 路数据分配器

1 路-4 路数据分配器有 1 路输入数据，用 D 表示；2 位地址码，用 A_1、A_0 表示；4 个数

据输出端，用 Y_0、Y_1、Y_2、Y_3 表示。设 $A_1A_0=00$ 时，选中输出端 Y_0，即 $Y_0=D$；$A_1A_0=01$ 时，选中输出端 Y_1，即 $Y_1=D$；$A_1A_0=10$ 时，选中输出端 Y_2，即 $Y_2=D$；$A_1A_0=11$ 时，选中输出端 Y_3，即 $Y_3=D$。则 1 路-4 路数据分配器的真值表如表 4.24 所示。

表 4.24　1 路-4 路数据分配器的真值表

输	入		输	出	
	A_1	A_0	Y_0	Y_1	Y_2	Y_3
	0	0	D	0	0	0
D	0	1	0	D	0	0
	1	0	0	0	D	0
	1	1	0	0	0	D

由表 4.24 可直接写出各输出函数的逻辑表达式：

$$Y_0=D\overline{A_1}\,\overline{A_0},\ Y_1=D\overline{A_1}A_0,\ Y_2=DA_1\overline{A_0},\ Y_3=DA_1A_0$$

根据上述逻辑表达式可画出如图 4.38 所示逻辑图。

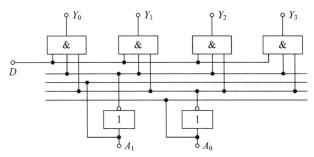

图 4.38　1 路-4 路数据分配器逻辑图

2. 集成数据分配器及其应用

由图 4.38 可以看出，数据分配器和二进制译码器具有相同的电路结构形式，两者都是由与门组成的阵列结构。在数据分配器中，D 是数据输入端，A_1、A_0 是地址码；在二进制译码器中，与 D 相对应的是选通控制信号端，A_1、A_0 是输入的二进制代码。其实，数据分配器就是带选通控制端的二进制译码器。只要在使用中，把二进制译码器的选通控制端当作数据输入端，二进制代码输入端当作地址码输入端就可以了。例如，74LS138是集成 3 线-8 线译码器，也是 1 路-8 路数据分配器。如图 4.39 所示。

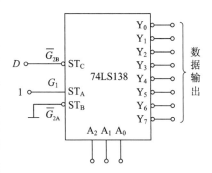

图 4.39　1 路-8 路数据分配器

数据分配器经常和数据选择器一起构成数据传送系统。如图 4.40 所示，用 8 选 1 数据选择器 74LS151 和 1 路-8 路数据分配器 74LS138 构成的 8 路数据传送系统。图中 74LS151将 8 位并行数据变成串行数据发送到单传送线上，接收端再用 74LS138 将串行数据分送到 8 个输出通道。数据选择器和数据分配器的地址码控制端并联在一起，以实现两者同步。注意 74LS138 用作数据分配器时，3 个选通控制端中，$\overline{G_{2B}}$ 用作数据输入端（低电平有效），G_1 和 $\overline{G_{2A}}$ 仍用作选通控制端，为了满足选通控制条件，需使 $G_1=1$、$\overline{G_{2A}}=0$。

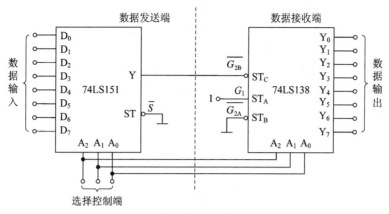

图 4.40　多路数据分时传送系统

你知道吗？

　　通过本章的学习，我们知道在组合逻辑电路的分析和设计中，每一个组合逻辑电路都是由若干个门电路组成的。其中，每个门电路都可以实现一个单一的功能，只有多个门电路的功能加在一起，才能实现特定的、完整的逻辑功能，而且实现的方案可能有多种，在选择设计方案时既要考虑设计成本和使用最少的器件，又要考虑电路的稳定性和可靠性的问题。这就让我们不由地联想到这样的问题：如何正确看待个体与整体的辩证关系？如何认识个人成长与国家发展之间的关系？这些问题的答案你知道吗？也许，阅读了这些故事你会找到正确的回答。

第 4 章拓展阅读

本 章 小 结

　　1. 组合电路的特点：在任何时刻，电路的输出只取决于当时的输入信号，而与电路原来所处的状态无关。组合电路的逻辑功能可用逻辑图、真值表、逻辑表达式、卡诺图、波形图等方法来描述，它们在本质上是相通的，可以互相转换。组合电路的分析步骤：逻辑图➡写出逻辑表达式➡逻辑表达式化简➡列出真值表➡逻辑功能描述。组合电路的设计步骤：列出真值表➡写出逻辑表达式或画出卡诺图➡逻辑表达式化简和变换➡画出逻辑图。

　　2. 把代码状态的特定含义翻译出来的过程称为译码，实现译码操作的电路称为译码器。实际上，译码器就是把一种代码转换为另一种代码的电路。

　　3. 数据选择器是能够从来自不同地址的多路数字信息中任意选出所需要的一路信息作为输出的组合电路，至于选择哪一路数据输出，则完全由当时的选择控制信号决定的。

　　4. 数据分配器的逻辑功能是将 1 个输入数据传送到多个输出端中的 1 个输出端，具体传送到哪一个输出端，也是由一组选择控制信号确定的。

5. 能对两个 1 位二进制数进行相加并考虑低位来的进位，即相当于 3 个 1 位二进制数的相加，求得和及进位的逻辑电路称为全加器。

6. 在各种数字系统尤其是在计算机中，经常需要对两个二进制数进行大小判别，然后根据判别结果转向执行某种操作。用来完成两个二进制数的大小比较的逻辑电路称为数值比较器，简称比较器。在数字电路中，数值比较器的输入是要进行比较的两个二进制数，输出的是比较的结果。

本 章 习 题

1. 分析图 4.41 所示电路的逻辑功能，写出其输出的逻辑表达式，列出其真值表，说明其逻辑功能。

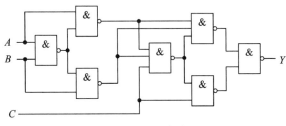

图 4.41　题 1 电路图

2. 用或非门设计四变量的多数表决电路。当输入变量 A、B、C、D 有 3 个或 3 个以上为 1 时输出为 1，输入为其他状态时输出为 0。

3. 图 4.42 所示为由三个全加器构成的电路，试写出其输出 F_1、F_2、F_3、F_4 的表达式。

4. 图 4.43 所示为集成四位全加器 74LS283 和或非门构成的电路，已知输入 $DCBA$ 为 BCD8421 码，写出 $B_2 B_1$ 的表达式，并列表说明输出 $D'C'B'A'$ 为何种编码？

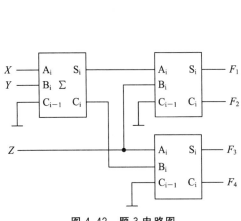

图 4.42　题 3 电路图

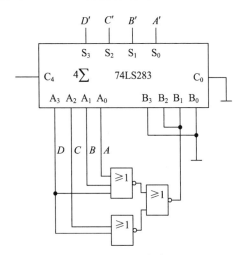

图 4.43　题 4 电路图

5. 用与非门实现下列逻辑关系，要求电路最简。

(1) $P_1 = \sum m(11, 12, 13, 14, 15)$；   (2) $P_2 = \sum m(3, 7, 11, 12, 13, 15)$；

(3) $P_3 = \sum m(3, 7, 12, 13, 14, 15)$。

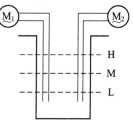

6. 某水仓装有大小两台水泵排水，如图 4.44 所示。试设计一个水泵启动、停止逻辑控制电路。具体要求是当水位在 H 以上时，大小水泵同时开动；水位在 H、M 之间时，只开大泵；水位在 M、L 之间时，只开小泵；水位在 L 以下时，停止排水。(列出真值表，写出与或非型表达式，用与或非门实现，注意约束项的使用)

图 4.44　题 6 电路图

7. 仿照全加器设计一个全减器，被减数 A、减数 B、低位借位信号 J_0、差 D、向高位的借位 J，要求：

(1) 列出其真值表，写出 D、J 的表达式；

(2) 用二输入与非门实现；

(3) 用最小项译码器 74LS138 实现；

(4) 用双 4 选 1 数据选择器实现。

8. 设计一个显示译码器，输入三个变量，输出控制共阳极数码管显示六个字形，字形从 0~9 及 A~Z 中任选，要求用与非门实现。

9. 试用最小项译码器 74LS138 和一片 74LS00 实现逻辑函数：

(1) $P_1(A, B) = \sum m(0, 3)$；   (2) $P_2(A, B) = \sum m(1, 2, 3)$。

10. 试用四位全加器 74LS283 和 2 输入与非门实现 BCD8421 码到 BCD5421 码的转换。

11. 电路如图 4.45(a)所示。

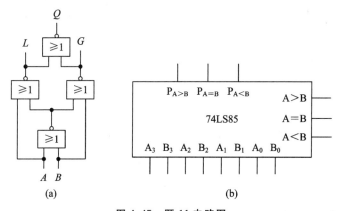

图 4.45　题 11 电路图

(1) 写出 L、Q、G 的表达式，列出其真值表，说明它完成什么逻辑功能。

(2) 用图 4.45(a)所示电路与图 4.45(b)所示的集成四位数码比较器构成一个五位数码比较器。

12. 某汽车驾驶员培训班进行结业考试，有三名评判员，其中 A 为主评判员，B 和 C 为副评判员。在评判时，按照少数服从多数的原则通过，但主评判员认为合格，方可通过。用与非门组成的逻辑电路实现此评判规定。

13. 某同学参加四门课程考试，规定如下：课程 A 及格得 1 分，课程 B 及格得 2 分，课程 C 及格得 4 分，课程 D 及格得 5 分，各课程不及格得 0 分。若总得分 8 分以上（含 8 分）就可结业。用与非门组成的逻辑电路实现上述逻辑功能的判断。

14. 分析图 4.46 所示电路中，当 A、B、C、D 只有一个改变状态时，是否存在竞争冒险现象？如果存在，在其输入变量取什么值时会发生？

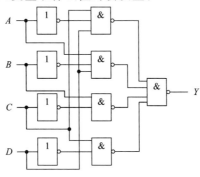

图 4.46   题 14 电路图

15. 某车间有 A、B、C、D 四台电动机，要求：(1) A 机必须开机；(2) 其他三台电动机中至少有两台开机，指示灯亮，否则指示灯灭。设指示灯亮为"1"，灭为"0"。电动机的开机信号通过某种装置传到各自的输入端，电动机开机时，使该输入端为"1"，否则为"0"。做出组成指示灯亮的逻辑图。

16. 某医院有一、二、三、四号病室 4 间，每室设有呼叫按钮，同时在护士值班室内对应地装有一号、二号、三号、四号 4 个指示灯。

现要求当一号病室的按钮按下时，无论其他病室的按钮是否按下，只有一号灯亮。当一号病室的按钮没有按下而二号病室的按钮按下时，无论三号、四号的按钮是否按下，只有二号灯亮；当一号、二号病室的按钮没有按下而三号病室的按钮按下时，无论四号病室的按钮是否按下，只有三号灯亮；只有当一号、二号、三号病室的按钮均未按下而四号病室的按钮按下时，四号灯才亮。试用优先编码器 74LS148 和门电路设计满足以上控制要求的逻辑电路，给出控制四个指示灯状态的高、低电平信号。

17. 试画出用 3 线-8 线译码器 74LS138（见图 4.25）和门电路产生如下多输出逻辑函数的逻辑图。

$$\begin{cases} Y_1 = \overline{A}BCD + \overline{A}B\overline{C}D + AB\overline{C}\overline{D} + \overline{A}BC\overline{D} \\ Y_2 = \overline{A}BCD + A\overline{B}CD + AB\overline{C}D + ABC\overline{D} \\ Y_3 = \overline{A}B \end{cases}$$

18. 试用 4 选 1 数据选择器产生逻辑函数

$$Y = A\overline{B}\overline{C} + \overline{A}C + BC$$

19. 用 8 选 1 数据选择器 CC4512 产生逻辑函数

$$Y = A\overline{C}D + \overline{A}BCD + BC + B\overline{C}D$$

第 4 章   习题答案

第 5 章

触　发　器

知识点

- 基本 RS 触发器。
- 同步触发器。
- 主从触发器。
- 边沿触发器。
- 不同类型触发器之间的转换。

5.1　概　述

触发器概述

在数字电路中，经常需要将二进制的代码信息保存起来进行处理，触发器就是实现存储二进制信息功能的单元电路。由于二进制信息只有 0 和 1 两种状态，所以触发器也必须具备两个稳定状态：0 状态和 1 状态。

触发器的逻辑功能常用真值表（又称特性表或功能表）、卡诺图、特性方程（即逻辑表达式）、状态图、波形图（即时序图）5 种方法描述，这些表示方法在本质上是相同的，可以相互转换。所谓特性方程，是指触发器的次态与当前输入信号及现态之间的逻辑关系式。其中现态是指触发器接收输入信号之前的状态，也就是触发器原来的稳定状态，用 Q^n 表示；次态是指触发器接收信号之后所处的新的稳定状态，用 Q^{n+1} 表示。

触发器按结构分为基本触发器、同步触发器、主从触发器、边沿触发器，按逻辑功能可分为 RS、JK、D、T 和 T′ 触发器，按使用的开关元件可分为 TTL 和 CMOS 触发器。

从触发器的逻辑功能要求出发，无论哪一种触发器都必须具备以下条件：

(1) 具有两个稳定状态（0 和 1 状态）。这表示触发器能反映数字电路的两个逻辑状态或二进制的 0 和 1。

(2) 在输入信号作用下，触发器可以从一个稳态转换到另一个稳态，触发器的这种状态转换过程称为翻转。这表示触发器能够接收信息。

(3) 输入信号撤除后，触发器可以保持接收到的信息。这表示触发器具有记忆功能。

5.2　基本 RS 触发器

5.2.1　基本 RS 触发器的电路结构与工作原理

　　图 5.1(a)所示是用两个与非门交叉连接起来构成的基本 RS 触发器。图中，$\overline{R}$、$\overline{S}$ 是信号输入端，低电平有效；Q、$\overline{Q}$ 既表示触发器的状态，又是两个互补的信号输出端。$Q=0$，$\overline{Q}=1$ 的状态称为 0 状态，$Q=1$，$\overline{Q}=0$ 的

基本 RS 触发器

状态称为 1 状态。图 5.1(b)是基本 RS 触发器的逻辑符号，方框下面输入端处的小圆圈表示低电平有效。方框上面的两个输出端，无小圆圈的为 Q 端，有小圆圈的为 $\overline{Q}$ 端。在正常工作情况下，Q 和 $\overline{Q}$ 的状态是互补的，即一个为高电平，另一个为低电平，反之亦然。

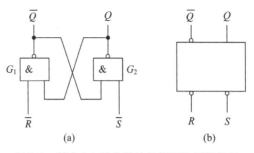

图 5.1　基本 RS 触发器的逻辑图和逻辑符号

　　下面分 4 种情况分析基本 RS 触发器的输出与输入之间的逻辑关系。

　　(1) $\overline{R}=0$，$\overline{S}=1$。由于 $\overline{R}=0$，因此无论 Q 为 0 还是 1，都有 $\overline{Q}=1$，再由 $\overline{S}=1$，$\overline{Q}=1$ 可得 $Q=0$，即无论触发器原来处于什么状态都将变成 0 状态，这种情况称将触发器置 0 或复位。由于是在 $\overline{R}$ 端加输入信号(负脉冲)将触发器置 0，所以把 $\overline{R}$ 端称为触发器的置 0 端或复位端。

　　(2) $\overline{R}=1$，$\overline{S}=0$。由于 $\overline{S}=0$，因此无论 $\overline{Q}$ 为 0 还是 1，都有 $Q=1$，再由 $\overline{S}=1$，$\overline{Q}=1$ 可得 $\overline{Q}=0$，即无论触发器原来处于什么状态都将变成 1 状态，这种情况称将触发器置 1 或复位。由于是在 $\overline{S}$ 端加输入信号(负脉冲)将触发器置 1，所以把 $\overline{S}$ 端称为触发器的置 1 端或置位端。

　　(3) $\overline{R}=1$，$\overline{S}=1$。根据与非门的逻辑功能不难推知，当 $\overline{R}=\overline{S}=1$ 时，触发器保持原有状态不变，即原来的状态被触发器存储起来，这体现了触发器的记忆能力。

　　(4) $\overline{R}=0$，$\overline{S}=0$。显然，在这种情况下，两个与非门的输出端 Q 和 $\overline{Q}$ 全为 1，不符合触发器的逻辑关系。另外，由于与非门的延迟时间不可能完全相等，因此在两输入端的 0 信号同时撤除后，将不能确定触发器是处于 1 状态还是 0 状态。触发器不允许出现这种情况，这就是基本 RS 触发器的约束条件。

　　综上所述，基本 RS 触发器具有以下特点：

　　(1) 触发器的次态 Q^{n+1} 不仅与输入信号的状态有关，而且与触发器的现态 Q^n 有关。

　　(2) 电路具有两个稳定状态，在无外来触发信号作用时，电路将保持原状态不变。

（3）在外加触发信号有效时，电路可以触发翻转，实现置 0 或置 1。

（4）在稳定状态下，两个输出端的状态 Q 和 $\overline{Q}$ 必须是互补关系，即有约束条件。

在数字电路中，凡根据输入信号 R、S 情况的不同，具有置 0、置 1、保持功能的电路，都称为 RS 触发器。

5.2.2 触发器功能的描述方法

触发器的逻辑功能常用真值表（又称特性表或功能表）、卡诺图、特性方程（即逻辑表达式）、状态图、波形图（即时序图）5 种方法描述，这些表示方法在本质上是相同的，可以相互转换。

1. 特性表

特性表是反映触发器次态 Q^{n+1} 与输入信号及现态 Q^n 之间对应关系的表格。实际上，特性表就是触发器次态 Q^{n+1} 的真值表。根据以上分析，可列出基本 RS 触发器的特性表，如表 5.1 所示。

由表 5.1 可以看出：当 $\overline{R}=0$，$\overline{S}=1$ 时，触发器置 0，即 $Q^{n+1}=0$；当 $\overline{S}=0$，$\overline{R}=1$ 时，触发器置 1，即 $Q^{n+1}=1$；当 $\overline{R}=\overline{S}=1$，触发器保持原来状态，即 $Q^{n+1}=Q^n$；而 $\overline{R}=\overline{S}=0$ 是不允许的，属于不用的情况。表 5.2 是基本 RS 触发器特性表的简化形式。

表 5.1 基本 RS 触发器的特性表

$\overline{R}$	$\overline{S}$	Q^n	Q^{n+1}	功能说明
0	0	0	$\times$	不稳定状态，不允许
0	0	1	$\times$	
0	1	0	0	$Q^{n+1}=0$，置 0（复位）
0	1	1	0	
1	0	0	1	$Q^n=1$，置 1（置位）
1	0	1	1	
1	1	0	0	$Q^{n+1}=Q^n$，保持原状态
1	1	1	1	

表 5.2 基本 RS 触发器的简化特性表

$\overline{R}$	$\overline{S}$	Q^{n+1}	功能
0	0	不用	不允许
0	1	0	置 0
1	0	1	置 1
1	1	Q^n	保持

2. 卡诺图和特性方程

由表 5.1 所示可画出基本 RS 触发器次态 Q^{n+1} 的卡诺图，如图 5.2 所示，整理可得基本 RS 触发器次态 Q^{n+1} 与输入 $\overline{R}$、$\overline{S}$ 及现态 Q^n 之间的逻辑关系式（即特性方程）：

$$Q^{n+1}=\overline{\overline{S}}+\overline{R}Q^n \quad （约束条件：\overline{R}+\overline{S}=1）$$

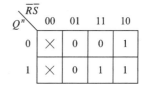

图 5.2 基本 RS 触发器的卡诺图

3. 状态图和波形图

描述触发器的状态转换关系及转换条件的图形称为状态图。在状态图中，用填有数字或符号的圆圈代表触发器的状态，用有向箭头表示状态转换方向，并在箭头旁边斜线左上方用数字标注输入信号的值，也就是状态的转换条件。根据特性表可以直接画出状态图。图 5.3(a)所示是基本 RS 触发器的状态图。由图 5.3(a)可以直观地看出，当触发器处在 0 状态（即 $Q^n=0$）时，若输入信号 $\overline{R}\ \overline{S}=01$ 或 11，则触发器仍为 0 状态；若 $\overline{R}\ \overline{S}=10$，则触发器会翻转为 1 状态。当触发器处在 1 状态时，若 $\overline{R}\ \overline{S}=10$ 或 11，则触发器仍为 1 状态；若

$\overline{R}\ \overline{S}=01$，则触发器会翻转成为 0 状态。

波形图是反映触发器输入信号取值和状态之间对应关系的图形。根据特性表或状态图可以直接画出波形图。设触发器的现态为 0 状态，根据给出的 $\overline{R}$ 和 $\overline{S}$ 的波形，可画出触发器的输出 Q 和 $\overline{Q}$ 的波形(忽略门电路的传输时间)，如图 5.3(b)所示。

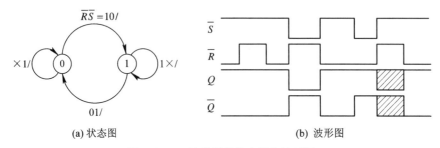

(a) 状态图　　　　　　　　　　　(b) 波形图

图 5.3　RS 触发器的状态图和波形图

5.2.3　集成基本 RS 触发器

图 5.4(a)所示是 TTL 集成基本 RS 触发器 74LS279 的引脚摆列图。74LS279 内部集成了 4 个相互独立的由与非门构成的基本 RS 触发器，其中有两个触发器的 $\overline{S}$ 端为双输入端，两个输入端的关系为与逻辑关系，即 $\overline{S}=\overline{S}_A\,\overline{S}_B$。第 1、2、3、4 引脚是一个基本 RS 触发器单元，分别表示 $\overline{R}$、$\overline{S}_A$、$\overline{S}_B$、Q 端。

图 5.4(b)所示是 CMOS 集成基本 RS 触发器 CC4044 的引脚摆列图。CC4044 内部也集成了 4 个相互独立的由与非门构成的基本 RS 触发器，并且采用了具有三态特点的传输门输出。当控制端信号 EN＝1 时，传输门工作；当 EN＝0 时，传输被禁止，输出端 Q 为高阻态。第 3、4、13 引脚为一个基本 RS 触发器单元，分别表示 $\overline{S}$、$\overline{R}$、Q 端。

基本 RS 触发器也可由或非门构成。

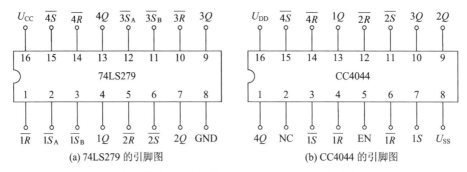

(a) 74LS279 的引脚图　　　　　　　　　(b) CC4044 的引脚图

图 5.4　集成基本 RS 触发器 74LS279 和 CC4044 的引脚排列图

5.3　同 步 触 发 器

基本 RS 触发器的输入信号控制着输出端 Q 和 $\overline{Q}$ 的状态，这不仅使电路的抗干扰能力下降，而且也不便于多个触发器同步工作。同步触发器可以克服基本 RS 触发器上述缺点。

5.3.1 同步 RS 触发器

同步 RS 触发器

同步 RS 触发器是在基本 RS 触发器的基础上增加了两个控制门 G_3、G_4 以及一个输入控制信号 CP，输入信号 R、S 通过控制门进行传送，输入控制信号 CP 称为时钟脉冲。同步 RS 触发器的逻辑电路如图 5.5(a)所示，图 5.5(b)、(c)为同步 RS 触发器的逻辑符号。

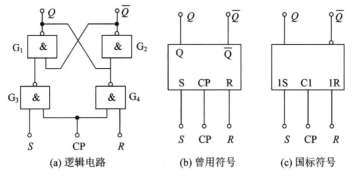

(a) 逻辑电路　　　(b) 曾用符号　　　(c) 国标符号

图 5.5　同步 RS 触发器的逻辑电路和逻辑符号

由图 5.5(a)所示电路可知，CP=0 时控制门 G_3、G_4 被封锁，基本 RS 触发器保持原来的状态不变；只有当 CP=1 时，控制门被打开，电路才会接收输入信号。在 CP=1 的情况下，当 $R=0$，$S=1$ 时，触发器置 1(即 $Q^{n+1}=1$)；当 $R=1$，$S=0$ 时，触发器置 0(即 $Q^{n+1}=0$)；当 $R=S=0$ 时，触发器保持原来状态(即 $Q^{n+1}=Q^n$)；当 $R=S=1$ 时，触发器的两个输出全为 1，这是不允许的，属于不用情况。可见，当 CP=1 时同步 RS 触发器的工作情况与基本触发器没有什么区别，不同的只是由于增加了两个控制门，输入信号 R、S 为高电平有效，即 R、S 为高电平时表示有信号，为低电平时表示无信号，所以两个输入信号端 R 和 S 中，R 仍为置 0 端，S 仍为置 1 端。根据以上分析，可列出同步 RS 触发器的特性表，如表 5.3 所示。

表 5.3　同步 RS 触发器的特性表

CP	R	S	Q^n	Q^{n+1}	功　能
0	×	×	×	Q^n	$Q^{n+1}=Q^n$，保持
1	0	0	0	0	$Q^{n+1}=Q^n$，保持
1	0	0	1	1	
1	0	1	0	1	$Q^{n+1}=1$，置 1
1	0	1	1	1	
1	1	0	0	0	$Q^{n+1}=0$，置 0
1	1	0	1	0	
1	1	1	0	不用	不允许
1	1	1	1	不用	

由表 5.3 所示的特性表可写出同步 RS 触发器的特性方程为

$$Q^{n+1}=S+\overline{R}Q^n，\text{CP}=1\text{ 期间有效（约束条件：}RS=0）$$

同步 RS 触发器的主要特点如下：

（1）由时钟电平控制。在 CP＝1 期间，接收输入信号；当 CP＝0 时，状态保持不变。与基本 RS 触发器相比，同步 RS 触发器对触发器状态的转变增加了时间控制。这样可使多个触发器在同一个时钟脉冲控制下同步工作，给使用带来了方便。另外，由于同步 RS 触发器只在 CP＝1 时工作，在 CP＝0 时被禁止，所以其抗干扰能力也要比基本 RS 触发器强得多。但在 CP＝1 期间，输入信号仍然直接控制着触发器输出端的状态。

（2）R、S 之间有约束。不能允许出现 R 和 S 同时为 1 的情况，否则会使触发器处于不确定的状态。

设同步 RS 触发器的原始状态为 0 状态，即 $Q=0$，$\overline{Q}=1$，输入信号 R、S 的波形已知，根据特性表或特性方程，即可画出触发器的输出端 Q、$\overline{Q}$ 的波形，如图 5.6 所示。

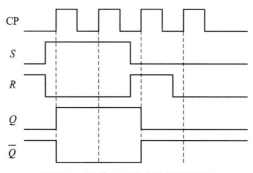

图 5.6　同步 RS 触发器的波形图

5.3.2　同步 JK 触发器

同步 JK 触发器

在同步 RS 触发器中，不允许输入端 R 和 S 同时为 1 的情况出现，这会给使用带来不便。为了从根本上消除这种情况，可将触发器接成如图 5.7(a) 所示的形式，即在同步 RS 触发器的基础上，把 $\overline{Q}$ 引回到门 G_3 的输入端，把 Q 引回到门 G_4 的输入端，同时将输入端 S 改成 J，R 改成 K，就构成了同步 JK 触发器。它的逻辑符号如图 5.7(b)、(c)所示。

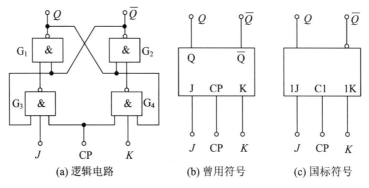

图 5.7　同步 JK 触发器的逻辑电路和逻辑符号

同步 JK 触发器的逻辑功能如下：

当 CP＝0 时，无论输入 J 和 K 如何变化，触发器的状态将保持不变。当 CP＝1 时，如果 $J＝0$，$K＝0$，则触发器保持原来的状态不变；如果 $J＝0$，$K＝1$，则无论触发器的现态如何，其次态总是 0；如果 $J＝1$，$K＝0$，则无论触发器的现态如何，其次态总是 1；如果 $J＝1$，$K＝1$，则触发器必将翻转，即触发器的次态必将与现态相反。

综上所述，可列出同步 JK 触发器的特性表，如表 5.4 所示。

表 5.4　同步 JK 触发器的特性表

CP	J	K	Q^n	Q^{n+1}	功　能
0	×	×	×	Q^n	$Q^{n+1}=Q^n$，保持
1	0	0	0	0	$Q^{n+1}=Q^n$，保持
1	0	0	1	1	
1	0	1	0	0	$Q^{n+1}=0$，置 0
1	0	1	1	0	
1	1	0	0	1	$Q^{n+1}=1$，置 1
1	1	0	1	1	
1	1	1	0	1	$Q^{n+1}=\overline{Q^n}$，翻转
1	1	1	1	0	

图 5.8 所示为 JK 触发器的状态图和波形图。在波形图中，CP、J、K 的波形是给定的，触发器的初始状态为 0，可以给定，未规定时可以假设。这种反映时钟脉冲 CP、输入信号取值和触发器状态之间在时间上对应关系的波形图又叫作时序图。

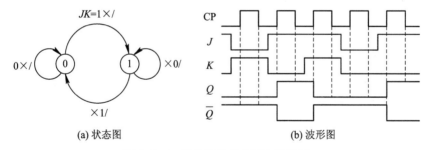

(a) 状态图　　　　　　　　　　(b) 波形图

图 5.8　JK 触发器的状态图和波形图

在数字电路中，凡在 CP 时钟脉冲的控制下，根据输入信号 J、K 的不同，具有置 0、置 1、保持和翻转功能的电路，都称为 JK 触发器。

5.3.3　同步 D 触发器

同步 D 触发器

为了克服同步 RS 触发器输入 R、S 同时为 1 时所出现的状态不确定的缺点，也可增加一个反相器，通过反相器把加在 S 端的 D 信号反相之后送到 R 端，即接成图 5.9(a) 的形式，这样便构成了只有单输入端的同步 D 触发器。同步 D 触发器又叫 D 锁存器，其逻辑符号如图 5.9(b) 所示。

同步 D 触发器的逻辑功能比较简单：当 CP＝0 时，触发器状态保持不变；当 CP＝1 时，如果 $D＝0$，则触发器置 0，如果 $D＝1$，则触发器置 1。其特性方程为：$Q^{n+1}＝D$，CP＝1 期间有效。

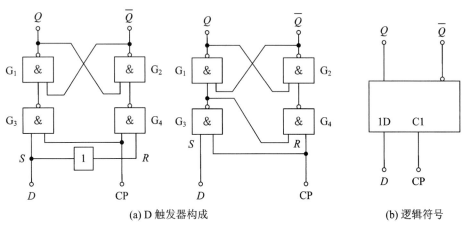

(a) D 触发器构成　　　　　　　　　　　　(b) 逻辑符号

图 5.9　同步 D 触发器的构成和逻辑符号

图 5.10 所示为 D 触发器的状态图和波形图。在波形中，CP 和 D 的波形是给定的，触发器的初始状态为 0。

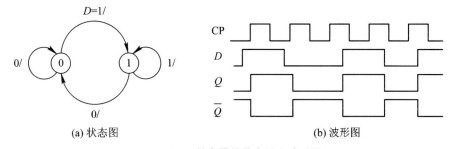

(a) 状态图　　　　　　　　　　　　　(b) 波形图

图 5.10　D 触发器的状态图和波形图

在数字电路中，凡在 CP 时钟脉冲的控制下，根据输入信号 D 取值的不同，具有置 0 和置 1 功能的电路，都称为 D 触发器。

5.3.4　集成同步触发器

图 5.11(a) 所示是 TTL 集成同步 D 触发器 74LS375 的引脚排列图。74LS375 内部集成了 4 个同步 D 触发器单元。其中，第 2、6、10、14 引脚分别是 $1\overline{Q}$、$2\overline{Q}$、$3\overline{Q}$、$4\overline{Q}$ 信号端。第 4 引脚 1G 是单元 1、2 的共用时钟 $CP_{1,2}$ 的输入端，第 12 引脚 2G 是单元 3、4 的共用时钟 $CP_{3,4}$ 的输入端。

图 5.11(b) 所示是 CMOS 集成同步 D 触发器 CC4042 的引脚排列图。CC4042 内部也集成了 4 个同步 D 触发器单元，4 个单元共用一个时钟 CP。与 74LS375 不同的是，CC4042 增加了一个极性控制信号输入端 POL：当 POL＝1 时，有效的时钟条件是 CP＝1，锁存的内容是 CP 下降沿时 D 的值；当 POL＝0 时，有效的时钟条件是 CP＝0，锁存的内容是 CP 上升沿时 D 的值。第 2、3、4 引脚是 1 个 D 触发器单元，分别是 Q、$\overline{Q}$、D 端。第 5 引脚为 CP 输入端。

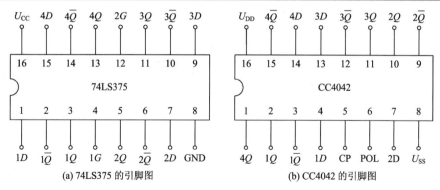

(a) 74LS375 的引脚图　　　　　　　　(b) CC4042 的引脚图

图 5.11　集成 D 触发器 74LS375 和 CC4042 的引脚排列图

5.4　主从触发器

同步触发器虽然对触发器状态的转变增加了时间控制，但在 CP＝1 期间，输入信号仍然直接控制着触发器输出端的状态。为了从根本上解决触发器中的直接控制问题，在同步触发器的基础上又设计了主从触发器。

5.4.1　主从 RS 触发器

主从 RS 触发器的逻辑电路如图 5.12(a)所示，它是由两个同步 RS 触发器级联起来构成的，主触发器(前级电路)的控制信号是 CP，从触发器(后级电路)的控制信号是 $\overline{\text{CP}}$。

主从 RS 触发器

图 5.12 (b)是主从 RS 触发器的国家标准符号，符号中的"△"表示直到 CP 脉冲边沿到来时触发器的输出端才会改变状态，"。"表示 CP 下降沿有效。

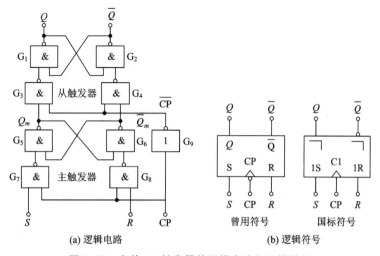

(a) 逻辑电路　　　　　　　　　　(b) 逻辑符号

图 5.12　主从 RS 触发器的逻辑电路和逻辑符号

在主从 RS 触发器中，接收信号和输出信号是分成两步进行的，其工作原理如下：

1. 接收输入信号过程

在 CP＝1 期间，主触发器接收输入信号，从触发器保持原来的状态不变。

当 CP＝1 时，$\overline{CP}$＝0，主触发器控制门 G_7、G_8 被打开，可以接收输入信号 R、S，即有

$$\begin{cases} Q_m^{n+1} = S + \overline{R} Q_m^n \\ RS = 0 \end{cases} \quad （CP＝1 期间有效）$$

从触发器控制门 G_3、G_4 被封锁，其状态保持不变。

2. 输出信号过程

当 CP 下降沿到来时，主触发器控制门 G_7、G_8 被封锁，在 CP＝1 期间接收的内容被存储起来。同时，从触发器控制门 G_3、G_4 被打开，主触发器将其接收的内容送入从触发器，输出端随之改变状态。在 CP＝0 期间，由于主触发器保持状态不变，因此受其控制的从触发器的状态（即 Q、$\overline{Q}$）的值当然不可能改变。

综上可得主从 RS 触发器的特性方程为

$$\begin{cases} Q^{n+1} = S + \overline{R} Q^n \\ RS = 0 \end{cases}$$

CP 下降沿到来时有效。

主从 RS 触发器的特点是：主从 RS 触发器采用主从控制结构，从根本上解决了输入信号直接控制的问题，具有在 CP＝1 期间接收输入信号、CP 下降沿到来时触发翻转的特点，但其仍然存在着约束问题，即在 CP＝1 期间，输入信号 R 和 S 不能同时为 1。

5.4.2 主从 JK 触发器

图 5.13(a)所示是主从 JK 触发器的逻辑电路图。它在主从 RS 触发器的基础上，把 $\overline{Q}$ 引回到门 G_1，送入门 G_7，把 Q 引回到门 G_2，送入门 G_8。主从 JK 触发器在 CP 上升沿时刻就把输入信号接收进去，但是直到 CP 下降沿到来时，输出端 Q 和 $\overline{Q}$ 才会改变状态。它的逻辑符号如图 5.13(b)所示。

主从 JK 触发器

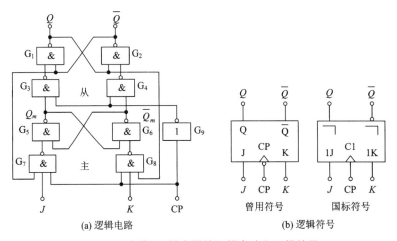

(a) 逻辑电路   (b) 逻辑符号

图 5.13　主从 JK 触发器的逻辑电路和逻辑符号

比较图 5.12(a)和图 5.13(a)两个电路中门 G_7、G_8 的输入信号情况，可得

$$S = J\overline{Q^n}, R = KQ^n$$

代入主从 RS 触发器的特性方程，即可得到主从 JK 触发器的特性方程：

$$Q^{n+1} = S + \overline{R}Q^n$$
$$= J\overline{Q^n} + \overline{KQ^n}Q^n$$
$$= J\overline{Q^n} + \overline{K}Q^n \quad （CP 下降沿到来时有效）$$

至于约束条件 $RS = 0$，则因为在 CP=1 期间，Q 端和 $\overline{Q}$ 端的状态不仅互补，而且不会改变，所以自然可以满足。其实，把 $S = J\overline{Q^n}$，$R = KQ^n$ 代入约束条件亦可得

$$RS = KQ^n * J\overline{Q^n} = 0$$

根据主从 JK 触发器的特性方程，可列出如表 5.5 所示的特性表。

表 5.5 主从 JK 触发器的特性表

J	K	Q^n	Q^{n+1}	功 能
0	0	0	0	$Q^{n+1} = Q^n$，保持
0	0	1	1	
0	1	0	0	$Q^{n+1} = 0$，置 0
0	1	1	0	
1	0	0	1	$Q^{n+1} = 1$，置 1
1	0	1	1	
1	1	0	1	$Q^{n+1} = \overline{Q^n}$，翻转
1	1	1	0	

图 5.14 所示为主从 JK 触发器的波形图。在实际使用触发器时，往往需要预先使触发器处于某一给定的初始状态，或者需要在工作中强行将触发器置 0 或置 1。这种能根据需要随时置 0 和置 1 的触发器称为带清零端和预置端的触发器。图 5.15 所示为带清零端和预置端的主从 JK 触发器的逻辑电路和逻辑符号。

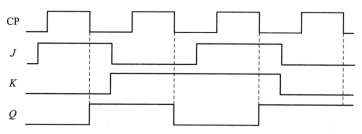

图 5.14 主从 JK 触发器的波形图

在图 5.15 所示的电路中，$\overline{R_D}$ 为清零端，也叫直接置 0 端或直接复位端；$\overline{S_D}$ 为预置端，也叫直接置 1 端或直接置位端。由图 5.15(a)可以看出，当 $\overline{R_D} = 0$ 时，不仅可以同时把主触发器和从触发器直接复位到 0 状态，还封住了门 G_7，使 J 即使在 CP=1 期间也不能起作

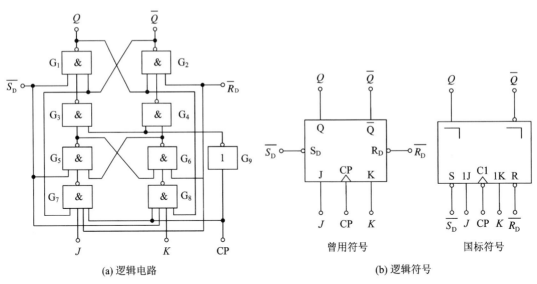

(a) 逻辑电路   (b) 逻辑符号

图 5.15   带清零端和预置端的主从 JK 触发器的逻辑电路和逻辑符号

用,保证触发器能够可靠地置成 0 状态。同理,当 $\overline{S_D}=0$ 时,也能保证触发器可靠地置成 1 状态。在图 5.15(b)所示的逻辑符号中,$\overline{R_D}$、$\overline{S_D}$ 端的小圆圈表示低电平有效,即当 $\overline{R_D}=0$ 时触发器被复位,当 $\overline{S_D}=0$ 时触发器被置位。

在带清零端和预置端的主从 JK 触发器中,由于加在 J、K 端的输入信号能否进入触发器而被接收是受时钟脉冲 CP 同步控制的,所以把 J、K 叫作同步输入端;而 $\overline{R_D}$、$\overline{S_D}$ 的作用不受 CP 同步控制,所以又把 $\overline{R_D}$、$\overline{S_D}$ 叫作异步输入端。

5.4.3   典型集成主从 JK 触发器

图 5.16 所示为 TTL 集成主从 JK 触发器 74LS76 和 7472 的引脚排列图。

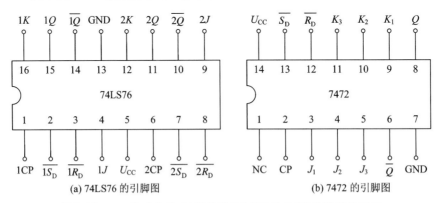

(a) 74LS76 的引脚图   (b) 7472 的引脚图

图 5.16   TTL 集成主从 JK 触发器 74LS76 和 7472 的引脚排列图

74LS76 内部集成了两个带有清零端 $\overline{R_D}$ 和预置端 $\overline{S_D}$ 的触发器,它们都是 CP 下降沿触发的主从 JK 触发器。第 2、3 引脚表示第一个 JK 触发器的预置端 $\overline{S_D}$ 和清零端 $\overline{R_D}$。异步输入端 $\overline{R_D}$、$\overline{S_D}$ 为低电平有效,其特性表如表 5.6 所示,表中向下箭头表示下降沿。

表 5.6 集成主从 JK 触发器 74LS76 的特性表

输　　入					输　　出	功能
异步输入端		时钟	同步输入端		Q^{n+1}	
$\overline{R_D}$	$\overline{S_D}$	CP	J	K		
0	0	×	×	×	不用	不允许
0	1	×	×	×	0	异步置 0
1	0	×	×	×	1	异步置 1
1	1	↓	0	0	Q^n	保持
1	1	↓	0	1	0	置 0
1	1	↓	1	0	1	置 1
1	1	↓	1	1	$\overline{Q^n}$	翻转

　　7472 是带有清零端 $\overline{R_D}$ 和预置端 $\overline{S_D}$ 的与输入集成的主从 JK 触发器，它有 3 个 J 端、3 个 K 端，$J=J_1J_2J_3$，$K=K_1K_2K_3$，异步输入端 $\overline{R_D}$ 和 $\overline{S_D}$ 为低电平有效。

　　主从 JK 触发器功能完善，并且输入信号 J、K 之间没有约束。但主从 JK 触发器还存在着一次变化问题，即主从 JK 触发器中的主触发器在 CP=1 期间其状态能且只能变化一次，这种变化可以是 J、K 变化引起的，也可以是干扰脉冲引起的，因此其抗干扰能力尚需进一步提高。由图 4.13(a)可以看出：

　　(1) 若在 CP=0 时，$Q=Q_m=0$，$\overline{Q}=\overline{Q_m}=1$，则当 CP 跳变到 1 时，因 $Q=0$ 封锁了门 G_8，故输入信号只能从 J 端经门 G_7 进入主触发器。如果在 CP=1 期间 J 由 0 变 1，则主触发器从 0 变成 1，以后无论 J 怎么变化，其状态都不会再改变。当 CP 下降沿到来时，从触发器的控制门 G_3、G_4 被打开，主触发器的 1 便进入从触发器，使 $Q=1$，$\overline{Q}=0$。

　　(2) 若 CP=0，$Q=1$，$\overline{Q}=0$，则当 CP 跳变到 1 时，因 $\overline{Q}=0$ 封锁了门 G_7，故输入信号只能从 K 端经门 G_8 进入主触发器。如果在 CP=1 期间 K 由 0 变 1，则主触发器从 1 变成 0，以后无论 K 怎么变化，其状态都不会再改变。当 CP 下降沿到来时，从触发器的控制门 G_3 和 G_4 被打开，主触发器的 0 便进入从触发器，使 $Q=0$，$\overline{Q}=1$。

　　综上所述，如果是干扰信号引起一次变化，则该变化结果在 CP 下降沿到来时被送入从触发器，从而造成错误的输出。为了避免 J、K 变化而引起一次变化，一般都要求主从 JK 触发器在 CP=1 期间 J、K 的取值保持不变。

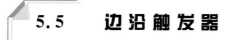

5.5　边沿触发器

边沿触发器

　　为了提高触发器工作的可靠性，增强其抗干扰能力，希望触发器的次态仅取决于 CP 下降沿或上升沿到达时刻输入信号的状态，而在此之前或之后输入状态的变化对触发器的状态没有影响。边沿触发器有利用门电路传输延迟时间的边沿触发器，由 CMOS 传输门构成的边沿触发器和维持-阻塞结构的边沿触发器等。

5.5.1 利用门电路传输延迟时间实现的边沿触发器

图 5.17 所示的触发器是利用门电路的传输延迟时间实现的。与或非门 G_1、G_2 组成基本 RS 触发器，G_3、G_4 为输入控制门，G_3、G_4 的传输延迟时间大于基本 RS 触发器的翻转时间。

设初始触发器的状态为 0，CP=0 时，门 B、B'、G_3、G_4 被封锁，$P=P'=1$，门 A、A' 打开，基本 RS 触发器的状态通过 A、A' 保持；CP=1 时，门 B、B' 首先解除封锁，状态通过 B、B' 继续保持。若 $J=1$，$K=0$，则经过 G_3、G_4 的传输，$P=0$，门 A 被禁止，而 $Q=0$，门 A' 被禁止，不影响基本 RS 触发器的状态；当 CP 下降沿到达时，门 B、B' 首先被封锁，但由于 G_3、G_4 有传输延迟时间，因此 P、P' 的电平不会立即改变。这样在一个很短的时间里，门 A、B 将各有一个输入端为低电平，使 $Q=1$，并经过 A' 使 $\overline{Q}=0$。

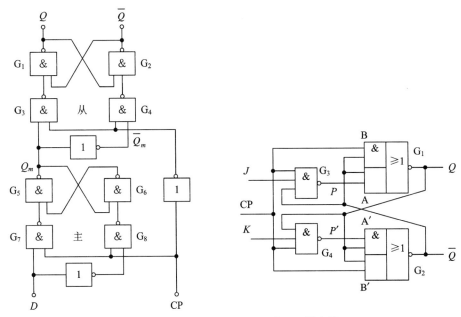

图 5.17　利用传输延迟时间的边沿触发器

边沿 JK 触发器的特性表如表 5.7 所示。

表 5.7　边沿 JK 触发器的特性表

CP	J	K	Q^{n+1}	说明
其他	$\times$	$\times$	Q^n	保持
	0	0	Q^n	保持
	0	1	0	置0
	1	0	1	置1
	1	1	Q^n	翻转

5.5.2　维持-阻塞结构的边沿触发器

D 触发器只有一个触发输入端 D，因此，其逻辑关系非常简单，如表 5.8 所示。

D 触发器的特性方程为

$$Q^{n+1}=D$$

表 5.8　D 触发器的功能表

D	Q^n	Q^{n+1}	功能说明
0	0	0	
0	1	0	输出状态与 D 状态相同
1	0	1	
1	1	1	

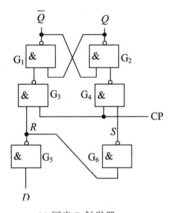

(a) 同步 D 触发器

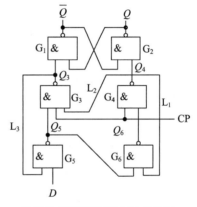

(b) 维持-阻塞结构的边沿 D 触发器

图 5.18　D 触发器的逻辑图

（1）输入 $D=1$。在 CP$=0$ 时，G_3、G_4 被封锁，$Q_3=1$、$Q_4=1$，G_1、G_2 组成的基本 RS 触发器保持原状态不变。因 $D=1$，G_5 输入全为 1，输出 $Q_5=0$，它使 $Q_3=1$，$Q_6=1$，故当 CP 由 0 变 1 时，G_4 输入全为 1，输出 Q_4 变为 0。继而，Q 翻转为 1，$\overline{Q}$ 翻转为 0，完成了使触发器翻转为 1 状态的全过程。同时，一旦 Q_4 变为 0，通过反馈线 L_1 封锁了 G_6 门，这时如果 D 信号由 1 变为 0，只会影响 G_5 的输出，不会影响 G_6 的输出，维持了触发器的 1 状态。因此，称线 L_1 为置 1 维持线。同理，Q_4 变 0 后，通过反馈线 L_2 也封锁了 G_3 门，从而阻塞了置 0 通路，故称线 L_2 为置 0 阻塞线。

（2）输入 $D=0$。在 CP$=0$ 时，G_3、G_4 被封锁，$Q_3=1$，$Q_4=1$，G_1、G_2 组成的基本 RS 触发器保持原状态不变。因 $D=0$，$Q_5=1$，G_6 输入全 1，输出 $Q_6=0$，故当 CP 由 0 变 1 时，G_3 输入全 1，输出 Q_3 变为 0。继而，$\overline{Q}$ 翻转为 1，Q 翻转为 0，完成了使触发器翻转为 0 状态的全过程。同时，一旦 Q_3 变为 0，通过反馈线 L_3 封锁了 G_5 门，这时无论 D 信号再怎么变化，也不会影响 G_5 的输出，从而维持了触发器的 0 状态。因此，称线 L_3 为置 0 维持线。

由此可见，维持-阻塞触发器利用维持线和阻塞线，将触发器的触发翻转控制在 CP 上跳沿到来的一瞬间，并接收 CP 上跳沿到来前一瞬间的 D 信号，维持-阻塞触发器因此而得名。

5.5.3 由 CMOS 传输门构成的边沿触发器

图 5.19 所示是用 CMOS 传输门和反相器构成的 D 触发器，反相器 G_1、G_2 和传输门 T_{G1}、T_{G2} 组成了主触发器，反相器 G_3、G_4 和传输门 T_{G3}、T_{G4} 组成了从触发器。T_{G1} 和 T_{G3} 分别为主触发器和从触发器的输入控制门。根据 CMOS 传输门的工作原理和图 5.19 中控制信号的极性标注可知，当传输门 T_{G1}、T_{G4} 导通时，T_{G2}、T_{G3} 截止；反之，当 T_{G1}、T_{G4} 截止时，T_{G2}、T_{G3} 导通。

（1）当 CP＝0，$\overline{CP}$＝1 时：

主触发器中 TG_1 导通，TG_2 截止 $\overline{Q'}=\overline{D}$，$Q'=D$，为跟随状态；

从触发器中 TG_3 截止，TG_4 导通，为基本 RS 触发器，输出维持原态。

（2）当 CP＝1，$\overline{CP}$＝0 时：

主触发器中 TG_1 截止，TG_2 导通，Q' 保持了 TG_1 切断前的状态；

从触发器中 TG_3 导通，TG_4 截止，$Q=Q'=D$。

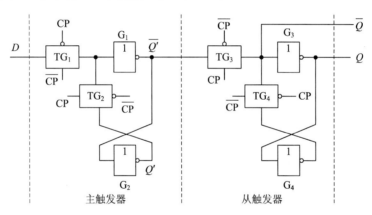

图 5.19 由 CMOS 传输门构成的 D 触发器

可见，这种触发器与主从 JK 触发器的区别在于对 CP 的要求不同，其动作特点：触发器的次态仅取决于 CP 信号的上升沿或下降沿到达时输入端的逻辑状态，而在此之前或之后，输入信号的变化对触发器的状态没有影响。这种动作特点有效地提高了触发器电路的抗干扰能力，从而提高了电路的工作可靠性。触发器的逻辑功能与结构之间的关系是，同一种逻辑功能的触发器可以用不同的电路结构来实现，而且同一种电路结构形式也可以构成不同逻辑功能的触发器。按电路结构分为：基本触发器，主从触发器，边沿触发器。按逻辑功能分为 RS 型、JK 型、D 型、T 型触发器。主从触发器和维持阻塞触发器是功能比较完善的触发器。

各种触发器的开关特性：

① 若要基本 RS 触发器可靠地翻转，$R=1$ 或 $S=1$ 的时间应大于 2 倍的门的传输延时。

② 同步 RS 触发器会出现空翻现象，主从、边沿触发器克服了空翻现象。

③ 时钟脉冲宽度不能太窄，必须保证触发器能够可靠翻转。直接置 0、1 脉冲的脉宽不能太窄，必须保证触发器能够可靠地翻转。

④ 一些触发器的翻转时刻对应于时钟脉冲的上升沿，而另一些对应于下降沿，由触发

器内部的电路结构决定。

各触发器抗干扰能力的比较：

① 主从触发器在时钟脉冲为 1 期间，不允许输入信号改变(主从 D 触发器除外)，其抗干扰能力差。

② 维持阻塞触发器要求在建立时间开始到保持时间结束期间，输入信号不发生变化，而它的建立和保持时间是较短的，故其抗干扰能力较主从触发器要好。

③ 某些边沿触发器仅在时钟脉冲触发沿之前的建立时间内，不允许输入信号改变，其抗干扰性最好。

5.5.4 典型的集成边沿触发器

图 5.20(a)所示为 TTL 集成边沿 D 触发器 74LS74 的引脚排列图。图 5.20(b)所示为 CMOS 集成边沿 D 触发器 CC4013 的引脚排列图。

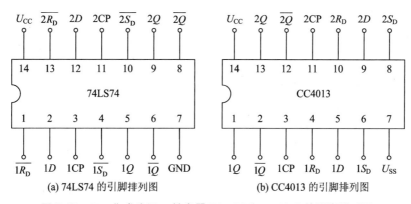

(a) 74LS74 的引脚排列图　　　　(b) CC4013 的引脚排列图

图 5.20　TTL 集成边沿 D 触发器 74LS74 和 CC4013 的引脚排列图

74LS74 内部包含两个带有清零端 $\overline{R_D}$ 和预置端 $\overline{S_D}$ 的触发器，它们都是 CP 上升沿触发的边沿 D 触发器，异步输入端 $\overline{R_D}$ 和 $\overline{S_D}$ 为低电平有效，其特性表如表 5.9 所示，表中的上升箭头表示上升沿。

表 5.9　集成边沿 D 触发器 74LS74 的特性表

输 入				输 出	功　能
异步输入端		时钟	同步输入端	Q^{n+1}	
$\overline{R_D}$	$\overline{S_D}$	CP	D		
0	0	×	×	不用	不允许
0	1	×	×	0	异步置 0
1	0	×	×	1	异步置 1
1	1	↑	0	0	置 0
1	1	↑	1	1	置 1
1	1	↗	×	Q^n	不变

CC4013 内部也包含两个带有清零端 R_D 和预置端 S_D 的触发器，它们都是 CP 上升沿触发的边沿 D 触发器。第 4、6 引脚分别表示第一个边沿 D 触发器的清零端 R_D 和预置端 S_D。值得注意的是，CC4013 的异步输入端 R_D 和 S_D 为高电平有效。

5.6　不同类型触发器间的相互转换

5.6.1　触发器分类

前面几节着重从电路结构上介绍了各种触发器，也相应地介绍了有关电路的逻辑功能。根据在 CP 控制下逻辑功能的不同，常把时钟触发器分成 RS、JK、D、T、T′ 触发器五种类型。

（1）RS 触发器。在 CP 控制下，根据输入信号 R、S 的不同，凡是具有置 0、置 1 以及保持功能的电路，都叫作 RS 触发器。主从 RS 触发器、边沿 RS 触发器等就属于这种类型。

（2）JK 触发器。在 CP 控制下，根据输入信号 J、K 情况的不同，凡是具有置 0、置 1 以及保持功能的电路，都叫作 JK 触发器。主从 JK 触发器、边沿 JK 触发器等就属于这种类型。

（3）D 触发器。在 CP 控制下，根据输入信号 D 的不同，凡是具有置 0、置 1 以及保持功能的电路，都叫作 D 触发器。边沿 D 触发器等就属于这种类型。

（4）T 触发器。在 CP 控制下，根据输入信号 T 的不同，凡是具有保持和翻转功能的电路，即当 $T=0$ 时能保持状态不变，当 $T=1$ 时一定翻转的电路，都称为 T 触发器。

表 5.10 所示是 T 触发器的特性表，表中的下降箭头符号表示 CP 下降沿有效。

表 5.10　T 触发器的特性表

T　Q^n	Q^{n+1}	功　能
0　　0	0	$Q^{n+1}=Q^n$，保持
0　　1	1	
1　　0	1	$Q^{n+1}=\overline{Q^n}$，翻转
1　　1	0	

由表 5.10 可得，T 触发器的特性方程为

$$Q^{n+1}=T\overline{Q^n}+\overline{T}Q^n=T\oplus Q^n \quad （CP 下降沿有效）$$

T 触发器的逻辑符号和状态图如图 5.21 所示。T 触发器的波形图如图 5.22 所示。

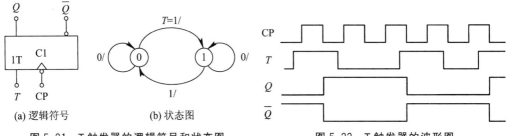

(a) 逻辑符号　　　　　　(b) 状态图

图 5.21　T 触发器的逻辑符号和状态图　　　　　图 5.22　T 触发器的波形图

（5）T' 触发器。在 CP 控制下，每来一个 CP 时钟脉冲就翻转一次的电路都称为 T' 触发器。图 5.23 所示是 T' 触发器的逻辑符号和状态图。

表 5.11 所示是 T' 触发器的特性表。由表 5.11 可得，T' 触发器的特性方程为

$$Q^{n+1} = \overline{Q^n} \quad （CP 下降沿有效）$$

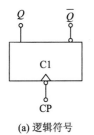

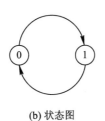

(a) 逻辑符号 　　(b) 状态图

图 5.23　T' 触发器的逻辑符号和状态图

表 5.11　T' 触发器的特性表

Q^n	Q^{n+1}	功　能
0	1	$Q^{n+1} = \overline{Q^n}$，翻转
1	0	

如图 5.24 所示为 T' 触发器的波形图。

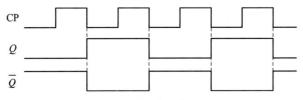

图 5.24　T' 触发器的波形图

5.6.2　触发器的转换

　　根据实际需要，可以将某种功能的触发器经过改接或附加一些门电路后转换为另一种功能的触发器。转换方法是利用已有触发器和待求触发器的特性方程相等的原则，求出转换逻辑，如图 5.25 所示，可按以下具体步骤进行：

触发器功能转换

（1）写出已有触发器和待求触发器的特性方程。

（2）变换待求触发器的特性方程，使其形式与已有触发器的特性方程一致。

（3）比较已有和待求触发器的特性方程，根据两个方程相等的原则求出转换逻辑。

（4）根据转换逻辑画出逻辑电路图。

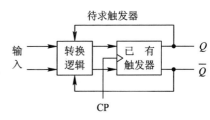

图 5.25　不同类型触发器间转换的方法

　　由于集成主从触发器和边沿触发器只有 JK 型和 D 型两种，所以这里只介绍如何把 JK 触发器和 D 触发器转换成其他类型的触发器，以及它们之间的相互转换。

1. 将 JK 触发器转换为 RS 触发器、D 触发器、T 触发器、T' 触发器

JK 触发器的特性方程为

$$Q^{n+1} = J\overline{Q^n} + \overline{K}Q^n$$

1) JK 触发器转换为 RS 触发器

RS 触发器的特性方程为

$$\begin{cases} Q^{n+1} = S + \overline{R}Q^n \\ RS = 0 \end{cases}$$

变换 RS 触发器的特性方程，使其形式与 JK 触发器的特性方程一致，有

$$Q^{n+1} = S + \overline{R}Q^n = S(\overline{Q^n} + Q^n) + \overline{R}Q^n$$
$$= S\overline{Q^n} + SQ^n + \overline{R}Q^n$$
$$= S\overline{Q^n} + \overline{R}Q^n + SQ^n(\overline{R} + R)$$
$$= S\overline{Q^n} + \overline{R}Q^n + \overline{R}SQ^n + RSQ^n$$

$\overline{R}SQ^n$ 可被 $\overline{R}Q^n$ 吸收，RSQ^n 是约束项，应去掉，从而得到

$$Q^{n+1} = S\overline{Q^n} + \overline{R}Q^n$$

与 JK 触发器的特性方程比较，可得

$$\begin{cases} J = S \\ K = R \end{cases}$$

画出其电路图，见图 5.26。

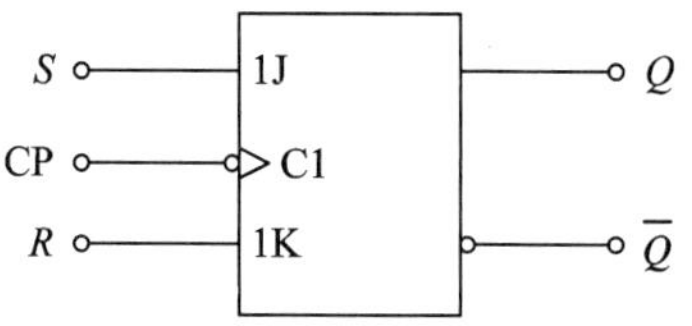

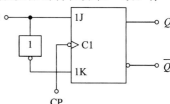

图 5.26　JK 触发器转换成的 RS 触发器

2) JK 触发器转换为 D 触发器

写出 D 触发器的特性方程，并进行变换，使其形式与 JK 触发器的特性方程一致，有

$$Q^{n+1} = D = D(\overline{Q^n} + Q^n) = D\overline{Q^n} + DQ^n$$

与 JK 触发器的特性方程比较，得

$$\begin{cases} J = D \\ K = \overline{D} \end{cases}$$

画出其电路图，见图 5.27。

3) JK 触发器转换为 T 触发器

T 触发器的特性方程为

$$Q^{n+1} = T\overline{Q^n} + \overline{T}Q^n = T \oplus Q^n$$

与 JK 触发器的特性方程比较，得

$$\begin{cases} J = T \\ K = T \end{cases}$$

画出其电路图，如图 5.28 所示。

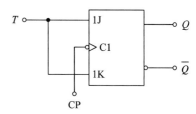

图 5.27　JK 触发器转换成的 D 触发器

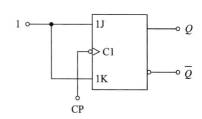

图 5.28　JK 触发器转换成的 T 触发器

4) JK 触发器转换为 T′触发器

T′触发器的特性方程为

$$Q^{n+1} = \overline{Q^n}$$

变换 T′触发器的特性方程为

$$Q^{n+1} = \overline{Q^n} = 1\overline{Q^n} + \overline{1}Q^n$$

与 JK 触发器的特性方程比较，得

$$\begin{cases} J = 1 \\ K = 1 \end{cases}$$

画出其电路图，如图 5.29 所示。

图 5.29　JK 触发器转换成的 T′触发器

2. 将 D 触发器转换为 JK 触发器、T 触发器 、T′触发器、RS 触发器

D 触发器的特性方程为

$$Q^{n+1} = D$$

将 D 触发器转换为 JK 触发器，先写出 JK 触发器的特性方程：

$$Q^{n+1} = J\overline{Q^n} + \overline{K}Q^n$$

再与 D 触发器的特性方程比较，得

$$D = J\overline{Q^n} + \overline{K}Q^n$$

画出其电路图，如图 5.30 所示。

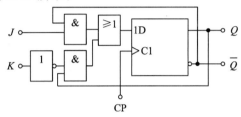

图 5.30　D 触发器转换成的 JK 触发器

同理可得，将 D 触发器转换为 T 触发器、T′触发器、RS 触发器的逻辑关系。

T 触发器：

$$D = T \oplus Q^n$$

T′触发器：

$$D = \overline{Q^n}$$

RS 触发器：

$$Q^{n+1} = S + \overline{R}Q = \overline{\overline{S}\,\overline{\overline{R}Q}} - D$$

电路图分别如图 5.31、图 5.32、图 5.33 所示。

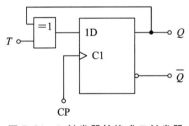

图 5.31　D 触发器转换成 T 触发器

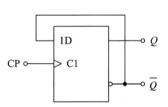

图 5.32　D 触发器转换成 T′触发器

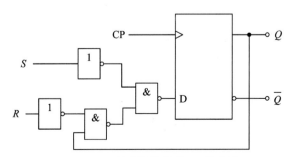

图 5.33　D 触发器转换成 RS 触发器

你知道吗？

第 5 章拓展阅读

通过本章的学习我们知道，触发器最大的特点是具有存储功能，而现代计算机最重要的功能也包括数据存储。你知道现在深度影响我们生活的计算机是怎么来的吗？这需要认识一位伟大的科学家——为计算机存储程序做出巨大贡献、被西方人称为"计算机之父"的冯·诺依曼。冯·诺依曼从小就学习刻苦、认真，6 岁时便可与父亲用古希腊语进行交流，18 岁时（中学阶段）他就发表过一篇数学论文，22 岁时获得了数学博士学位，30 岁时成为美国普林斯顿大学的第一批终身教授，他还担任过美国数学会主席和原子能委员会委员，其一生不仅在计算机方面取得了巨大成就，在经济学、化学和物理等领域也取得了巨大的成就。

本 章 小 结

触发器本章小结

1. 触发器是数字电路中极其重要的基本单元。触发器有两个稳定状态，在外界信号的作用下，可以从一个稳态转变为另一个稳态；无外界信号作用时其状态保持不变。因此，触发器可以作为二进制存储单元使用。

2. 触发器的逻辑功能可以用真值表、卡诺图、特性方程、状态图或波形图等方式来描述。触发器的特性方程是表示其逻辑功能的重要逻辑函数，在分析和设计时序电路时常用来作为判断电路状态转换的依据。

3. 各种逻辑功能的触发器的特性方程。

RS 触发器：$Q^{n+1}=S+\overline{R}Q^n$，其约束条件为 $RS=0$。

JK 触发器：$Q^{n+1}=J\overline{Q^n}+\overline{K}Q^n$。

D 触发器：$Q^{n+1}=D$。

T 触发器：$Q^{n+1}=T\overline{Q^n}+\overline{T}Q^n=T\oplus Q^n$。

T′触发器：$Q^{n+1}=\overline{Q^n}$。

同一种功能的触发器可以用不同的电路结构形式来实现；反过来，同一种电路结构形式可以构成具有不同功能的各种类型触发器。

本 章 习 题

1. 分析图 5.34 所示 RS 触发器的功能，试分析其逻辑功能，列出真值表，写出特性方程，并根据输入波形画出 Q 和 $\overline{Q}$ 的波形。

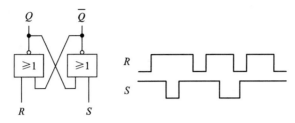

图 5.34　题 1 图

2. 在与非门构成的基本 RS 触发器中，分别画出下列两种情况下 Q 和 $\overline{Q}$ 的波形。

(1) $\overline{R}$ 端接高电平，$\overline{S}$ 端接脉冲。

(2) $\overline{S}$ 端接高电平，$\overline{R}$ 端接脉冲。

3. 边沿触发器接成如图 5.35(a)、(b)、(c)、(d)所示的形式，设其初始状态均为 0，试根据图 5.35(e)所示的 CP 波形画出 Q_a、Q_b、Q_c、Q_d 的波形。

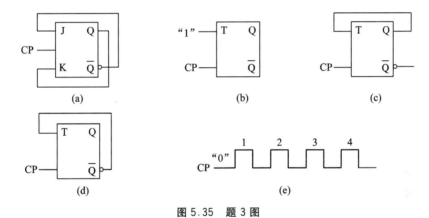

图 5.35　题 3 图

4. 边沿 D 触发器接成如图 5.36(a)、(b)、(c)、(d)所示的形式，设其初始状态均为 0，试根据图 5.36(e)所示的 CP 波形画出 Q_a、Q_b、Q_c、Q_d 的波形。

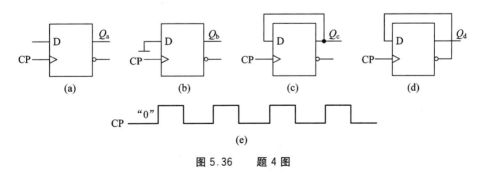

图 5.36　题 4 图

5. 下降沿触发的 JK 触发器的输入波形如图 5.37 所示，设其初态为 0，画出相应的输出波形。

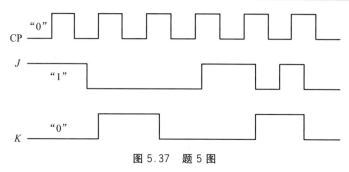

图 5.37　题 5 图

6. 边沿触发器的电路如图 5.38 所示,设其初态均为 0,试根据 CP 波形画出 Q_1、Q_2 的波形。

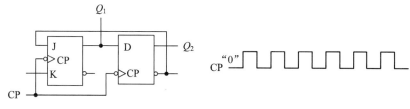

图 5.38　题 6 图

7. 边沿触发器的电路如图 5.39 所示,设其初态均为 0,试根据 CP 和 D 的波形画出 Q_1、Q_2 的波形。

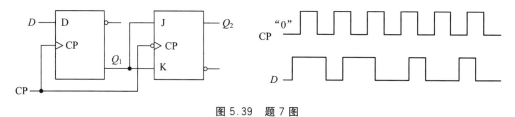

图 5.39　题 7 图

8. 边沿 T 触发器的电路如图 5.40 所示,设其初态均为 0,试根据 CP 波形画出 Q_1、Q_2 的波形。

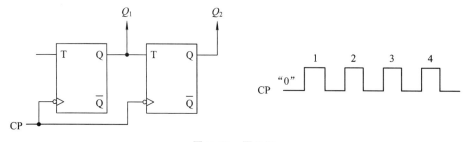

图 5.40　题 8 图

9. 现有主从 JK 触发器和边沿 JK 触发器,均为下降沿触发,已知其输入信号如图 5.41 所示,分别画出其 Q 端的波形。

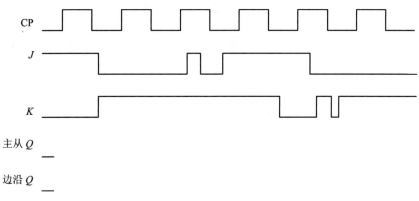

图 5.41　题 9 图

10. 电路如图 5.42 所示,设各触发器的初态均为 0,画出在 CP 脉冲作用下 Q 端的波形。

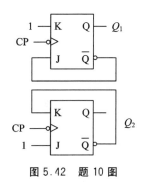

图 5.42　题 10 图

第 5 章　习题答案

第6章

时序逻辑电路

知识点

- 时序逻辑电路的基本概念。
- 时序逻辑电路的分析。
- 时序逻辑电路的设计。
- 典型中规模集成时序电路。

6.1　概　　述

计数器概述

6.1.1　时序逻辑电路的特点

在组合逻辑电路中，任一时刻的输出信号，仅由当时的输入信号决定，当输入信号发生变化时，输出信号也就相应地发生变化。而在时序逻辑电路（时序电路）中，任一时刻的输出信号不仅取决于该时刻的输入信号，而且还取决于电路之前的输入信号，或者说，还与电路原来的状态有关。这既是时序逻辑电路的定义，也是时序逻辑电路的逻辑功能特点。

日常生活中，时序逻辑的实例并不鲜见。例如，有一台自动售饮机，它有一个投币口，规定只允许投入一元面值的硬币。若一罐饮料的价格为三元，则当顾客连续投入三个一元的硬币后，机器将输出一罐饮料。在这一操作过程中，输出饮料这一动作，虽然发生在第三枚硬币投入以后，但却和前两次投入的硬币有关。机器之所以能在第三枚硬币投入后输出饮料，是因为在第三枚硬币投入之前它已把前两次投币的信息记录并保存了下来，自动售饮机的这一功能由机器内部的时序电路来实现。

从时序逻辑电路的逻辑功能特点可知，时序逻辑电路中除具有逻辑运算功能的组合电路外，还必须有能够记忆电路状态的存储电路。图 6.1 所示为时序逻辑电路的结构框图。

由图 6.1 所示不难看出，时序逻辑电路在电路结构上有两个特点：

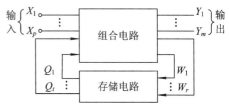

图 6.1　时序逻辑电路的结构框图

（1）该电路包含组合电路和存储电路两个部分，而且存储电路是必不可少的；

（2）存储电路的输出状态必须反馈到时序逻辑电路的输入端，其与外部输入信号共同决定时序逻辑电路的输出以及状态变化。

存储电路通常由触发器来实现。其实，触发器也是时序逻辑电路，只不过因其功能简单，一般情况下仅当作基本电路单元使用。

6.1.2　时序逻辑电路逻辑功能的表示方法

时序逻辑电路的逻辑功能可用逻辑表达式、逻辑图、卡诺图、状态表、状态图、时序图等表示。这些表示方法在本质上是相同的，可以互相转换。

在图 6.1 中，$X_1 \sim X_p$ 代表输入信号，$Y_1 \sim Y_m$ 代表输出信号，存储电路的输出 $Q_1 \sim Q_t$ 称为时序电路的状态变量，状态变量的取值组合用于表示时序电路当前所处的状态，$W_1 \sim W_r$ 代表存储电路的输入信号（又称为激励信号），用于控制存储电路的状态变化。这些变量之间的关系可以用下面三个方程来描述：

$$Y_i = F_i(X_1, X_2, \cdots, X_p; Q_1^n, Q_2^n, \cdots, Q_t^n) \quad i=1, 2, \cdots, m \tag{6.1}$$

$$W_j = G_j(X_1, X_2, \cdots, X_p; Q_1^n, Q_2^n, \cdots, Q_t^n) \quad j=1, 2, \cdots, r \tag{6.2}$$

$$Q_k^{n+1} = H_k(W_1, W_2, \cdots, W_r; Q_1^n, Q_2^n, \cdots, Q_t^n) \quad k=1, 2, \cdots, t \tag{6.3}$$

其中：式(6.1)为输出方程；式(6.2)为驱动方程（或激励方程）；式(6.3)为状态方程。$Q_1^n \sim Q_t^n$ 表示存储电路中每个触发器在时刻 t^n 的状态（现态）；$Q_1^{n+1} \sim Q_t^{n+1}$ 表示存储电路中每个触发器在时刻 t^{n+1} 的状态（次态）。

时序逻辑电路的现态和次态，是由触发器的现态和次态分别表示的。

鉴于时序逻辑电路是状态依赖的，我们又称其为状态机（State Machine，SM）或算法状态机（Algorithmic State Machine，ASM）。本章仅讨论有限数量的存储单元构成的状态机，因而其状态数是有限的，故又称为有限状态机（Finite State Machine，FSM）。

6.1.3　时序逻辑电路的分类

按照时序逻辑电路中触发器状态变化的特点，可将时序逻辑电路分为同步时序逻辑电路和异步时序逻辑电路两类。在同步时序逻辑电路中，有一个统一的时钟脉冲，存储电路中各触发器的状态转换，都是在这个时钟脉冲的作用下发生的。通常，我们只是将时钟脉冲看作同步时序逻辑电路的时间基准，而不把其看作同步时序逻辑电路的输入变量。对于每个时钟脉冲来说，该脉冲作用前时序逻辑电路的状态是现态，脉冲作用后的状态是次态。只要时钟脉冲没来，同步时序逻辑电路的状态就不会改变。在异步时序逻辑电路中，没有统一的时钟信号，触发器状态的变化不是同时发生的。

按照输出信号对输入信号的依从关系，可将时序逻辑电路分为米里（Mealy）型和莫尔（Moore）型两类。在米利型电路中，输出信号不仅取决于存储电路的状态，而且还取决于电路当前的输入；在莫尔型电路中，输出信号仅取决于存储电路的状态，与电路当前的输入无关，或者根本就不存在独立设置的输出，而以电路的状态直接作为输出。由此可见，莫尔型电路只不过是米利型电路的一种特例而已。

在某些具体的时序逻辑电路中，其并不都具备图 6.1 所示的完整形式。例如，有的时序电路中没有组合电路部分，有的时序电路中没有输入变量，但它们在逻辑功能上仍具有时序逻辑电路的基本特征。

按照逻辑功能的不同，时序逻辑电路可分为寄存器、计数器、脉冲分配器等。

6.2 时序逻辑电路的分析

时序逻辑电路的分析，就是根据给定的电路结构，找出该电路在输入信号和时钟信号的作用下，电路状态的变化规律以及输出信号的状态，从而确定该电路的逻辑功能和工作特点。由于时钟脉冲信号的特点，同步时序逻辑电路和异步时序逻辑电路的分析方法有所不同。

6.2.1 同步时序逻辑电路分析

同步时序逻辑电路的分析步骤如下：

（1）写方程式。

① 根据给定的逻辑图写出驱动方程和输出方程。驱动方程是各触发器输入的逻辑函数式，例如 JK 触发器的 J 和 K，D 触发器的 D 等。输出方程表达了电路的输出与触发器的现态，以及外部输入之间的逻辑关系，特别需要注意的是输出 Y 与现态 Q^n 而不是次态 Q^{n+1} 有关。

② 将得到的驱动方程代入相应触发器的特性方程，即可求出由各触发器的状态方程组成的整个时序逻辑电路的状态方程组。

（2）列状态表。式（6.1）～式（6.3）能够完全描述时序逻辑电路的逻辑功能，但还不能够完整地体现电路的逻辑功能，这是因为电路每一时刻的状态都和电路之前的情况有关。因此常用状态表、状态图和时序图来表示电路的逻辑功能。状态表与真值表基本相同，只不过状态表中输入变量是外部输入和各触发器的现态，输出变量是外部输出和各触发器的次态。将电路输入和现态的各种可能取值代入状态方程和输出方程，求出相应的次态和输出，并把计算结果填入表中，即得到电路的状态表。

（3）画状态图和时序图。状态图比状态表更直观地反映了电路各状态间的转换关系，由状态表可以画出状态图。在状态图中，以圆圈表示电路的各个状态，以箭头表示状态转换的方向。同时在箭头旁注明了状态转换前的输入变量 X 和输出变量 Y 的值，常以 X/Y 的形式表示。为了便于实验测量时或计算机仿真时检查时序逻辑电路的逻辑功能，还可以根据状态表或状态图画出时序图，即工作波形图。

（4）分析逻辑功能。通过分析状态表、状态图或时序图，确定电路的逻辑功能，必要时可用文字详细描述。

【例 6 - 1】 分析如图 6.2 所示时序逻辑电路的逻辑功能。

解 这是一个由两个 D 触发器、一个与非门、一个非门组成的同步时序逻辑电路，分析如下。

（1）写方程式。驱动方程为

$$D_0 = X\bar{Q}_1^n$$

$$D_1 = \overline{X\bar{Q}_0^n\bar{Q}_1^n}$$

输出方程为

$$Y = XQ_1^n\bar{Q}_0^n$$

其输出与现态和输入均有关，可见图 6.2 所示是一个米利型时序逻辑电路。

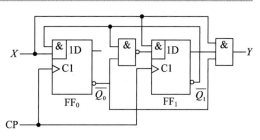

图 6.2 例 6 - 1 逻辑电路图

D 触发器的特性方程为

$$Q^{n+1} = D$$

将各触发器的驱动方程代入上式，即得状态方程，为

$$Q_0^{n+1} = X\bar{Q}_1^n \quad Q_1^{n+1} = \overline{X\bar{Q}_0^n\bar{Q}_1^n}$$

（2）列状态表。首先将电路可能出现的现态和输入在状态表中列出，然后将现态和输入逻辑值一一代入上述状态方程和输出方程，再分别求出次态和输出逻辑值并列入表中，即得该电路的状态表，如表 6.1 所示。

表 6.1 例 6 - 1 的状态表

X	Q_1^n	Q_0^n	Q_1^{n+1}	Q_0^{n+1}	Y
0	0	0	0	0	0
0	0	1	0	0	0
0	1	0	0	0	0
0	1	1	0	0	0
1	0	0	0	1	0
1	0	1	1	1	0
1	1	0	1	0	1
1	1	1	1	0	0

（3）画状态图和时序图。由状态表可画出电路的状态图和时序图，如图 6.3 和图 6.4 所示。

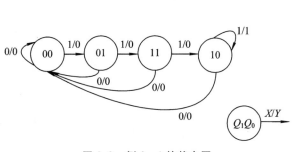

图 6.3 例 6 - 1 的状态图

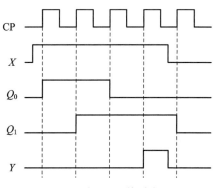

图 6.4 例 6 - 1 的时序图

（4）分析逻辑功能。由状态图或时序图可看出，若 $X=0$，则无论电路是何状态，都回到 00 状态，且 $Y=0$；只有连续输入 4 个或 4 个以上的 1 时，才使 $Y=1$。该电路的功能是检测输入信号 X 是否连续输入了 4 个或 4 个以上的 1，是就输出 1，否则输出 0。所以该电路是 1111 序列信号检测器。

【例 6 - 2】分析如图 6.5 所示时序逻辑电路的逻辑功能。

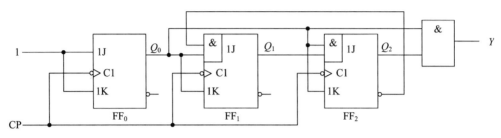

图 6.5 例 6 - 2 逻辑电路图

解 该电路没有外部输入，属于莫尔型同步时序逻辑电路。分析如下：

（1）写方程式。

驱动方程为

$$J_0 = K_0 = 1$$

$$J_1 = Q_0^n \bar{Q}_2^n, \quad k_1 = Q_0^n$$

$$J_2 = Q_0^n Q_1^n, \quad k_2 = Q_0^n$$

输出方程为

$$Y = Q_0^n Q_2^n$$

将驱动方程代入 JK 触发器的特性方程 $Q^{n+1} = J\bar{Q}^n + \bar{K}Q^n$，得状态方程为

$$Q_0^{n+1} = \bar{Q}_0^n$$

$$Q_1^{n+1} = Q_0^n \bar{Q}_2^n \bar{Q}_1^n + \bar{Q}_0^n Q_1^n$$

$$Q_2^{n+1} = Q_0^n Q_1^n \bar{Q}_2^n + \bar{Q}_0^n Q_2^n$$

（2）列状态表，见表 6.2。

表 6.2 例 6 - 2 的状态表

Q_2^n	Q_1^n	Q_0^n	Q_2^{n+1}	Q_1^{n+1}	Q_0^{n+1}	Y
0	0	0	0	0	1	0
0	0	1	0	1	0	0
0	1	0	0	1	1	0
0	1	1	1	0	0	0
1	0	0	1	0	1	0
1	0	1	0	0	0	1
1	1	0	1	1	1	0
1	1	1	0	0	0	1

（3）画状态图和时序图。由状态表可画出电路的状态图和时序图，如图 6.6 和图 6.7 所示。

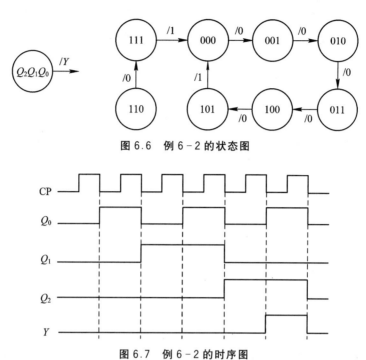

图 6.6 例 6-2 的状态图

图 6.7 例 6-2 的时序图

（4）分析逻辑功能。在时序逻辑电路中，凡是被利用了的状态都叫作有效状态，反之为无效状态。有效状态形成的循环叫作有效循环。由图 6.6 所示可知，正常情况下，电路状态在 000～101 循环，当干扰使电路的状态为无效状态 110 或 111 时，也可以在 1 或 2 个时钟后回到以上的有效循环。这种能从无效状态进入有效状态的电路称作具有自启动能力的时序逻辑电路。

由图 6.6 和图 6.7 所示很容易看到，每经过 6 个时钟脉冲以后电路的状态循环变化一次，所以该电路具有对时钟信号计数的功能。6 个有效状态是按递增规律变化的，且每经过 6 个时钟脉冲作用以后输出端 Y 输出一个脉冲，所以这是一个六进制的加法计数器，Y 端的输出就是进位脉冲。

6.2.2 异步时序逻辑电路分析

异步时序逻辑电路的分析方法与同步时序逻辑电路的分析方法共同之处在于：在异步时序逻辑电路中，同样可以先求出三个方程，然后列出状态表，再画出状态图和时序图。不过，需要特别注意的是，异步时序逻辑电路中各个触发器的时钟脉冲信号不是统一的，这就意味着异步时序逻辑电路中各个触发器的状态方程不是同时成立的，而是只在触发器各自的时钟信号到来时，状态方程才成立。为体现这一点，异步时序逻辑电路的状态方程中要将时钟信号也作为一个逻辑条件，写在状态方程末尾。用 (CP_i) 来表示在 CP_i 的适当边沿状态方程成立。下面通过例子介绍异步时序逻辑电路的分析方法。

【例 6-3】分析如图 6.8 所示时序逻辑电路的逻辑功能。

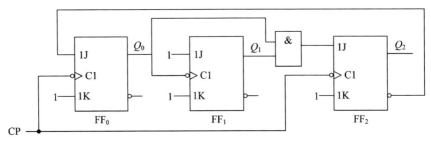

图 6.8 例 6-3 逻辑电路图

解 三个触发器没有共用一个 CP，故其为异步时序逻辑电路，分析如下：

(1) 写方程式。

时钟方程为

$$CP_0 = CP$$
$$CP_1 = Q_0$$
$$CP_2 = CP$$

驱动方程为

$$J_0 = \bar{Q}_2^n,\ K_0 = 1$$
$$J_1 = K_1 = 1$$
$$J_2 = Q_0^n Q_1^n,\ K_2 = 1$$

将驱动方程代入 JK 触发器的特性方程 $Q^{n+1} = J\bar{Q}^n + \bar{K}Q^n$ 中，得状态方程为

$$Q_0^{n+1} = \bar{Q}_2^n \bar{Q}_0^n \quad (CP)$$
$$Q_1^{n+1} = \bar{Q}_1^n \quad (Q_0)$$
$$Q_2^{n+1} = \bar{Q}_2^n Q_1^n Q_0^n \quad (CP)$$

(2) 列状态表。因为 $CP_0 = CP$，所以 $Q_0^{n+1} = \bar{Q}_2^n \bar{Q}_0^n$。在每一个 CP 脉冲下降沿(用↓表示)时均成立，由此可得到表 6.3 中 Q_0^{n+1} 的一列；同理 $Q_2^{n+1} = \bar{Q}_2^n Q_1^n Q_0^n$ 亦在每一个 CP↓ 时候均成立；由于 $CP_1 = Q_0$，只有在 Q_0 由 1 变成 0 时，$Q_1^{n+1} = \bar{Q}_1^n$ 才成立。从而可得到状态表 6.3。

表 6.3 例 6-3 的状态表

Q_2^n	Q_1^n	Q_0^n	Q_2^{n+1}	Q_1^{n+1}	Q_0^{n+1}	CP_2	CP_1	CP_0
0	0	0	0	0	1	↓		↓
0	0	1	0	1	0	↓	↓	↓
0	1	0	0	1	1	↓		↓
0	1	1	1	0	0	↓	↓	↓
1	0	0	0	0	0	↓		↓
1	0	1	0	1	0	↓	↓	↓
1	1	0	0	1	0	↓		↓
1	1	1	0	0	0	↓	↓	↓

（3）画状态图和时序图。由状态表画出电路的状态图和时序图，如图 6.9 和图 6.10 所示。

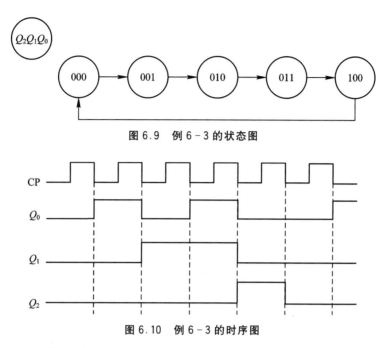

图 6.9 例 6-3 的状态图

图 6.10 例 6-3 的时序图

（4）分析逻辑功能。由图 6.6 可知，该电路是一个异步五进制加法计数器。

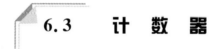

6.3 计 数 器

计数器的功能是累计输入脉冲的个数。它是数字系统中应用最广泛的时序部件。除了计数之外，计数器还可以用于分频、定时、产生节拍脉冲，以及其他脉冲序列以及进行数字运算等。

计数器的种类繁多。计数器按其触发器的时钟是否统一可以分为同步计数器（各触发器同时翻转）和异步计数器（各触发器翻转时刻不同）。

计数器按计数过程中数字的增减可以分为加法计数器、减法计数器和可逆计数器。随着计数脉冲的不断输入而作递增计数的称为加法计数器，作递减计数的称为减法计数器，可增可减的称为可逆计数器。

计数器按其计数方式可以分为二进制计数器、十进制计数器、N 进制计数器。计数器的计数方式也叫计数长度或计数器的模，就是状态表中有效循环状态的个数。二进制计数器按照二进制规律进行计数，如果用 n 表示二进制代码的位数，用 N 表示有效状态数，则在二进制计数器中 $N=2^n$。十进制计数器按照十进制数规律进行计数，$N=10$。N 进制计数器是除了二进制和十进制以外的其他进制的计数器，如 $N=16$ 时的十六进制计数器。

6.3.1　二进制计数器

1. 二进制同步计数器

1）二进制同步加法计数器

按照二进制数计算规律对时钟脉冲信号进行递增计算的同步时序逻辑电路，称为二进制同步加法计数器。由 JK 触发器构成的 3 位二进制同步加法计数器如图 6.11 所示。

二进制同步计数器

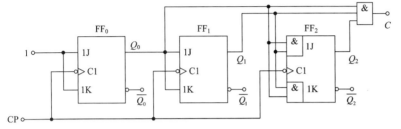

图 6.11　3 位二进制同步加法计数器逻辑图

由图 6.11 可知，组成该计数器的是 3 个下降沿触发的 JK 触发器，各触发器的时钟脉冲端都连接在 CP 上，所以这是一个同步计数器。

输出方程为

$$C = Q_2^n Q_1^n Q_0^n$$

驱动方程为

$$J_0 = K_0 = 1$$
$$J_1 = K_1 = Q_0^n$$
$$J_2 = K_2 = Q_1^n Q_0^n$$

将驱动方程代入 JK 触发器的特性方程，得电路的状态方程为

$$Q_0^{n+1} = \bar{Q}_0^n$$

$$Q_1^{n+1} = Q_0^n \bar{Q}_1^n + \bar{Q}_0^n Q_1^n = Q_0^n \oplus Q_1^n$$

$$Q_2^{n+1} = Q_1^n Q_0^n \bar{Q}_2^n + \overline{Q_1^n Q_0^n} Q_2^n = (Q_1^n Q_0^n) \oplus Q_2^n$$

根据以上状态方程列出状态表，如表 6.4 所示。

表 6.4　3 位二进制同步加法计数器的状态表

Q_2^n	Q_1^n	Q_0^n	Q_2^{n+1}	Q_1^{n+1}	Q_0^{n+1}	C
0	0	0	0	0	1	0
0	0	1	0	1	0	0
0	1	0	0	1	1	0
0	1	1	1	0	0	0
1	0	0	1	0	1	0
1	0	1	1	1	0	0
1	1	0	1	1	1	0
1	1	1	0	0	0	1

根据表 6.4 画出状态图,如图 6.12 所示。

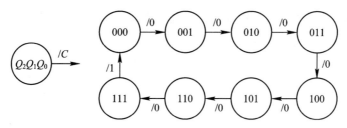

图 6.12　3 位二进制同步加法计数器的状态图

由图 6.12 可看出,从任意一个状态开始,经过输入 $8(2^3)$ 个有效的 CP 脉冲后,计数器返回到原来的状态,说明该计数器的模为 8。作为整体,该计数器也可称为八进制计数器。如果计数器的初始状态为 000,则在第 7 个 CP 下降沿到来后,输出 C 由 0 变为 1,在第 8 个 CP 下降沿到来后,输出 C 由 1 变为 0。可以利用计数器输出 C 的这一下降沿作为向高位计数器的进位信号。

图 6.13 所示为 3 位二进制同步加法计数器的时序图。

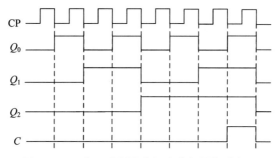

图 6.13　3 位二进制同步加法计数器的时序图

观察图 6.13 中各信号波形的频率,不难发现,每出现两个计数脉冲 CP,Q_0 输出一个脉冲(即频率减半),称为对计数脉冲 CP2 分频。同理,Q_1 为 4 分频,Q_2 为 8 分频。因此在很多场合,计数器也可以作为分频器使用,以得到不同频率的脉冲。

从电路设计角度来看,时序图中 Q_0 在每个 CP 脉冲作用下都翻转,所以触发器 FF_0 是 T' 触发器($J_0 = K_0 = 1$);而其他高位触发器都工作于保持/翻转方式(等效为 T 触发器),其状态翻转都发生在低位触发器全“1”的条件下,这是因为在二进制计数中,当低位全“1”时才需要向高位进位,由此可以确定选用 JK 触发器构成的 n 位二进制同步加法计数器的驱动方程为

$$J_0 = K_0 = 1$$
$$J_1 = K_1 = Q_0^n$$
$$\vdots$$
$$J_{n-1} = K_{n-1} = Q_{n-2}^n Q_{n-3}^n \cdots Q_1^n Q_0^n \quad (n \geqslant 2)$$

输出方程为

$$C = Q_{n-1}^n Q_{n-2}^n \cdots Q_1^n Q_0^n$$

2）二进制同步减法计数器

按照二进制数计算规律对时钟脉冲信号进行递减计算的同步时序逻辑电路，称为二进制同步减法计数器。根据上述加法计数器的工作原理，可得 3 位二进制同步减法计数器电路，如图 6.14 所示。B 是借位输出端，当电路计数状态为 $Q_2^n Q_1^n Q_0^n = 000$ 时，$B=1$，在第一个 CP 下降沿到来后，输出 B 由 1 变为 0。可以利用 B 的这一下降沿作为向高位计数器的借位信号。

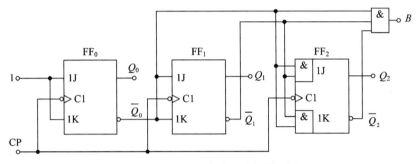

图 6.14　二进制同步减法计数器逻辑图

依照二进制同步加法计数器的分析方法，得到选用 JK 触发器构成的 n 位二进制同步减法计数器的驱动方程为

$$J_0 = K_0 = 1$$
$$J_1 = K_1 = \bar{Q}_0^n$$
$$\vdots$$
$$J_{n-1} = K_{n-1} = \bar{Q}_{n-2}^n \bar{Q}_{n-3}^n \cdots \bar{Q}_1^n \bar{Q}_0^n$$

输出方程为

$$B = \bar{Q}_{n-1}^n \bar{Q}_{n-2}^n \cdots \bar{Q}_1^n \bar{Q}_0^n$$

3）二进制同步可逆计数器

设用 $\bar{U}/D$ 表示加减控制信号，且 $\bar{U}/D=0$ 时作加计数，$\bar{U}/D=1$ 时作减计数。则把二进制同步加法计数器的驱动方程与输出方程和二进制同步减法计数器的驱动方程与输出方程组合起来，并把变量 $\bar{U}/D$ 写入方程中，便得到二进制同步可逆计数器的驱动方程和输出方程为

$$\begin{cases} J_0 = K_0 = 1 \\ J_1 = K_1 = \overline{\overline{U/D}} \cdot Q_0^n + \overline{U}/D \cdot \bar{Q}_0^n \\ J_2 = K_2 = \overline{\overline{U/D}} \cdot Q_1^n Q_0^n + \overline{U}/D \cdot \bar{Q}_1^n \bar{Q}_0^n \end{cases}$$

输出方程为

$$\frac{C}{B} = \frac{\bar{U}}{D} \cdot Q_0^n Q_1^n Q_2^n + \frac{\bar{U}}{D} \cdot \bar{Q}_0^n \bar{Q}_1^n \bar{Q}_2^n$$

图 6.15 所示为二进制同步可逆计数器的逻辑图。

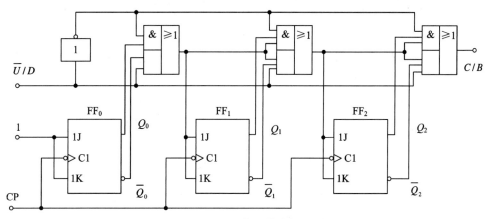

图 6.15 二进制同步可逆计数器逻辑图

4）集成二进制同步计数器

常用的集成二进制同步计数器有加法计数器和可逆计数器，为了增加其电路的功能和使用的灵活性，在实际生产的计数器芯片中，往往还附加了一些控制电路。

图 6.16 所示为集成 4 位二进制同步加法计数器 74LS161 的引脚排列图和逻辑功能示意图。图中 $\overline{CR}$ 是清零端，$\overline{LD}$ 是置数端，CT_T、CT_P 是工作状态控制端，$D_0 \sim D_3$ 是并行数据输入端，CO 是进位输出端。

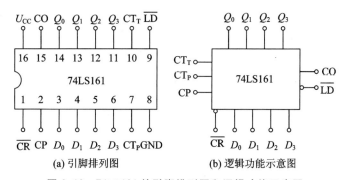

(a) 引脚排列图   (b) 逻辑功能示意图

图 6.16 74LS161 的引脚排列图和逻辑功能示意图

表 6.5 为集成计数器 74LS161 的功能表。

表 6.5 集成计数器 74LS161 的功能表

CP	$\overline{CR}$	$\overline{LD}$	CT_P	CT_T	Q_3	Q_2	Q_1	Q_0	CO
×	0	×	×	×	0	0	0	0	0
↑	1	0	×	×	D_3	D_2	D_1	D_0	
×	1	1	0	×	保		持		
×	1	1	×	0	保		持		0
↑	1	1	1	1	计		数		

由表 6.5 可以看出，74LS161 具有以下功能：

（1）异步清零。当 $\overline{CR}=0$ 时，其他输入信号为任何状态，可以使计数器立即清 0。

（2）同步置数。当 $\overline{CR}=1$、$\overline{LD}=0$ 时，在 CP 的上升沿到来时，不管其他输入信号为何状态，可以完成并行置数操作，使 $Q_3Q_2Q_1Q_0=D_3D_2D_1D_0$。

（3）保持。当 $\overline{CR}=\overline{LD}=1$，且 $CT_T CT_p=0$ 时，计数器状态保持不变。不过，$CT_T=0$ 时，影响进位输出信号，使 $CO=0$。

（4）计数。当 $\overline{CR}=\overline{LD}=1$，且 $CT_T=CT_p=1$ 时，按照 4 位自然二进制码循环计数，当计数状态达到 1111 时，$CO=0$，产生进位信号。$CO=Q_3Q_2Q_1Q_0 CT_T$。

如表 6.6 所示为集成 4 位二进制同步加法计数器 74LS163 的功能表。

表 6.6　集成计数器 74LS163 的功能表

CP	$\overline{CR}$	$\overline{LD}$	CT_P	CT_T	Q_3	Q_2	Q_1	Q_0	CO
↑	0	×	×	×	0	0	0	0	0
↑	1	0	×	×	D_3	D_2	D_1	D_0	
×	1	1	0	×	保		持		
×	1	1	×	0	保		持		0
↑	1	1	1	1	计		数		

74LS163 的引脚排列和逻辑功能示意图和 74LS161 相同，不同之处是 74LS163 采用同步清零方式，即 $\overline{CR}=0$，且 CP 上升沿到来时刻计数器才会清零。

图 6.17 所示为双 4 位集成二进制同步加法计数器 CC4520 的引脚排列图和逻辑功能示意图。它属于 CMOS 电路，表 6.7 是其功能表。EN 既是使能端，也可作为计数脉冲输入端；CP 既是计数脉冲输入端，也可作为使能端。CR 是清零端，高电平有效。

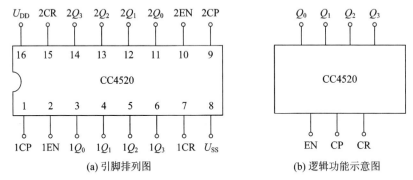

(a) 引脚排列图　　　　　　　　　　(b) 逻辑功能示意图

图 6.17　CC4520 的引脚排列图和逻辑功能示意图

表 6.7　集成计数器 CC4520 的功能表

CR	CP	EN	Q_3	Q_2	Q_1	Q_0
1	×	×	0	0	0	0
0	↑	1	计		数	
0	0	↓	计		数	
0	×	0	保		持	
0	1	×	保		持	

由表 6.7 可以看出 CC4520 具有以下功能：

① 当 CR＝1 时，异步清零。

② 当 CR＝0，EN＝1 时，在 CP 脉冲上升沿作用下进行加法计数。

③ 当 CR＝0，CP＝0 时，在 EN 脉冲下降沿作用下进行加法计数。

（5）当 CR＝0，EN＝0 或 CR＝0，CP＝1 时，计数器状态保持不变。

集成 4 位二进制同步可逆计数器有单时钟和双时钟两种类型，分别有 74LS191 和 74LS193。下面对双时钟输入 4 位二进制同步可逆计数器 74LS193 作进一步介绍。如图 6.18 所示为 74LS193 的引脚排列图和逻辑功能示意图。

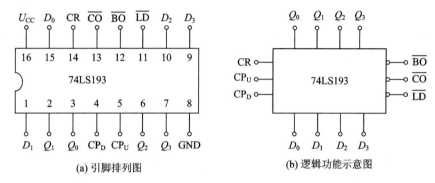

图 6.18　74LS193 的引脚排列图和逻辑功能示意图

CP_U 是加法计数脉冲输入端，CP_D 是减法计数脉冲输入端，CR 是异步清零端，高电平有效，$\overline{LD}$ 是异步置数端，低电平有效，$D_0 \sim D_3$ 是并行数据输入端，$Q_0 \sim Q_3$ 是计数器状态输出端，$\overline{CO}$ 是进位脉冲输出端，$\overline{BO}$ 是借位脉冲输出端。多个 74LS193 级联时，只要把低位的 $\overline{CO}$ 端、$\overline{BO}$ 端分别与高位的 CP_U、CP_D 连接起来，各个芯片的 CR 端连接在一起，$\overline{LD}$ 端连接在一起就可以了。表 6.8 是 74LS193 的功能表。

表 6.8　集成计数器 74LS193 的功能表

CR	$\overline{LD}$	CP_U	CP_D	Q_3	Q_2	Q_1	Q_0
1	×	×	×	0	0	0	0(异步清零)
0	0	×	×	D_3	D_2	D_1	D_0(异步置数)
0	1	↑	1	加法计数			
0	1	1	↑	减法计数			
0	1	1	1	保　持			

74LS193 的主要功能是作可逆计数，它的各项功能说明如下：

① 当 CR＝1 时，74LS193 立即清零，与其他输入端的状态无关。

② 当 CR＝0，$\overline{LD}$＝0 时，将 $D_3 D_2 D_1 D_0$ 立即置入计数器中，使 $Q_3 Q_2 Q_1 Q_0 = D_3 D_2 D_1 D_0$，是异步送数，与 CP 无关。

③ 当 CR＝0，CP_D＝1 时，时钟信号应引入 CP_U，74LS193 做加法计数。进位输出

$\overline{CO} = \overline{Q_3 Q_2 Q_1 Q_0 \overline{CP_U}}$，当计数器输出 1111 状态，且 CP_U 为低电平时，$\overline{CO}$ 输出一个负脉冲。

④ 当 $CR = 0$、$CP_U = 1$ 时，时钟信号应引入 CP_D，74LS193 做减法计数。借位输出 $\overline{BO} = \overline{\overline{Q_3}\ \overline{Q_2}\ \overline{Q_1}\ \overline{Q_0}\ \overline{CP_D}}$，当计数器输出 0000 状态，且 CP_D 为低电平时，$\overline{BO}$ 输出一个负脉冲。

2. 二进制异步计数器

1）二进制异步加法计数器

按照二进制数的计算规律对时钟脉冲信号进行递增计算的异步时序逻辑电路，称为二进制异步加法计数器。图 6.19 所示为 3 位二进制异步加法计数器的逻辑图。

二进制异步计数器

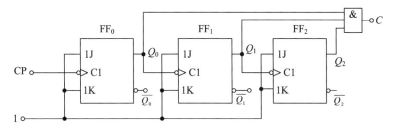

图 6.19　3 位二进制异步加法计数器的逻辑图

由图 6.19 可知，组成该计数器的是 3 个下降沿触发的 JK 触发器。由于各触发器的时钟脉冲端不是统一连接在 CP 上，所以这是一个异步计数器。

时钟方程为

$$CP_0 = CP$$
$$CP_1 = Q_0$$
$$CP_2 = Q_1$$

输出方程为

$$C = Q_2^n Q_1^n Q_0^n$$

驱动方程为

$$J_0 = K_0 = 1$$
$$J_1 = K_1 = 1$$
$$J_2 = K_2 = 1$$

将驱动方程代入 JK 触发器的特性方程中，得电路的状态方程为

$$Q_0^{n+1} = \bar{Q}_0^n \quad (CP \downarrow)$$
$$Q_1^{n+1} = \bar{Q}_1^n \quad (Q_0 \downarrow)$$
$$Q_2^{n+1} = \bar{Q}_2^n \quad (Q_1 \downarrow)$$

根据以上状态方程列出电路的状态表，如表 6.9 所示。

表 6.9　3 位二进制异步加法计数器的状态表

Q_2^n	Q_1^n	Q_0^n	Q_2^{n+1}	Q_1^{n+1}	Q_0^{n+1}	C	CP_2	CP_1	CP_0
0	0	0	0	0	1	0			↓
0	0	1	0	1	0	0		↓	↓
0	1	0	0	1	1	0			↓
0	1	1	1	0	0	0	↓	↓	↓
1	0	0	1	0	1	0			↓
1	0	1	1	1	0	0		↓	↓
1	1	0	1	1	1	0			↓
1	1	1	0	0	0	1	↓	↓	↓

根据表 6.9 画出电路的状态图,如图 6.20 所示。

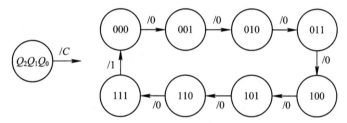

图 6.20　3 位二进制异步加法计数器的状态图

图 6.21 所示为 3 位二进制异步加法计数器的时序图。图中忽略了各个触发器状态变化的延时。可以看出,图 6.21 所示的二进制异步加法计数器的时序图和图 6.13 所示的二进制同步加法计数器的时序图相同。实际上,如果考虑各个触发器状态变化的延时,则二者的时序图是有区别的。

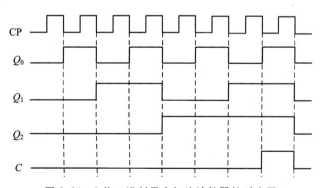

图 6.21　3 位二进制异步加法计数器的时序图

可以看出,异步计数器在做"加 1"计数时是采取从低位到高位逐位进位的方式工作的。按照二进制加法计数规则,每一位如果已经是 1,则再记入 1 时应变为 0,同时向高位发出进位信号,使高位翻转。如果使用下降沿动作的 T' 触发器组成的计数器,则只要将低位触发器的 Q 端接至高位触发器的 CP 端即可。当低位由 1 变为 0 时,Q 端的下降沿正好可以作为高位的时钟信号。

图 6.19 所示为 3 位二进制异步加法计数器的逻辑图，图中的 JK 触发器都已经接成了 T' 触发器。其实，从电路的驱动方程也可以得出这一结论。

用上升沿触发的 T' 触发器同样可以组成二进制异步加法计数器，但触发器每一级的进位脉冲应改由 $\overline{Q}$ 端输出。

2）二进制异步减法计数器

如果将 T' 触发器之间按照二进制减法计数规则连接，就得到二进制减法计数器。按照二进制减法计数规则，若低位触发器已经为 0，则再输入一个减法计数脉冲后应翻转成 1，同时向高位发出借位信号，使高位翻转。图 6.22 所示为按上述规则接成的 3 位二进制异步减法计数器，图中仍采用下降沿动作的 JK 触发器接成 T' 触发器。

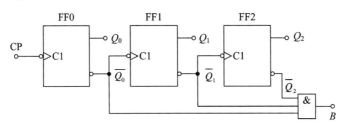

图 6.22 3 位二进制异步减法计数器的逻辑图

将二进制异步减法计数器和二进制异步加法计数器做个比较即可发现，它们都是将低位触发器的一个输出端接到高位触发器的时钟输入端组成的。在采用下降沿动作的 T' 触发器时，加法计数器以 Q 端作为输出端，减法计数器以 $\overline{Q}$ 端作为输出端；而在采用上升沿动作的 T' 触发器时，则情况正好相反，加法计数器以 $\overline{Q}$ 端作为输出端，减法计数器以 Q 端作为输出端。

3）集成二进制异步计数器

图 6.23 所示为 4 位集成二进制异步加法计数器 74LS197 的引脚排列图和逻辑功能示意图。$\overline{CR}$ 是清零端，$CT/\overline{LD}$ 是计数或置数使能端，CP_0 是触发器 F_0 的时钟输入端，CP_1 是触发器 F_1 的时钟输入端，$D_0 \sim D_3$ 是并行数据输入端，$Q_0 \sim Q_3$ 是状态输出端。74LS197 内部由 4 个直接耦合主从触发器组成，通过内部互连组成一个 2 分频和一个 8 分频计数器。

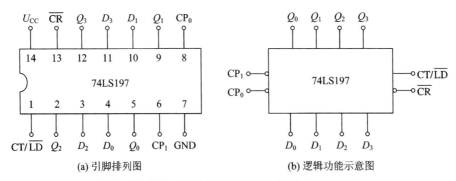

(a) 引脚排列图   (b) 逻辑功能示意图

图 6.23 74LS197 的引脚排列图和逻辑功能示意图

表 6.10 所示为 74LS197 的功能表。

表 6.10　74LS197 的功能表

$\overline{CR}$	$CT/\overline{LD}$	CP_0	CP_1	Q_3	Q_2	Q_1	Q_0
0	×	×	×	0	0	0	0(异步清零)
1	0	×	×	D_3	D_2	D_1	D_0(异步置数)
1	1	CP	×	二进制加法计数			
1	1	×	CP	八进制加法计数			
1	1	CP	Q_0	十六进制加法计数			

由表 6.10 可知 74LS197 具有以下功能:

(1) 当 $\overline{CR}=0$ 时异步清零。

(2) 当 $\overline{CR}=1$、$CT/\overline{LD}=0$ 时,异步置数。

(3) 当 $\overline{CR}=CT/\overline{LD}=1$ 时,异步加法计数。若将输入时钟脉冲 CP 加在 CP_0 端、把 Q_0 与 CP_1 连接起来,则构成了 4 位二进制(即十六进制)异步加法计数器。若将 CP 加在 CP_1 端,则构成了 3 位二进制(即八进制)计数器,FF_0 不工作。如果只将 CP 加在 CP_0 端,CP_1 接 0 或 1,则形成 1 位二进制(即二进制)计数器,FF_0 工作,$FF_1 \sim FF_3$ 不工作。因此,也把 74LS197 称为二-八-十六进制计数器。

6.3.2　十进制计数器

十进制计数器

1. 十进制同步计数器

1) 十进制同步加法计数器

十进制计数器通常是按照 8421BCD 码进行计数的,由于十进制计数器的每一个状态都是 4 位二进制代码,所以需要四个触发器构成。图 6.24 所示为 4 个下降沿触发的 JK 触发器构成的十进制同步加法计数器的逻辑图,它是从 4 位二进制同步加法计数器的基础上演变而来的。

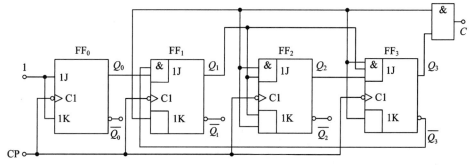

图 6.24　十进制同步加法计数器的逻辑图

输出方程为

$$C=Q_3^n Q_0^n$$

驱动方程为

$$J_0=K_0=1$$

$$J_1 = \bar{Q}_3^n Q_0^n, \ K_1 = Q_0^n$$

$$J_2 = K_2 = Q_1^n Q_0^n$$

$$J_3 = Q_2^n Q_1^n Q_0^n, \ K_3 = Q_0^n$$

将上述驱动方程代入 JK 触发器的特性方程，得到电路的状态方程为

$$Q_0^{n+1} = \bar{Q}_0^n$$

$$Q_1^{n+1} = \bar{Q}_3^n Q_0^n \bar{Q}_1^n + \bar{Q}_0^n Q_1^n$$

$$Q_2^{n+1} = Q_1^n Q_0^n \bar{Q}_2^n + \overline{Q_1^n Q_0^n} Q_2^n$$

$$Q_3^{n+1} = Q_2^n Q_1^n Q_0^n \bar{Q}_3^n + \bar{Q}_0^n Q_3^n$$

根据以上状态方程列出电路的状态表，如表 6.11 所示。

表 6.11　十进制同步加法计数器的状态表

Q_3^n	Q_2^n	Q_1^n	Q_0^n	Q_3^{n+1}	Q_2^{n+1}	Q_1^{n+1}	Q_0^{n+1}	C
0	0	0	0	0	0	0	1	0
0	0	0	1	0	0	1	0	0
0	0	1	0	0	0	1	1	0
0	0	1	1	0	1	0	0	0
0	1	0	0	0	1	0	1	0
0	1	0	1	0	1	1	0	0
0	1	1	0	0	1	1	1	0
0	1	1	1	1	0	0	0	0
1	0	0	0	1	0	0	1	0
1	0	0	1	0	0	0	0	1
1	0	1	0	1	0	1	1	0
1	0	1	1	0	1	0	0	1
1	1	0	0	1	1	0	1	0
1	1	0	1	0	1	0	0	1
1	1	1	0	1	1	1	1	0
1	1	1	1	0	0	0	0	1

根据表 6.11 画出该计数器的状态图，如图 6.25 所示。

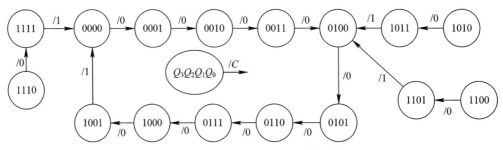

图 6.25　十进制同步加法计数器的状态图

由图 6.25 可以看出，该计数器的有效状态为 0000～1001，并且在有效循环内是按 8421 码进行加法计数的。1010～1111 这 6 个状态均为无效状态，因为从任意一个无效状态开始，在 CP 脉冲的作用下电路都能回到有效循环，所以该电路具有自启动能力。

　　图 6.26 所示为十进制同步加法计数器的时序图。从初始状态 0000 开始，经过 9 个 CP 脉冲的下降沿后，计数状态为最大值 1001，C 输出 1。在第 10 个 CP 脉冲的下降沿到来后，计数器返回到原来的状态，输出 C 由 1 变为 0。可以利用 C 的这一下降沿作为向高位计数器的进位信号。实际上，进位信号也可直接取自触发器 FF_3 的输出 Q_3。

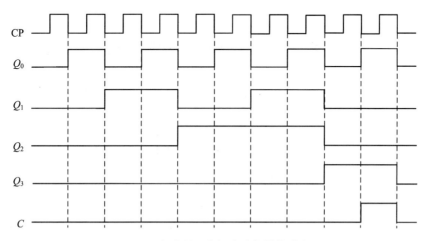

图 6.26　十进制同步加法计数器的时序图

2）十进制同步减法计数器

　　图 6.27 是十进制同步减法计数器的逻辑图。它是从 4 位二进制同步减法计数器电路的基础上演变而来的。为了实现从 $Q_3Q_2Q_1Q_0=0000$ 状态减 1 后跳变成 1001 状态，在电路处于全 0 状态时，用图中与非门和 Q_3 输出的低电平分别将触发器 J_1 和 J_2 前面的与门封锁，使得 $J_1=J_2=0$。于是当下一个计数脉冲到达后 FF_1 和 FF_2 维持 0 不变，而 FF_0 和 FF_3 翻成 1。当继续输入减法计数脉冲时，电路的工作情况就与二进制同步减法计数器一样了。

　　图 6.28 和图 6.29 分别是十进制同步减法计数器的状态图和时序图。

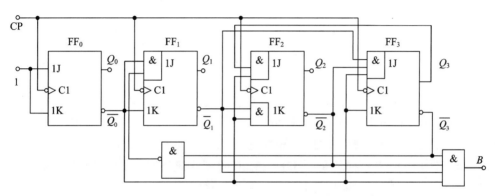

图 6.27　十进制同步减法计数器的逻辑图

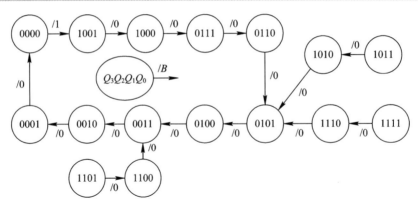

图 6.28　十进制同步减法计数器的状态图

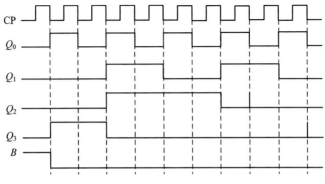

图 6.29　十进制同步减法计数器的时序图

由图 6.28 可以看出，该计数器的有效状态为 $0000 \sim 1001$，共 10 个，并且在有效循环中计数器是按照 8421 码进行减法计数的，因此该计数器是一个十进制同步减法计数器。从 $1010 \sim 1111$ 这 6 个无效状态中的任意一个状态开始，都能回到有效循环，因此该电路能自启动。

由图 6.29 可以看出，第一个 CP 下降沿到达后，输出 B 由 1 变为 0，可以利用 B 的这一下降沿作为向高位计数器的借位信号。实际上，借位信号 B 也可直接取自触发器 FF_3 的输出 $\overline{Q}_3$。

3）十进制同步可逆计数器

十进制加法计数器和十进制减法计数器用与或门组合起来，并用 $\overline{U}/D$ 作为加减控制信号，即可获得十进制同步可逆计数器。

4）集成十进制同步计数器

集成同步十进制计数器有加法计数器和可逆计数器两大类，均采用 8421BCD 编码。

集成同步十进制加法计数器有 74160、74LS160、74162、74LS162、CC4518 等型号的芯片。74160、74162 的引脚排列图、逻辑功能示意图与 74161、74163 相同（都与图 6.16 所示的 74LS161 相同）。其不同的是，74160 和 74162 是十进制同步加法计数器，而 74161 和 74163 是 4 位二进制（十六进制）同步加法计数器。此外，74160 和 74162 的区别是，74160 采用的是异步清零方式，而 74162 采用的是同步清零方式。

集成同步十进制可逆计数器有 74192、74LS192、74168、74LS168、74190、74LS190、CC4510、CC40192 等型号的芯片。

74190 是单时钟集成十进制同步可逆计数器，其引脚排列图和逻辑功能示意图与 74191 相同。

74192 是双时钟集成十进制同步可逆计数器，其引脚排列图和逻辑功能示意图与 74193 相同。

2. 十进制异步计数器

1）十进制异步加法计数器

图 6.30 所示为四个下降沿触发的 JK 触发器组成的十进制异步加法计数器的逻辑图。

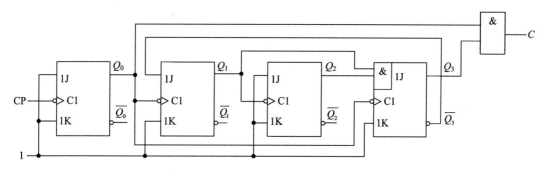

图 6.30　十进制异步加法计数器的逻辑图

时钟方程为

$$CP_0 = CP$$
$$CP_1 = Q_0$$
$$CP_2 = Q_1$$
$$CP_3 = Q_0$$

输出方程为

$$C = Q_3^n Q_0^n$$

驱动方程为

$$J_0 = K_0 = 1$$
$$J_1 = \overline{Q_3^n}, \ K_1 = 1$$
$$J_2 = K_2 = 1$$
$$J_3 = Q_2^n Q_1^n, \ K_3 = 1$$

将驱动方程代入 JK 触发器的特性方程中，得电路的状态方程为

$$Q_0^{n+1} = \overline{Q_0^n} \quad (CP \downarrow)$$
$$Q_1^{n+1} = \overline{Q_3^n}\,\overline{Q_1^n} \quad (Q_0 \downarrow)$$
$$Q_2^{n+1} = \overline{Q_2^n} \quad (Q_1 \downarrow)$$
$$Q_3^{n+1} = Q_2^n Q_1^n \overline{Q_3^n} \quad (Q_0 \downarrow)$$

根据以上状态方程列出状态表，如表 6.12 所示。

表 6.12　十进制异步加法计数器的状态表

Q_3^n	Q_2^n	Q_1^n	Q_0^n	Q_3^{n+1}	Q_2^{n+1}	Q_1^{n+1}	Q_0^{n+1}	C	CP_0	CP_1	CP_2	CP_3
0	0	0	0	0	0	0	1	0	↓			
0	0	0	1	0	0	1	0	0	↓	↓		↓
0	0	1	0	0	0	1	1	0	↓			
0	0	1	1	0	1	0	0	0	↓	↓	↓	↓
0	1	0	0	0	1	0	1	0	↓			
0	1	0	1	0	1	1	0	0	↓	↓		↓
0	1	1	0	0	1	1	1	0	↓			
0	1	1	1	1	0	0	0	0	↓	↓	↓	↓
1	0	0	0	1	0	0	1	0	↓			
1	0	0	1	0	0	0	0	1	↓	↓		↓
1	0	1	0	1	0	1	1	0	↓			
1	0	1	1	0	1	0	0	1	↓	↓	↓	↓
1	1	0	0	1	1	0	1	0	↓			
1	1	0	1	0	1	0	0	1	↓	↓		↓
1	1	1	0	1	1	1	1	0	↓			
1	1	1	1	0	0	0	0	1	↓	↓	↓	↓

计数器的状态图和时序图分别如图 6.31 和图 6.32 所示。

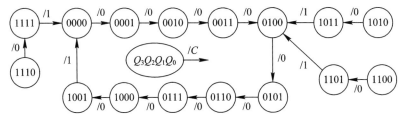

图 6.31　十进制异步加法计数器的状态图

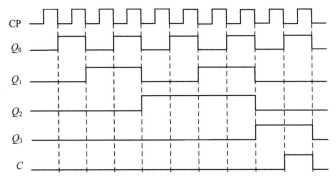

图 6.32　十进制异步加法计数器的时序图

2）十进制异步减法计数器

图 6.33 所示为十进制异步减法计数器的逻辑图，组成该计数器的是四个上升沿触发的 JK 触发器。按照异步时序逻辑电路的分析过程，可得该计数器的状态图和时序图，其分别如图 6.34 和图 6.35 所示。

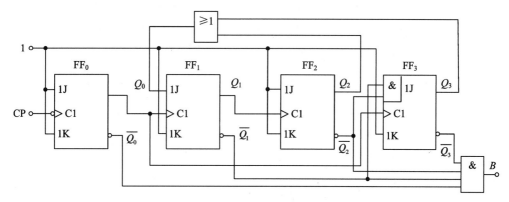

图 6.33　十进制异步减法计数器的逻辑图

异步计数器和同步计数器相比具有结构简单的优点。但是，异步计数器的各级触发器是以串行进位方式连接的，所以在最不利的情况下，要经过所有各级触发器传输延迟时间之和以后，新状态才能稳定建立起来。这个缺点使异步计数器的应用受到一定的限制。

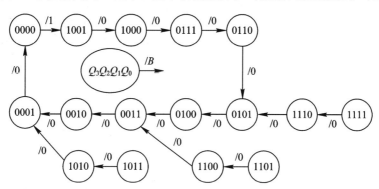

图 6.34　十进制异步减法计数器的状态图

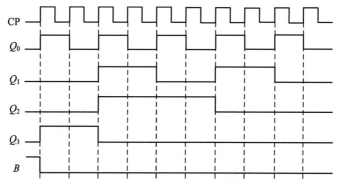

图 6.35　十进制异步减法计数器的时序图

3）集成十进制异步计数器

74LS90 是一种典型的集成异步计数器，可实现二-五-十进制计数。74LS90 的内部由四个主从触发器和一些附加门电路组成。其中，FF$_0$ 为 1 位二进制计数器，FF$_1$～FF$_3$ 构成异步五进制计数器，它们分别以 CP$_0$ 和 CP$_1$ 作为计数脉冲的输入端。这给使用者提供了较大的方便，既可以将 FF$_0$ 与 FF$_1$、FF$_2$、FF$_3$ 级连起来使用，组成十进制计数器，也可单独使用，组成二进制和五进制计数器。74LS90 的引脚排列图和逻辑功能示意图如图 6.36 所示。功能表见表 6.13。

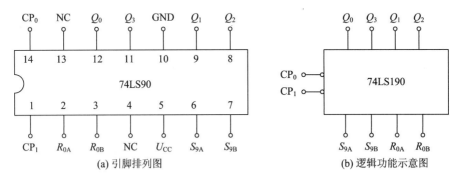

图 6.36　74LS90 的引脚排列图和逻辑功能示意图

表 6.13　74LS90 的功能表

输　入						输　出			
R_{0A}	R_{0B}	S_{9A}	S_{9B}	CP$_0$	CP$_1$	Q_0^{n+1}	Q_1^{n+1}	Q_2^{n+1}	Q_3^{n+1}
1	1	0	×	×	×	0	0	0	0（清零）
1	1	×	0	×	×	0	0	0	0（清零）
×	×	1	1	×	×	1	0	0	1（置 9）
×	0	×	0	↓	0	二进制计数			
×	0	0	×	0	↓	五进制计数			
0	×	×	0	↓	Q_0	8421 码十进制计数			
0	×	0	×	Q_3	↓	5421 码十进制计数			

由表 6.13 可见，74LS90 具有以下功能：

① 当 $R_{0A}R_{0B}=1$，且 $S_{9A}S_{9B}=0$ 时，计数器异步清零。

② 当 $S_{9A}S_{9B}=1$，不管其他输入端是何种状态，计数器异步置 9，即被置成 1001 状态。

③ 当外部 CP 仅送入 CP$_0$，而 CP$_1$ 接低电平时，仅 FF$_0$ 工作，由 Q_0 输出，电路为二进制计数器。

④ 当外部 CP 仅送入 CP$_1$，而 CP$_0$ 接低电平时，FF$_0$ 不工作，FF$_1$～FF$_3$ 工作，由 $Q_3Q_2Q_1$ 输出，电路为五进制计数器。

⑤ 当外部 CP 仅送入 CP$_0$，而 CP$_1$ 与 Q_0 相连时，FF$_0$～FF$_3$ 均工作，由 $Q_3Q_2Q_1Q_0$ 输出，电路按照 8421 码进行异步加法计数。

⑥ 当外部 CP 仅送入 CP$_1$，而 CP$_0$ 与 Q_3 相连时，电路为按照 5421 码计数的异步十进制加法计数器。

6.3.2　N 进制计数器

　　N 进制计数器可以利用门电路和触发器来构成，它们可以按照时序逻辑电路的分析方法进行分析。在实际工作中，主要是用集成计数器来构成 N 进制计数器的。这里仅介绍用集成计数器构成 N 进制计数器的方法。

　　中规模集成计数器由于体积小、功耗低、可靠性高等优点而得到了广泛的应用。从降低成本的角度来考虑，集成计数器的定型产品追求大的批量。因此，目前常见的计数器芯片在进制上只做成应用较广的几种类型，如十进制、十六进制、7 位二进制、12 位二进制、14 位二进制等。在需要其他进制的计数器时，只能在现有进制计数器的基础上，对其外电路进行不同的连接来实现。

　　用 M 进制集成计数器构成 N 进制计数器时，如果 $M>N$，则只需一片集成计数器即可；如果 $M<N$，则需多片 M 进制计数器。下面分别讨论两种情况下构成任意进制计数器的方法。

　　1. $M>N$ 的情况

　　在 M 进制计数器的顺序计数过程中，若设法使之跳过 $M-N$ 个状态，即可得到 N 进制计数器。实现跳跃的方法有反馈清零法和反馈置数法两种。

N 进制计数器（上）

　　1）反馈清零法

　　几乎所有的集成计数器都设有清零输入端，不过有同步清零和异步清零之分。对于具有异步清零输入端的计数器，当它从全 0 状态 S_0 开始计数并接收了 N 个计数脉冲以后，电路进入 S_N 状态。如果利用 S_N 状态译码产生一个清零信号加到计数器的异步清零端，则计数器将立即被清零，返回到 S_0 状态，这样计数器就可跳过 $M-N$ 个状态。

　　电路一旦进入 S_N 状态就立刻又变成 S_0 状态，S_N 状态瞬间即逝，因此在稳定的状态循环中不包含 S_N 状态。最终计数器始终在 $S_0 \sim S_{N-1}$ 这 N 个状态中循环计数，则计数器又称为 N 进制计数器。

　　对于具有同步清零输入端的计数器，由于清零端变为有效电平后计数器不会立刻被清零，而是要等下一个时钟信号到达后，才能将计数器清零。因而应该由 S_{N-1} 状态译码产生清零信号加到计数器的同步清零端，稳定的状态循环中包含 S_{N-1} 状态。

　　用反馈清零法设计 N 进制计数器的具体步骤如下：

　　① 写出状态 S_{N-1}（同步清零）或 S_N（异步清零）的二进制代码。

　　② 求反馈逻辑（即求清零端的逻辑表达式）。在利用反馈清零法构成的 N 进制计数器中，有 $M-N$ 个状态不会出现，对应的最小项可做无关项处理，利用这些无关项化简后，状态 S_{N-1}/S_N 中代码为 0 的各个触发器的输出变量可以被消去，所以译码时只需将状态 S_{N-1}/S_N 中代码为 1 的各个触发器的输出变量 Q 相乘即可。

　　设清零信号为 R，则反馈逻辑表达式为

$$R = \begin{cases} \prod Q(1) & \text{（清零端高电平有效）} \\ \overline{\prod Q(1)} & \text{（清零端低电平有效）} \end{cases}$$

　　式中：$\prod Q(1)$ 表示 S_{N-1}/S_N 状态编码中值为 1 的各 Q 相"与"。

③ 根据反馈逻辑画连线图。这里不仅要按反馈逻辑画出控制回路，还要将其他控制端按计数功能的要求接到规定电平。

【例 6-4】利用 74LS163 的清零端构成一个十一进制计数器。

解 （1）74LS163 为同步清零，写出状态 S_{N-1} 的二进制代码。

$$S_{N-1} = S_{11-1} = S_{10} = 1010$$

（2）求反馈逻辑。由于 74LS163 的清零端为低电平有效，所以

$$\overline{CR} = \overline{\prod Q(1)} = \overline{Q_3 Q_1}$$

（3）画连线图。图 6.37 所示为利用反馈清零法构成的同步十一进制加法计数器的连线图，其中 $D_0 \sim D_3$ 可以随意处理，现在都接 0。

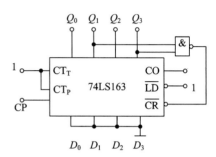

图 6.37　用 74LS163 构成的十一进制计数器

【例 6-5】试用 74LS161 构成十二进制计数器。

解 （1）74LS161 采用异步清零方式，写出状态 S_N 的二进制代码。

$$S_N = S_{12} = 1100$$

（2）求反馈逻辑。

$$\overline{CR} = \overline{\prod Q(1)} = \overline{Q_3 Q_2}$$

（3）画连线图。图 6.38 所示为利用反馈清零法构成的同步十二进制加法计数器的连线图。

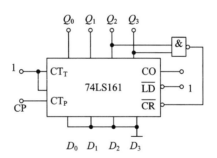

图 6.38　用 74LS161 构成的十二进制计数器

为了进一步说明反馈清零法设计的计数器的工作情况，图 6.39 给出了 74LS161 构成的十二进制计数器的工作波形。

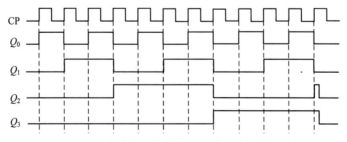

图 6.39　用异步清零法构成的十二进制计数器的波形图

由图 6.39 所示可以看出，计数器的循环状态为 0000～1011，共 12 种状态，每一种状态持续时间为一个 CP 周期。而 1100 是瞬态，其持续时间仅为一级与非门和一级触发器的

延迟时间(几十纳秒),其非常短暂,故不将其作为计数循环的有效状态,在列状态表、画状态图和时序图时,可不将其列入。

在例 6-5 中,由于清零信号随着计数器被清零而立即消失,因此清零信号持续时间极短。如果触发器的复位速度有快有慢,则可能动作慢的触发器还未来得及复位,清零信号已经消失,会导致电路误动作。因此,这种接法的电路可靠性不高。

为了克服这个缺点,常采用图 6.40 所示的改进电路。其改进思路是利用一个 RS 锁存器将 $\overline{CR}$ 暂存一下,从而保证清零信号有足够的作用时间,使计数器能够可靠清零。

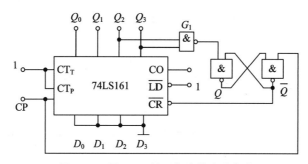

图 6.40 图 6.38 所示电路的改进电路

若计数器从 0000 状态开始计数,则第 12 个计数脉冲 CP 上升沿到达时计数器进入 1100 状态,与非门 G1 输出低电平,将 RS 锁存器置 1,$\overline{Q}$ 端的低电平立即将计数器置零。这时虽然 G1 输出的低电平消失了,但 RS 锁存器的状态保持不变,因而计数器的清零信号得以维持。直到 CP 回到低电平以后,RS 锁存器被置零,$\overline{Q}$ 端的低电平信号才消失。由此可见,加到 $\overline{CR}$ 端的清零信号宽度与 CP 高电平持续时间相等。

需要指出的是,除了对可靠性要求特别高的电路之外,一般都不采用改进电路。而且在有的计数器产品中,将门 G1 和 RS 锁存器组成的附加电路直接制作在计数器芯片上,使用起来十分方便。

2) 反馈置数法

反馈置数法是通过给计数器重复置入某个数值的方法跳跃 $M-N$ 个状态,从而获得 N 进制计数器的。置数操作可以在电路的任何一个状态下进行。反馈置数法适用于具有置数控制端的集成计数器,置数方式有同步置数和异步置数两种方式。

在计数过程中,对于具有同步置数端的计数器,可以将其输出的任何一个状态(记为 S_i)通过译码生成一个有效脉冲反馈至置数端,在下一个 CP 脉冲作用后,计数器就会把并行数据输入端 $D_3D_2D_1D_0$ 的值置入计数器。置数控制信号消失后,计数器就从被置入的状态(记为 S_0)开始重新计数。

对于具有异步置数端的计数器,只要置数控制信号一出现,就立即会将数据置入计数器中,而不受 CP 信号的控制。因此,具有异步置数端的计数器应从 S_{i+1} 状态译码产生置数控制信号。S_{i+1} 状态只在极短的瞬间出现,稳定的状态循环中不包含 S_{i+1} 状态。

可以看出,当置数控制端有效时,置入计数器中的数据为 $D_3D_2D_1D_0=0000$,则反馈置数法设计 N 进制计数器的步骤与反馈清零法相同;$D_3D_2D_1D_0\neq0000$,则只需将反馈清零法的设计步骤①稍加修改即可。下面举例加以说明。

【例 6 - 6】 试用 74LS197 设计一个十进制加法计数器，计数器的起始状态为 0011。

解 （1）74LS197 的置数端为异步方式，状态 S_{i+1} 的二进制代码为

$$S_{i+1} = S_0 + (N)_B = 0011 + 1010 = 1101$$

（2）反馈逻辑为

$$\overline{\text{CT/}\overline{\text{LD}}} = \overline{\overline{Q_3 Q_2 Q_0}}$$

（3）画连线图。图 6.41 所示是用 74LS197 的异步置数端构成的十进制计数器的连线图。74LS197 是二-八-十六进制计数器，要构成十进制计数器，要先把 74LS197 接成十六进制计数器，即把 CP 加到 CP_0，并把 CP_1 和 Q_0 连接起来。不用的清零端 $\overline{\text{CR}}$ 接高电平。

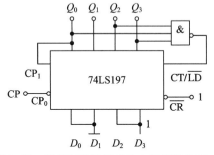

图 6.41　用 74LS197 构成的十进制计数器

可以看到，例 6 - 6 中采用的方法是取 M 进制计数器计数过程中中间的 N 个状态来构成 N 进制计数器的，在实际使用时，也可取其前 N 个状态或后 N 个状态来构成。图 6.42 和图 6.43 所示分别为这两种情况的连线图。

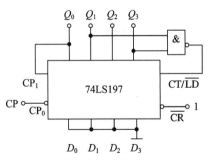

图 6.42　利用 74LS197 前 10 个状态
构成的十进制计数器

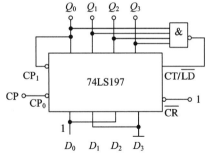

图 6.43　利用 74LS197 后 10 个状态
构成的十进制计数器

当取 M 进制计数器的后 N 个状态来构成 N 进制计数器时，由于需要计的最大数与所用计数器的最大计数相同，因此可以采用进位输出信号 CO 来实现反馈置数，如图 6.44 所示。

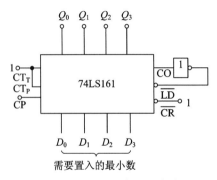

图 6.44　用 74LS161 的进位输出端构成的 N 进制计数器

2. M<N 的情况

在 $M<N$ 时，必须将多片 M 进制计数器级联起来扩大容量，才能构成 N 进制计数器。各 M 进制计数器之间的连接方式可分为串行进位方式、并行进位方式、整体反馈清零方式、整体反馈置数方式。

N 进制计数器（下）

若 N 可以分解为两个小于 M 的因数相乘，即 $N=N_1\times N_2$，则可先将两片 M 进制计数器分别构成 N_1 进制计数器和 N_2 进制计数器，再采用串行进位方式或并行进位方式将 N_1 进制计数器和 N_1 进制计数器级联起来，构成 N 进制计数器。

当 N 为大于 M 的素数时，则不能分解成 N_1 和 N_2，可先将两片 M 进制计数器采用串行进位方式或并行进位方式级联，然后再采用整体反馈清零方式或整体反馈置数方式构成 N 进制计数器。

异步计数器一般没有专门的进位信号输出端，通常可以用本级的高位输出信号作为下一级的时钟信号来驱动计数器进行计数（即采用串行进位方式来扩展容量）。图 6.45 所示为两片异步十进制计数器 74LS90 级联起来构成的模为 $10\times10=100$ 进制的计数器。

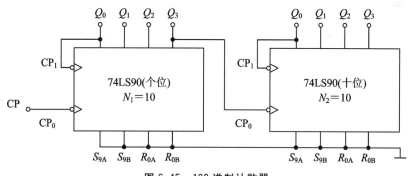

图 6.45 100 进制计数器

图 6.46 所示为一个四进制计数器和一个六进制计数器级联起来构成的二十四进制计数器。

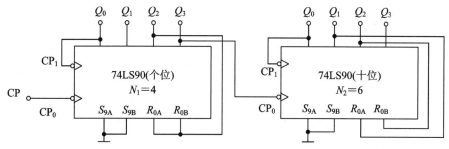

图 6.46 二十四进制计数器

图 6.47 所示是先用两片 74LS90 级联起来构成 100 进制计数器，再采用整体反馈清零的方式构成的六十四进制计数器。由图 6.47 可知，当十位计数器计数到 6，且个位计数器计数到 4 时，两个计数器同时异步清零，所以该计数器是六十四进制计数器。

同步计数器通常都有进位或借位输出端，可以选择合适的进位或借位输出信号来驱动下一级的计数器进行计数。同步计数器级联的方式有两种：一种是级间采用串行进位方式（即异步方式），这种方式是将低位计数器的进位输出直接作为高位计数器的时钟脉冲，这种方式的速度较慢；另一种是级间采用并行进位方式（即同步方式），这种方式一般是把各计数器的 CP 端连在一起接统一的时钟脉冲，而低位计数器的进位输出端接高位计数器的计数工作状态控制端。

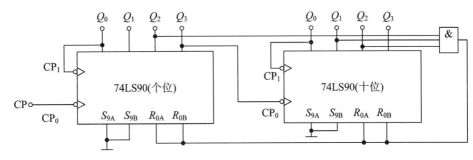

图 6.47　六十四进制计数器

图 6.48 所示是用两片 74LS161 同步级联构成的 8 位二进制，即二百五十六进制计数器。图 6.49 所示是用两片 74LS161 异步级联构成的二百五十六进制计数器。

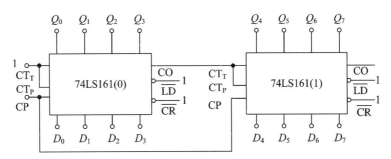

图 6.48　同步级联构成的二百五十六进制计数器

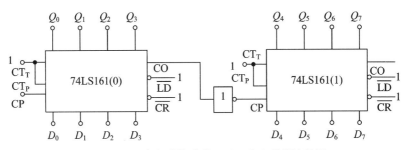

图 6.49　异步级联构成的二百五十六进制计数器

图 6.50 所示是用两片 74LS160 组成的四十八进制计数器。先将两芯片采用同步级联方式接成一百进制计数器，然后再借助 74LS160 异步清零功能，在输入第 48 个计数脉冲后，计数器输出状态为 01001000 时，与非门输出 0，加到两芯片异步清零端上，使计数器立即返回 00000000 状态。01001000 状态仅在极短的瞬间出现（过渡状态），这样就组成了四十八进制计数器。

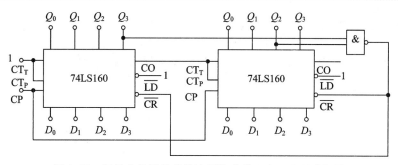

图 6.50　用异步清零端整体清零构成的四十八进制计数器

图 6.51 所示是用两片 74LS163 组成的八十六进制计数器。74LS163 为同步清零方式，当计数到 01010101（即 85）时，$\overline{CR}=0$。下一个 CP 脉冲到来时，计数器回到 0。故稳定的状态循环为 00000000～01010101，共 86 个状态。所以为八十六进制计数器。

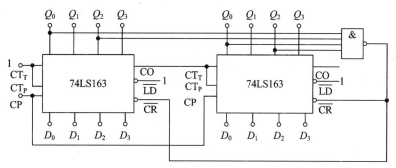

图 6.51　用同步清零端整体清零构成的八十六进制计数器

值得注意的是，用集成二进制计数器扩展容量后，终值 S_{N-1}/S_N 是二进制代码；用集成十进制计数器扩展容量后，终值 S_{N-1}/S_N 的代码是由个位、十位、百位的十进制数对应的 BCD 码构成的。

6.4　寄　存　器

在数字电路中，寄存器是用来存储二进制数据或代码的时序逻辑部件。一个触发器可以存储 1 位二进制代码，存储 n 位二进制代码的寄存器，需要用 n 个触发器来构成。为了保证正常存数，寄存器中还必须有适当的门电路组成控制电路。

寄存器存入数据的方式有并行输入和串行输入两种。并行输入是指数据从输入端同时输入到寄存器中，串行输入是指数据从一个输入端逐位输入到寄存器中。寄存器取出数据的方式也有并行输出和串行输出两种。

按照功能的不同，寄存器可分为基本寄存器和移位寄存器两大类。基本寄存器只能并行输入数据，需要时也只能并行输出数据。移位寄存器中的数据可以在移位脉冲的作用下依次逐位右移或左移，数据既可以并行输入/并行输出、也可以串行输入/串行输出、并行输入/串行输出、串行输入/并行输出，其应用十分灵活，用途也很广。

6.4.1 基本寄存器

基本寄存器也叫作数码寄存器,其接收数码的方式有两种:单拍式和双拍式。图 6.52 和图 6.53 分别表示了这两种方式的寄存器。

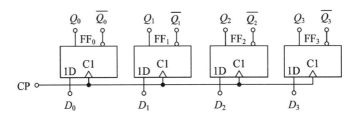

图 6.52 由 D 触发器构成的单拍式基本寄存器

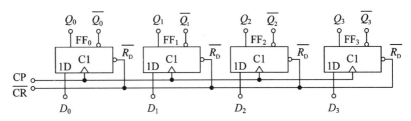

图 6.53 由 D 触发器构成的双拍式基本寄存器

由图 6.52 可以看到,无论寄存器中原来的内容是什么,只要送数控制时钟脉冲 CP 上升沿到来,加在并行数据输入端的数据 $D_0 \sim D_3$,就立即被送入进寄存器中,即有

$$Q_3^{n+1} Q_2^{n+1} Q_1^{n+1} Q_0^{n+1} = D_3 D_2 D_1 D_0$$

由于这种电路一步就完成了送数工作,故称作单拍式寄存器。

图 6.53 所示,电路分两步工作:第一步,异步清零。在接收数据前,用清零负脉冲使所有触发器恢复至"0"态(即 $\overline{CR} = 0$, $Q_3^n Q_2^n Q_1^n Q_0^n = 0000$);第二步,送数。$\overline{CR} = 1$ 时,无论寄存器中原来的内容是什么,只要送数控制时钟脉冲 CP 上升沿到来,加在并行数据输入端的数据 $D_0 \sim D_3$,就立即被送入寄存器中,即有

$$Q_3^{n+1} Q_2^{n+1} Q_1^{n+1} Q_0^{n+1} = D_3 D_2 D_1 D_0$$

由于这种电路需要两步才能完成送数工作,故称作双拍式寄存器。

6.4.2 移位寄存器

移位寄存器除了有寄存数码的功能,还有将数码移位的功能。在进行移位操作时,每来一个 CP 脉冲,寄存器里存放的数码依次向左或向右移动一位。移位寄存器是数字系统中的一个重要部件。例如,在计算机做乘法运算时,需要将部分积移位。又如在主机和外部设备之间传输数据时,需要将串行数据转换成并行数据,或将并行数据转换成串行数据。这些都需要对数据进行移位。

移位寄存器按移位方式进行分类,可分为单向移位寄存器和双向移位寄存器。单向移位寄存器具有左移或右移功能,双向移位寄存器则兼有左移和右移的功能。

1. 单向移位寄存器

图 6.54 所示为用 4 个 D 触发器构成的 4 位右移移位寄存器。

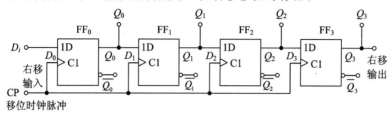

图 6.54　4 位右移移位寄存器逻辑图

因为从 CP 上升沿到达开始到输出端新状态的建立需要经过一段传输延迟时间，所以当 CP 上升沿同时作用于所有触发器时，它们输入端 D 的状态还没有改变。于是 FF_1 按照 Q_0 原来的状态翻转，FF_2 按照 Q_1 原来的状态翻转，FF_3 按照 Q_2 原来的状态翻转。同时，加到寄存器输入端 D_i 的代码送入 FF_0。总的效果相当于移位寄存器中原有的代码依次右移了 1 位。

设移位寄存器的初始状态为 0000，串行输入数码 $D_i=1101$，从高位到低位依次输入。在 4 个移位脉冲的作用下，串行输入的 4 位数码 1101 全部存入寄存器，并由 $Q_3Q_2Q_1Q_0$ 并行输出。其状态表和工作波形图分别见表 6.14 和图 6.55。

表 6.14　4 位右移移位寄存器的状态表

移位脉冲	输入数码	输　　出			
CP	D_i	Q_0	Q_1	Q_2	Q_3
0		0	0	0	0
1	1	1	0	0	0
2	1	1	1	0	0
3	0	0	1	1	0
4	1	1	0	1	1

由表 6.14 可以看到，经过 4 个 CP 脉冲，移位寄存器实现了代码的串行-并行转换。如果先将 4 位数码并行地置入移位寄存器的四个触发器中，然后连续加入 4 个 CP 脉冲，则移位寄存器中的 4 位数码将从串行输出端依次送出，从而实现了数据的并行-串行转换。

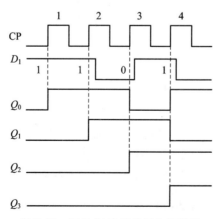

图 6.55　图 6.54 电路的工作波形图

图 6.56 所示为 4 位左移移位寄存器的逻辑图，该电路右边触发器的输出端接左邻触发器的输入端，其工作原理与右移移位寄存器没有本质区别。

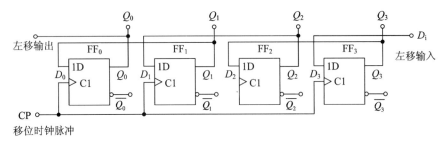

图 6.56 4 位左移移位寄存器逻辑图

2. 双向移位寄存器

将左移移位寄存器和右移移位寄存器组合起来，并引入移位控制端 M 便构成了既可左移又可右移的双向移位寄存器，如图 6.57 所示。其中，D_{SR} 为右移串行输入端；D_{SL} 为左移串行输入端。

由图 6.57 可得电路的驱动方程为

$$D_0 = \overline{\overline{D_{SR}M} + \overline{Q_1}\overline{M}}$$

$$D_1 = \overline{\overline{Q_0 M} + \overline{Q_2}\overline{M}}$$

$$D_2 = \overline{\overline{Q_1 M} + \overline{Q_3}\overline{M}}$$

$$D_3 = \overline{\overline{Q_3 M} + \overline{Q_{SL}}\overline{M}}$$

当 $M=1$ 时，$D_0 = D_{SR}$，$D_1 = Q_0$，$D_2 = Q_1$，$D_3 = Q_2$，寄存器右移。

当 $M=0$ 时，$D_3 = D_{SL}$，$D_2 = Q_3$，$D_1 = Q_2$，$D_0 = Q_1$，寄存器左移。

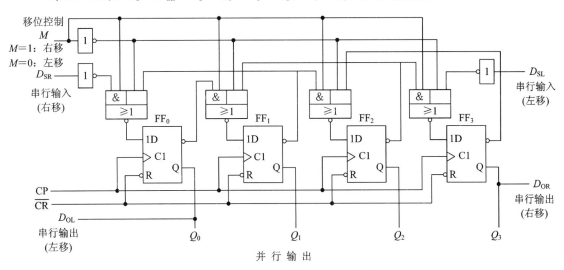

图 6.57 4 位双向移位寄存器逻辑图

3. 集成双向移位寄存器 74LS194

4 位双向移位寄存器 74LS194 的引脚排列图和逻辑功能示意图如图 6.58 所示。

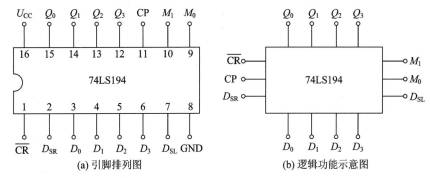

图 6.58 74LS194 的引脚排列图和逻辑功能示意图

74LS194 由 4 个主从 RS 触发器组成，$D_0 \sim D_3$ 为并行数据输入端，$Q_0 \sim Q_3$ 为并行数据输出端，D_{SR} 和 D_{SL} 分别为数据右移和左移输入端，$\overline{CR}$ 为异步清零端，M_1、M_0 为工作状态控制端。M_1、M_0 取不同组合时，移位寄存器的工作情况如表 6.15 所示。

表 6.15 74LS194 的功能表

$\overline{CR}$	M_1	M_0	CP	工作状态
0	×	×	×	清零
1	0	0	×	保持
1	0	1	↑	右移
1	1	0	↑	左移
1	1	1	×	并行输入

4．移位寄存器的应用

1）环形计数器

将移位寄存器的输出 Q_3 直接反馈到串行输入端 D_0，使寄存器工作在右移状态，就可构成环形计数器，如图 6.59 所示。

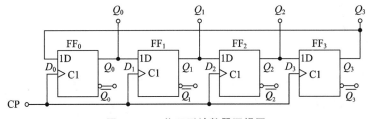

图 6.59 4 位环形计数器逻辑图

例如，电路原来的状态为 1000，在时钟脉冲的作用下，电路的状态依次变为 0100、0010、0001，然后又回到 1000 状态。如此周而复始，故又称作循环移位寄存器。用电路的不同状态可以表示输入时钟信号的个数，因此也可以把此电路作为时钟脉冲的计数器。

根据环形计数器的工作特点，不必列出其状态表即可直接画出状态图，如图 6.60 所示。

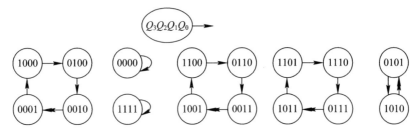

图 6.60　4 位环形计数器的状态图

如果取 $1000 \rightarrow 0100 \rightarrow 0010 \rightarrow 0001 \rightarrow 1000$ 的循环为有效循环，则同时还存在其他几种无效循环。而且，电路一旦脱离了有效循环后，就不会自动返回到有效循环中去，所以该环形计数器不能自启动。为了保证电路能正常工作，则必须先通过串行输入端或并行输入端将电路置成有效循环中的某个状态，然后才开始计数。

通过在电路的输出与输入之间接入适当的反馈逻辑电路，可以将不能自启动的电路修改为能自启动的电路。图 6.61 所示为能自启动的 4 位环形计数器。利用逻辑分析的方法，可以画出电路的状态图，如图 6.62 所示。

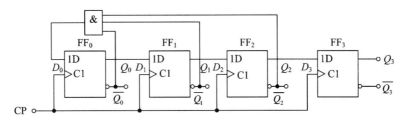

图 6.61　能自启动的 4 位环形计数器

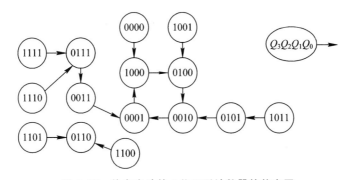

图 6.62　能自启动的 4 位环形计数器的状态图

图 6.63 所示为用 74LS194 构成的能自启动的环形计数器。这里选用循环移位一个 0，当启动端加一个负脉冲时，门 G_2 输出为 1，使得 $M_1 M_0 = 11$，寄存器执行并行输入功能，$Q_0 Q_1 Q_2 Q_3 = D_0 D_1 D_2 D_3 = 0111$。启动信号结束后，由于 $Q_0 = 0$，使得门 G_1 输出 1，门 G_2 输出 0，$M_1 M_0 = 01$，寄存器开始执行右移功能。在移位过程中，Q_0、Q_1、Q_2、Q_3 中总有一个为 0，使 $M_1 M_0 = 01$ 得以维持，移位操作不断进行下去。

图 6.64 所示为图 6.63 电路的时序图。可以看出，寄存器各输出端按固定时序轮流输出低电平脉冲，因此该电路也是一个顺序脉冲发生器。

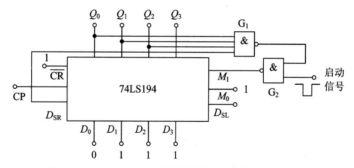

图 6.63　用 74LS194 构成的能自启动的环形计数器

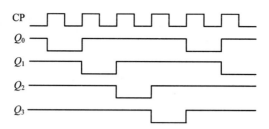

图 6.64　图 6.63 电路的时序图

环形计数器的优点是电路结构简单，它没有充分利用电路的状态。用 n 位移位寄存器组成的环形计数器只利用了 n 个状态，而电路总共有 2^n 个状态，这显然是一种浪费。

2）扭环形计数器

为了增加有效计数状态，扩大计数器的模，对反馈逻辑稍作修改，即可得到扭环形计数器，如图 6.65 所示。

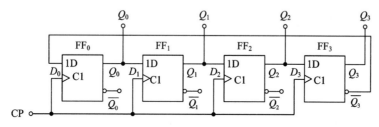

图 6.65　4 位扭环形计数器

图 6.66 所示为 4 位扭环形计数器的状态图。不难看出，用 n 位移位寄存器组成的扭环形计数器可以得到含有 $2n$ 个有效状态的循环，状态利用率较环形计数器提高了一倍。

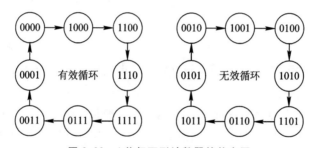

图 6.66　4 位扭环形计数器的状态图

图 6.67 所示为用 74LS194 构成的 4 位扭环形计数器。

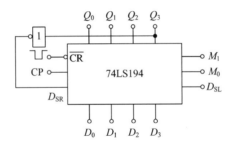

图 6.67　用 74LS194 构成的 4 位扭环形计数器

图 6.66 和图 6.67 所示电路都不能自启动。为了实现电路的自启动，可将图中所示电路的反馈逻辑稍加修改，附加必要的门电路，即可得到能自启动的扭环形计数器。

扭环形计数器的优点是计数器每次状态变化时仅有一个触发器翻转，因此在将电路状态译码时不会产生竞争冒险现象；缺点是计数器仍然没有利用电路的所有状态，有 $2^n - 2n$ 个状态没有利用。

6.5　时序逻辑电路设计

时序逻辑电路设计又称作时序逻辑电路综合，其任务是根据电路给定的逻辑功能需求，设计出满足这一功能的时序逻辑电路，设计结果应力求简单。

6.5.1　同步时序逻辑电路设计

同步时序逻辑电路设计的一般步骤如下：

（1）建立原始状态图或状态表。通常情况下，时序逻辑电路的逻辑功能是通过文字或图形来描述的，首先必须把它们变换成规范的状态图或状态表。其具体过程是：首先，根据给定的逻辑功能确定输入变量、输出变量，以及电路的状态数；然后，假定一个初始状态，以该状态作为现态，根据输入条件确定输出及次态；以此类推，直到把每一个状态的输出和向下一个可能转换的状态全部找出。

原始状态图是设计时序逻辑电路的关键。因此，画好原始状态图后，应该仔细检查，以确保状态图的正确性以及没有遗漏的状态。

（2）化简状态。化简状态是建立在等价状态的基础上。凡是在输入相同时，输出相同以及要转换到的次态也相同的状态，都是等价状态。化简状态的目的就是将等价状态进行合并，以求得最简的状态转换图。

（3）分配状态。分配状态又称作状态编码或状态赋值，就是对每个状态指定一个特定的二进制代码。如果用 M 表示电路的状态数，用 n 表示要使用的二进制代码的位数，则一般应满足如下关系：

$$2^{n-1}<M\leqslant 2^n$$

二进制代码的位数确定以后，分配方案可能有很多。分配方案选择得当，则设计的电路就简单；反之，分配方案选择不当，设计的电路就会复杂。如何获得最佳的分配方案，目前尚无普遍且有效的方法，常常要经过仔细研究，反复比较后才能得到较好的方案。

分配状态完成后，便可画出电路的二进制状态图和状态表。

（4）选择触发器类型，求出状态方程、输出方程、驱动方程。可供选择的触发器有 JK 触发器和 D 触发器。触发器选好后，根据电路的状态图或状态表，用图形法或公式法对逻辑函数进行化简，就可以求出电路的状态方程和输出方程；然后将状态方程与触发器的特性方程做比较，即可求出驱动方程。

（5）画逻辑电路图，并检查电路能否自启动。根据电路的驱动方程和输出方程，可以画出基于触发器的逻辑电路图。如果设计的电路存在无效状态，则应检查电路能否自启动。如果不能自启动，则需修改设计。

需要说明的是，上述步骤是设计同步时序逻辑电路的一般过程。在实际设计中，以上步骤并不是每一步都必须执行的，可根据具体情况简化或省略一些步骤。

【例 6 - 7】 设计一个带进位输出端的同步七进制加法计数器。

解 （1）建立原始状态图。依题意，七进制计数器应该有七个有效状态，设这七个状态分别为 S_0、S_1、S_2、$\cdots$、S_6。取进位输出信号为 Y，同时规定有进位输出时，$Y=1$；无进位输出时，$Y=0$。电路的状态图如图 6.68 所示。

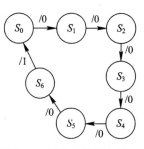

图 6.68 例 6.7 的状态图

图 6.68 所示的状态图已经是最简状态图，不能再化简。

（2）分配状态。采用自然态序 3 位二进制编码，有 $S_0=000$，$S_1=001$，$\cdots$，$S_6=110$。根据分配状态的结果可以列出状态表，如表 6.16 所示。

表 6.16 例 6 - 7 的状态表

Q_2^n	Q_1^n	Q_0^n	Q_2^{n+1}	Q_1^{n+1}	Q_0^{n+1}	Y
0	0	0	0	0	1	0
0	0	1	0	1	0	0
0	1	0	0	1	1	0
0	1	1	1	0	0	0
1	0	0	1	0	1	0
1	0	1	1	1	0	0
1	1	0	0	0	0	1

（3）选择触发器类型，求状态方程、输出方程、驱动方程。由于状态编码的位数 $n=3$，因此需要三个触发器来构成计数器。现选用 3 个下降沿触发的 JK 触发器，分别用 FF_0、FF_1、FF_2 表示。由表 6.16 所示画出次态卡诺图，如图 6.69 所示。由于计数器在正常工作时状态 111 不会出现，因此可以将 $Q_2^n Q_1^n Q_0^n$ 这个最小项作为无关项处理，在卡诺图中用"×"表示。

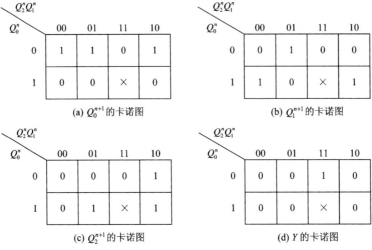

图 6.69 例 6-7 的卡诺图

由图 6.69(a)、(b)、(c)得状态方程为

$$Q_0^{n+1} = \bar{Q}_2^n \bar{Q}_0^n + \bar{Q}_1^n \bar{Q}_0^n$$

$$Q_1^{n+1} = \bar{Q}_1^n Q_0^n + \bar{Q}_2^n Q_1^n \bar{Q}_0^n$$

$$Q_2^{n+1} = \bar{Q}_2^n Q_1^n Q_0^n + Q_2^n \bar{Q}_1^n$$

由图 6.69(d)得输出方程为

$$Y = Q_2^n Q_1^n$$

变换状态方程，使之与所选择 JK 触发器的特性方程一致。其状态方程为

$$Q_0^{n+1} = \overline{Q_2^n Q_1^n} \bar{Q}_0^n + \bar{1} Q_0^n$$

$$Q_1^{n+1} = Q_0^n \bar{Q}_1^n + \bar{Q}_2^n \bar{Q}_0^n Q_1^n$$

$$Q_2^{n+1} = Q_1^n Q_0^n \bar{Q}_2^n + \bar{Q}_1^n Q_2^n$$

经比较，可得驱动方程为

$$J_0 = \overline{Q_2^n Q_1^n}, \ K_0 = 1$$

$$J_1 = Q_0^n, \ K_1 = \overline{\bar{Q}_2^n \bar{Q}_0^n}$$

$$J_2 = Q_1^n Q_0^n, \ K_2 = Q_1^n$$

(4) 画逻辑图。由驱动方程和输出方程画出计数器的逻辑图，如图 6.70 所示。

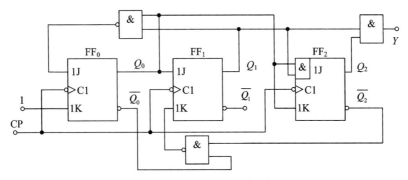

图 6.70 七进制计数器的逻辑图

（5）检查电路的自启动能力。将无效状态 111 代入状态方程，计算得其次态为 000，故电路能自启动。

【**例 6 - 8**】设计一个序列脉冲检测器，当连续输入信号 110 时，该电路输出为 1，否则输出为 0。

解　（1）建立原始状态图。由设计要求可知，该电路有一个输入信号（用 X 表示）和一个输出信号（用 Z 表示）。电路的功能是对输入 X 的编码序列进行检测，一旦检测到 X 出现连续编码为 110 序列时，输出为 1，检测到其他编码序列时，则输出为 0。

经过分析，要求电路能记忆四种输入情况下的状态，分别用 S_0、S_1、S_2、S_3 表示这四种状态。其中，S_0 表示没有输入 1 以前的状态；S_1 表示输入一个 1 以后的状态；S_2 表示连续输入两个 1 以后的状态；S_3 表示输入 110 以后的状态。从初始状态 S_0 开始，电路可能的输入有 $X=0$ 和 $X=1$ 两种。当 CP 脉冲相应边沿到来时，若 $X=0$，则应维持在 S_0 状态；若 $X=1$，则应转向 S_1 状态，表明电路已接收到一个 1。当在 S_1 状态时，若输入 $X=0$，则应回到初始状态 S_0，重新开始检测；若 $X=1$，则转向 S_2 状态，表明电路已连续接收到两个 1。在 S_2 状态时，若 $X=0$，表明已接收到要检测的序列 110，则输出 $Z=1$，同时进入状态 S_3；若 $X=1$，则应保持在 S_2 状态不变。在 S_3 状态时，若输入 $X=0$，则应返回 S_0 状态；若 $X=1$，则应转向 S_1 状态，重新开始检测。根据以上分析，可画出原始状态图，如图 6.71 所示。

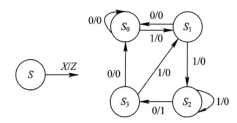

图 6.71　例 6 - 8 的状态图

（2）化简状态。经过观察，图 6.71 中的 S_0 和 S_3 是等价状态。当输入同为 0 时，输出都为 0，且次态都是 S_0；当输入同为 1 时，输出都为 0，且次态都是 S_1，所以 S_0 和 S_3 可以合并。这里选择去除 S_3。图 6.72 所示为化简后的最简状态图。

（3）分配状态。状态数 $M=3$，由于 $2^{n-1} < M \leqslant 2^n$，因此 $n=2$。可以用 2 位二进制代码组合（即 00，01，10，11）中的任意 3 个代码表示。这里选取：
$$S_0 = 00, \quad S_1 = 01, \quad S_2 = 11$$
编码后得到的二进制状态图如图 6.73 所示。

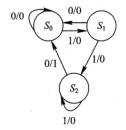　　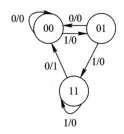

图 6.72　化简后的状态图　　　　**图 6.73　二进制状态图**

　　根据二进制状态图，可列出该电路的状态表，如表 6.17 所示。由于电路正常工作时不会出现 10 这个状态，因此可将 $Q_1^n \bar{Q}_0^n$ 这个最小项作为无关项处理，在状态表中用"×"表示。

表 6.17　例 6-8 的状态表

X	Q_1^n	Q_0^n	Q_1^{n+1}	Q_0^{n+1}	Z
0	0	0	0	0	0
0	0	1	0	0	0
0	1	0	×	×	×
0	1	1	0	0	1
1	0	0	0	1	0
1	0	1	1	1	0
1	1	0	×	×	×
1	1	1	1	1	0

　　（4）选择触发器，求出状态方程、输出方程和驱动方程。由于二进制代码的位数 $n=2$，所以需要 2 个触发器。这里选用 2 个下降沿触发的 JK 触发器。根据状态表画出各触发器次态和输出 Z 的卡诺图，如图 6.74 所示。

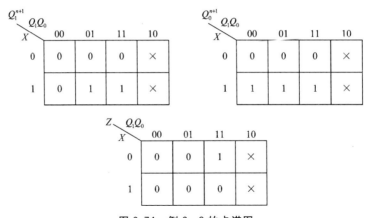

图 6.74　例 6-8 的卡诺图

　　根据图 6.74，得状态方程为
$$Q_1^{n+1} = X Q_0^n$$
$$Q_0^{n+1} = X$$

输出方程为
$$Z = \bar{X} Q_1^n$$

变换状态方程，使之与 JK 触发器的特性方程 $Q^{n+1} = J\bar{Q}^n + \bar{K}Q^n$ 形式一致。
$$Q_1^{n+1} = X Q_0^n (Q_1^n + \bar{Q}_1^n) = X Q_0^n \bar{Q}_1^n + X Q_0^n Q_1^n + X Q_1^n \bar{Q}_0^n = X Q_0^n \bar{Q}_1^n + X Q_1^n$$

$$Q_0^{n+1} = X \bar{Q}_0^n + X Q_0^n$$

将状态方程与 JK 触发器的特性方程作比较，可得驱动方程为
$$J_0 = X, \quad K_0 = \bar{X}$$
$$J_1 = X Q_0^n, \quad K_1 = \bar{X}$$

　　（5）画逻辑图，并检查电路的能否自启动。由驱动方程和输出方程画出电路的逻辑图，

如图 6.75 所示。

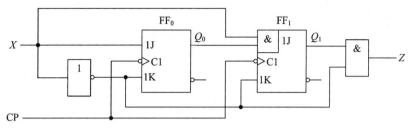

图 6.75 例 6-8 的逻辑电路图

将无效状态 10 代入状态方程计算，若 $X=0$，则次态为 00；若 $X=1$，则次态为 11，电路能自动进入有效循环。但是从输出 $Z=\bar{X}Q_1^n$ 来看，若电路在无效状态 10，当 $X=0$ 时，得出了错误的结果 $Z=1$。为了纠正这个错误，需对输出方程进行修改。将图 6.74 中输出 Z 的卡诺图中的无关项 $\bar{X}Q_1^n\bar{Q}_0^n$ 当做 0 处理，则输出方程变为 $Z=\bar{X}Q_1^n\bar{Q}_0^n$。根据此式对图 6.75 做相应修改即可。

6.5.2 异步时序逻辑电路设计

由于异步时序电路中各触发器的时钟脉冲不统一，因此设计异步时序逻辑电路要比同步电路多一步，就是为每个触发器选择一个合适的时钟信号（即求各触发器的时钟方程）。除此之外，异步时序电路的设计方法与同步时序电路的基本相同。下面通过例子说明一下异步时序逻辑电路的设计过程。

【例 6-9】设计一个按自然态序编码的异步六进制加法计数器，具体要求如图 6.76 所示。

（1）选择触发器，求时钟方程、输出方程、状态方程、驱动方程。这里选用 3 个上升沿触发的边沿 D 触发器，分别用 FF_0、FF_1、FF_2 表示。为了便于选取各个触发器的时钟信号，可以由电路的状态图画出其时序图，如图 6.77 所示。

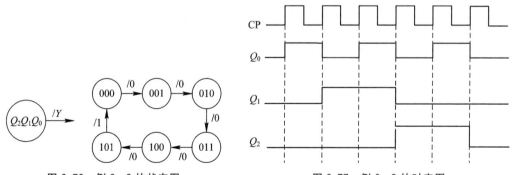

图 6.76 例 6-9 的状态图　　　图 6.77 例 6-9 的时序图

为触发器挑选时钟信号的原则：第一，凡是要求触发器翻转的时刻，都必须有时钟信号发生；第二，在满足翻转要求的条件下，触发沿越少越好，这将有利于触发器状态方程和驱动方程的化简。根据上述原则，选定时钟方程为

$$CP_0=CP,\ CP_1=\bar{Q}_0,\ CP_2=\bar{Q}_0$$

根据上述时钟方程和图 6.76 所示的状态图，可列出该计数器的状态表，如表 6.18 所示。

表 6.18　例 6-9 的状态表

Q_2^n	Q_1^n	Q_0^n	Q_2^{n+1}	Q_1^{n+1}	Q_0^{n+1}	Y	CP_2	CP_1	CP_0
0	0	0	0	0	1	0			↑
0	0	1	0	1	0	0		↑	↑
0	1	0	0	1	1	0			↑
0	1	1	1	0	0	0	↑	↑	↑
1	0	0	1	0	1	0			↑
1	0	1	0	0	0	1	↑		↑

由表 6.18 可画出输出和触发器次态的卡诺图，如图 6.78 所示。其中，110 和 111 是无效状态，它们所对应的最小项可做无关项处理。

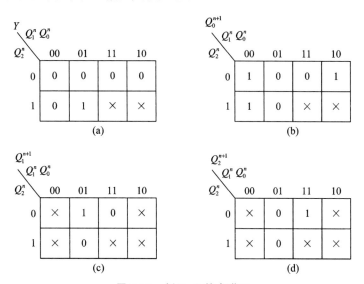

图 6.78　例 6-9 的卡诺图

在图 6.78 的 4 个卡诺图中，把没有时钟信号的次态也作为无关项处理，以利于状态方程的化简。由图 6.78 可得电路的输出方程为

$$Y = Q_2^n Q_0^n$$

状态方程为

$$Q_0^{n+1} = \bar{Q}_0^n$$

$$Q_1^{n+1} = \bar{Q}_2^n \bar{Q}_1^n, \quad Q_2^{n+1} = Q_1^n$$

将状态方程与 D 触发器的特性方程 $Q^{n+1} = D$ 进行比较，得驱动方程为

$$D_0 = \bar{Q}_0^n, \quad D_1 = \bar{Q}_2^n \bar{Q}_1^n, \quad D_2 = Q_1^n$$

（2）画逻辑图，并检查电路能否自启动。根据所选用的触发器和求得的时钟方程、输出方程、驱动方程，即可画出如图 6.79 所示的逻辑图。

将无效状态 110 和 111 代入状态方程计算。当 $Q_2^n Q_1^n Q_0^n = 110$ 时，求得 $Q_2^{n+1} Q_1^{n+1} Q_0^{n+1} = 111$；当 $Q_2^n Q_1^n Q_0^n = 111$ 时，$Q_2^{n+1} Q_1^{n+1} Q_0^{n+1} = 100$。由此可见，电路可以从无效状态进入有效状态，其能自启动。

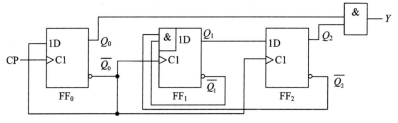

图 6.79　例 6-9 的逻辑电路图

第 6 章拓展阅读

你知道吗？

通过本章的学习，我们知道在计算机中普遍使用的存储单元和计算单元都已使用了集成电路。集成电路现在已经从小规模、中规模、大规模发展到了超大规模，其集成度越来越大。可是你知道吗？世界上第一块集成电路只是用几根电线将五个电子元件连接在一起的电路，集成电路从诞生到现在只有 70 年而已，在短短的发展史中，有无数的科学家为之奋斗，当然也少不了中国科学家。作为集成电路的经典产品——智能手机在未来会怎样发展呢？

本 章 小 结

1．时序逻辑电路的特点是：电路在任何时刻的输出不仅和输入有关，而且还取决于电路原来的状态。时序逻辑电路通常由组合电路和存储电路组成，且有记忆功能。存储电路通常是以触发器为基本单元构成电路。

2．时序逻辑电路按时钟控制方式的不同可分为同步时序逻辑电路和异步时序逻辑电路。前者所有触发器的时钟输入端 CP 连在一起，在同一个时钟脉冲 CP 的作用下，凡具备翻转条件的触发器在同一时刻翻转；后者时钟脉冲 CP 只触发部分触发器，其余触发器由电路内部信号触发。因此，其触发器的翻转不在同一输入时钟脉冲作用下同步进行。

3．时序逻辑电路的逻辑功能可用逻辑图、状态方程、状态表、卡诺图、状态图、时序图 6 种方法来描述，它们在本质上是相通的，可以互相转换。

4．时序逻辑电路的分析步骤是写出逻辑方程组（含驱动方程、状态方程、输出方程），列出状态表，画出状态图或时序图，指出电路的逻辑功能；而时序逻辑电路的设计，在画出状态图后，其余就是由状态图到逻辑图的转换。

5．计数器是记录输入脉冲 CP 个数的电路，是极具典型性和代表性的时序逻辑电路。计数器不仅可以用来计数，还可用于定时、分频、产生节拍脉冲、进行数字运算等。计数器按照 CP 脉冲的工作方式可分为同步计数器和异步计数器。这两种计数器各有优缺点，学习的重点是集成计数器的特点和功能应用。计数器可利用触发器和门电路构成。但在实际工作中，主要是利用集成计数器来构成。在用集成计数器构成 N 进制计数器时，需要利用清零端或置数控制端，让电路跳过某些状态来获得 N 进制计数器。

6. 寄存器是用来存放二进制数据或代码的电路，是一种基本时序电路。任何现代数字系统都必须把需要处理的数据和代码先寄存起来，以便随时取用。寄存器分为基本寄存器和移位寄存器两大类。移位寄存器不但可以存放数码，还可以对数码进行移位操作。移位寄存器有单向移位寄存器和双向移位寄存器。集成移位寄存器使用方便、功能全、输入/输出方式灵活，功能表是其正确使用的依据。移位寄存器常用于实现数据的串并行转换，构成环形计数器、扭环计数器、顺序脉冲发生器等。

本 章 习 题

1. 说明时序逻辑电路在功能上和结构上与组合逻辑电路有何不同？

2. 分析图 6.80 所示电路的逻辑功能，写出电路的驱动方程、状态方程和输出方程，画出电路的状态图，说明电路能否自启动。（五进制计数器，计数顺序是从 0 到 4 循环的，能自启动）

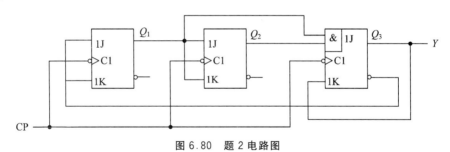

图 6.80　题 2 电路图

3. 分析图 6.81 所示电路的逻辑功能，写出电路的驱动方程、状态方程、输出方程，画出电路的状态图，A 为输入变量。（判断 A 是否连续输入四个和四个以上"1"信号，是则 $Y=1$，否则 $Y=0$。）

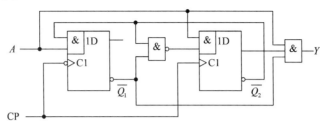

图 6.81　题 3 电路图

4. 试分析图 6.82 所示电路的逻辑功能，写出驱动方程、输出方程和状态方程，画出状态图，并检查电路的自启动能力。（七进制加法计数器，能自启动）

5. 分析图 6.83 所示电路，画出电路的状态转换图，检查电路能否自启动，并说明电路的实现的功能。（当 $A=0$ 时，电路作 2 位二进制加计数；当 $A=1$ 时，电路作 2 位二进制减计数，能自启动）

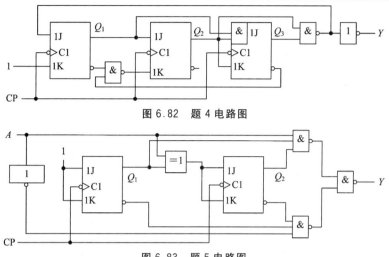

图 6.82　题 4 电路图

图 6.83　题 5 电路图

6. 试画出用两片 74LS194 组成 8 位双向移位寄存器的逻辑图。

7. 在图 6.84 所示的电路中，若两个移位寄存器中的原始数据分别为 $A_3A_2A_1A_0=1001$，$B_3B_2B_1B_0=0011$，试问经过 4 个 CP 信号作用后，两个寄存器中的数据如何变化？这个电路完成什么功能？（该电路的功能为全加器）

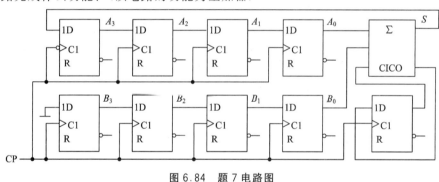

图 6.84　题 7 电路图

8. 分析图 6.85 所示电路，分析这是几进制的计数器。（七进制计数器，计数顺序是 3—9 循环）

9. 分析图 6.86 所示的计数器电路，画出电路的状态转换图，说明这是几进制的计数器。（十进制计数器，计数顺序是 0—9 循环）

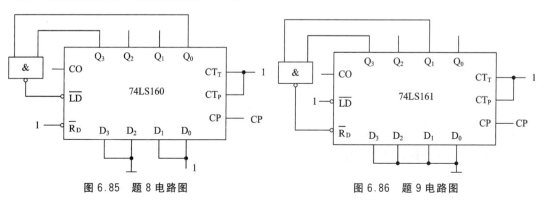

图 6.85　题 8 电路图　　　　　　　　　　图 6.86　题 9 电路图

10. 试分析图 6.87 所示的计数器在 $M=1$ 和 $M=0$ 时各为几进制。($M=1$ 时为六进制计数器，$M=0$ 时为八进制计数器。)

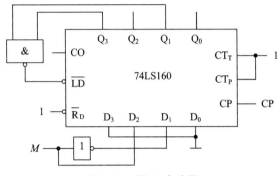

图 6.87　题 10 电路图

11. 图 6.88 所示是一个移位寄存器型计数器，试画出它的状态转换图，说明这是几进制计数器，能否自启动(五进制计数器，能够自启动)。

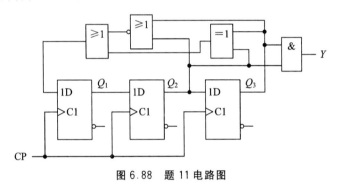

图 6.88　题 11 电路图

12. 试分析图 6.89 所示计数器电路的分频比(即 Y 与 CP 的频率之比)($1:63$)。

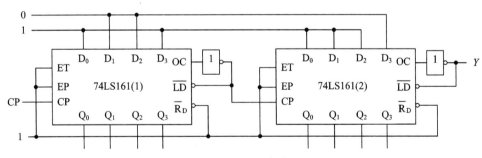

图 6.89　题 12 电路图

13. 分析如图 6.90 所示电路为几进制计数器(二十四进制)。

14. 试分别用下列方法设计一个七进制计数器。

(1) 利用 74LS90 的异步清零功能。

(2) 利用 74LS163 的同步清零功能。

(3) 利用 74LS161 的同步置数功能。

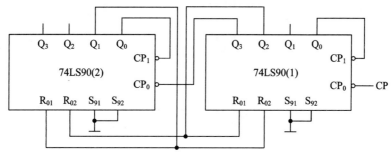

图 6.90　题 13 电路图

15. 试用 JK 触发器和门电路设计一个同步五进制加法计数器，并检查其能否自启动。

16. 试用 D 触发器和门电路设计一个同步十进制计数器，并检查其能否自启动。

17. 试用 D 触发器构成下列环形计数器。

（1）3 位环形计数器；

（2）5 位环形计数器；

（3）5 位扭环形计数器。

18. 试用 JK 触发器和门电路设计一个 4 位循环码计数器，它的状态表如表 6.19 所示。

表 6.19　题 18 的状态表

计数顺序	电路状态 $Q_4 Q_3 Q_2 Q_1$	进位输出 C	计数顺序	电路状态 $Q_4 Q_3 Q_2 Q_1$	进位输出 C
0	0000	0	8	1100	0
1	0001	0	9	1101	0
2	0011	0	10	1111	0
3	0010	0	11	1110	0
4	0110	0	12	1010	0
5	0111	0	13	1011	0
6	0101	0	14	1001	0
7	0100	0	15	1000	1

19. 设计一个按自然态序进行计数的同步加法计数器，要求当控制信号 $M=0$ 时为六进制，$M=1$ 时为三进制。

第 6 章　习题答案

第7章

脉冲波形的产生与变换

 知识点

- 施密特触发器常用的整形电路。
- 单稳态触发器是一种较为理想的脉冲整形与变换电路。
- 多谐振荡器没有稳定状态，只有两个暂稳态。
- 555 定时器是一种多用途的集成电路。

在数字系统中，常常需要边沿陡峭且脉冲的宽度和幅值有一定要求的信号，如时序逻辑电路中的时钟脉冲和控制过程中的定时信号等。获取这些脉冲信号的方法有两种：一种是利用脉冲振荡器直接产生；另一种是对已有的信号进行整形处理，使之符合系统的要求。

脉冲产生电路能够直接产生矩形脉冲或方波，它由开关器件和惰性电路组成。开关器件的通断可实现电路不同状态的转换，而惰性电路(由电容 C 或电感 L 组成)则用来控制暂态变化过程的快慢。典型的矩形脉冲产生电路有双稳态触发电路、单稳态触发电路、多谐振荡电路三种类型。

脉冲整形电路能够将其他形状的信号，如正弦波、三角波，以及一些不规则的波形变换成矩形脉冲。下面主要介绍施密特触发器、多谐振荡器、单稳态触发器、集成定时器这些用于脉冲产生、整形、定时的基本单元应用电路。

7.1　施密特触发器

施密特触发器(Schmitt Trigger)是一种常用的脉冲波形变换电路，它具有以下两个基本特点：

(1) 在输入信号从低电平上升和从高电平下降的两个过程中，使电路状态发生翻转的输入电平值不同，这种特性称为滞回特性或回差特性。

(2) 在电路状态转换时，电路内部的正反馈过程使输出电压波形的边沿变得陡峭。

利用施密特触发器的这两个基本特点，不仅能够将边沿变化缓慢的信号整形为边沿陡峭的矩形脉冲，而且可以有效去除叠加在矩形脉冲高、低电平上的一定幅度的噪声。

7.1.1 门电路构成的施密特触发器

1. 电路结构

将两个反相器串接,再通过分压电阻将电路的输出电压反馈到输入端,就构成了施密特触发器,如图 7.1 所示。

门电路施密特触发器

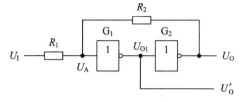

图 7.1 用反相器构造的施密特触发器

2. 工作原理

假设反相器 G_1 和 G_2 是 CMOS(Complementary Metal-Oxide-Semiconductor)电路,它们的阈值电压 $U_{TH} = \frac{1}{2}U_{DD}$,且 $R_1 < R_2$。当 $U_I = 0$ 时,因为 G_1 和 G_2 接成了正反馈电路,所以 $U_O = 0$,这时 $U_A = 0$;U_I 上升,U_A 上升,当 $U_A = U_{TH}$ 时,电路进入传输特性的放大区,所以 U_A 的增加将引发如下的正反馈过程:

$$U_A \uparrow \rightarrow U_{O1} \downarrow \rightarrow U_O \uparrow$$

于是电路的状态迅速地转换为高电平,由此可以求出 U_I 在上升过程中电路发生转换所对应的输入电平 U_{T+},即

$$U_I = U_{T+}$$

$$U_{TH} = \frac{R_2}{R_1 + R_2} U_{T+}$$

所以

$$U_A = U_{T+} = \left(1 + \frac{R_1}{R_2}\right) U_{TH} \tag{7-1}$$

U_{T+} 称为正向阈值电压。

当 U_I 由高电平下降时,U_{O1} 随之上升,U_A 下降,引发正反馈。

$$U_A \downarrow \rightarrow U_{O1} \uparrow \rightarrow U_O \downarrow$$

U_I 下降,U_A 下降,当下降到 $U_A = U_{TH}$ 时,电路的状态迅速转换为 $U_O = 0$,此时

$$U_I = U_{T-}$$

$$U_A = U_{TH} = U_{DD} - (U_{DD} - U_{T-}) \frac{R_2}{R_1 + R_2}$$

所以

$$U_\mathrm{I}=U_\mathrm{T-}=\left(1-\frac{R_1}{R_2}\right)U_\mathrm{TH} \tag{7-2}$$

$U_\mathrm{T-}$ 称为负向阈值电压。

若输入电压 U_I 为三角波,则可以画出输出端 U_O1、U_O 的波形。

由图 7.2 可知,施密特触发器的状态转换取决于其输入电压的大小。当输入电压 U_I 上升到略大于 $U_\mathrm{T+}$ 或下降到略小于 $U_\mathrm{T-}$ 时,施密特触发器的状态才会迅速翻转,从而输出边沿陡峭的矩形脉冲。施密特触发器的正向阈值电压 $U_\mathrm{T+}$ 与负向阈值电压 $U_\mathrm{T-}$ 之差,称为回差电压(BacklashVoltage),用 ΔU_T 表示,则 $\Delta U_\mathrm{T}=U_\mathrm{T+}-U_\mathrm{T-}=2\dfrac{R_1}{R_2}U_\mathrm{TH}$。

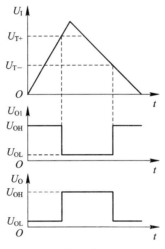

图 7.2　电路的工作波形

通过调节 R_1 和 R_2 的比值,可以改变 $U_\mathrm{T+}$、$U_\mathrm{T-}$、ΔU_T 的大小。电路中必须要保证 $R_1<R_2$,否则电路会进入自锁状态,不能正常工作。

3. 电压传输特性

由图 7.2 可知,若以 U_O 端作为电路的输出端,则当输入为高电平时输出也为高电平,当输入为低电平时输出也为低电平,称此类施密特触发器为同相输出施密特触发器;若以 U_O1 端作为电路的输出端,则输入与输出的情况正好相反,称此类施密特触发器为反相输出施密特触发器。它们的电压传输特性分别如图 7.3(a)、(b)所示。

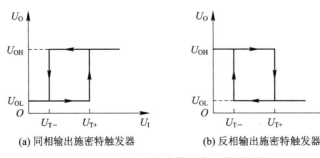

(a) 同相输出施密特触发器　　　　(b) 反相输出施密特触发器

图 7.3　施密特触发器的电压传输特性

反相输出施密特触发器和同相输出施密特触发器的逻辑符号分别如图 7.4(a)、(b)所示。

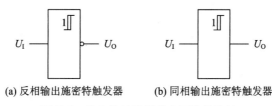

(a) 反相输出施密特触发器　　(b) 同相输出施密特触发器

图 7.4　施密特触发器的电压传输特性

由以上分析可以看出，施密特触发器的性质与前面介绍的各类触发器的性质截然不同，它的输出状态直接受控于输入信号的电平值(即只要输入信号变化到某一电平，电路就从一种稳定状态翻转为另一种稳定状态)，而且稳定状态的保持也与输入信号的电平值密切相关。

7.1.2　施密特触发器的典型应用

1. 波形变换

利用施密特触发器在状态转换过程中的正反馈作用，可以将正弦波、三角波等边沿变化缓慢的周期性信号变换为同频率的矩形波信号，其变换情况如图 7.5 所示。

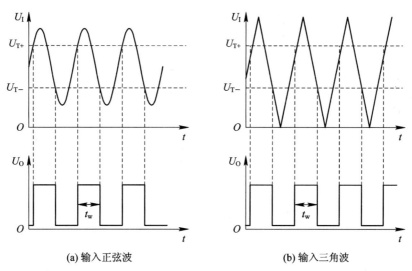

(a) 输入正弦波　　　　　　　(b) 输入三角波

图 7.5　用施密特触发器实现波形变换

2. 脉冲整形

在数字系统中，矩形脉冲经过传输后，其波形常常会发生畸变。当传输线上的电容较大时，矩形波的上升沿和下降沿都会明显地被延缓，如图 7.6(a)所示。如果传输线较长，且接收端的阻抗与传输线的阻抗不匹配，则会在波形的上升沿和下降沿产生阻尼振荡，如图 7.6(b)所示。这时，可以利用施密特触发器对波形进行整形，通过合理地设置 U_{T+} 和 U_{T-}，就可以获得理想的波形。

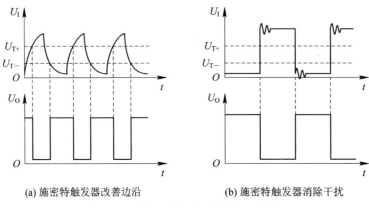

(a) 施密特触发器改善边沿　　　　　　(b) 施密特触发器消除干扰

图 7.6　用施密特触发器实现脉冲整形

3. 幅度鉴别

若将一系列幅度不等的脉冲信号加到施密特触发器的输入端,则只有那些幅值大于 U_{T+} 的脉冲才会在输出端产生脉冲信号。因此,施密特触发器也可用于脉冲信号幅度的鉴别,如图 7.7 所示。

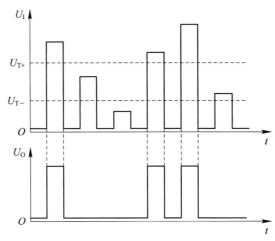

图 7.7　用施密特触发器实现幅度鉴别

4. 温度控制

采用电压比较器(Voltage Comparator)可以构成空调温度控制电路,当温度传感器(Temperature Sensor)检测到的实际温度值高于设定温度值(对应电压值为 U_s)时,电压比较器就会启动空调压缩机进行制冷,使温度下降。一旦实际温度值低于设定值,电压比较器的输出就会发生跃变,使压缩机停止工作。显然,这种控制方式势必造成压缩机的频繁启停,严重影响压缩机的使用寿命。上述温度控制电路能够达到较高的控制精度,但由于一般家用空调只需将温度控制在一定范围内,因此在实际的空调温度控制电路中,常采用施密特触发器作为温度比较器,这样可使空调压缩机的启动间隔加长,从而避免了压缩机的频繁启停。

7.2　单稳态触发器

7.2.1　单稳态触发器的基本特点

前面介绍的各类触发器都有两个稳定状态，因此它们也称为双稳态触发器。单稳态触发器则不同，其只有一个稳态，还有一个暂稳态。暂稳态是不能长久保持的状态。在暂稳态期间，电路中的某些电压和电流会发生变化。与双稳态触发器相比，单稳态触发器具有以下三个基本特点：

（1）有稳态和暂稳态两种工作状态。

（2）在没有外加触发信号时，电路处于稳态；在外加触发信号的作用下，电路由稳态进入暂稳态。电路在暂稳态维持一段时间后，又自动返回稳态。

（3）电路在暂稳态的维持时间仅由电路本身的阻容参数决定，与触发脉冲的宽度和幅度无关。

利用单稳态触发器可以制作出许多实用电路。例如，楼道灯控制电路，平时灯不亮，按下开关（相当于外加触发信号），灯点亮，一段时间后灯又自动熄灭。显然，楼道灯有两种状态：稳态时熄灭，暂稳态时点亮。

单稳态触发器可用在定时选通、脉冲整形、脉冲延时等电路中。

7.2.2　门电路构成的单稳态触发器

从电路结构上，单稳态触发器可分为微分型和积分型两类。微分型单稳态触发器含有 RC（Resistor-Capacitance circuit）微分电路，积分型单稳态触发器则含有 RC 积分电路。

门电路单稳态触发器

1. 微分型单稳态触发器

1）电路结构

微分型单稳态触发器由门电路和 RC 微分电路组成。其中，门电路既可以是 CMOS 系列，也可以是逻辑门电路（Transistor-Transistor-Logic，TTL）系列，既可以是与非门，也可以是或非门。图 7.8 所示为由 CMOS 或非门和 RC 微分电路构成的微分型单稳态触发器。

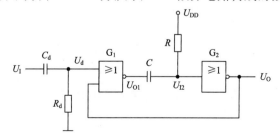

图 7.8　微分型单稳态触发器

当 $U_I=0$ 时，由于电容 C、C_d 均无充放电存在，相当于开路，因此有 $U_d=0$，$U_{I2}=U_{DD}$，$U_O=0$，$U_{O1}=U_{DD}$，电路处于稳定状态。

在输入端 U_I 处加一正脉冲，电路由稳态进入暂稳态。由于电容两端电压不能突变，所以，U_I 的上升沿将引起 U_d 的正跳变。当 $U_d=U_{TH}$ 时，将引发正反馈过程：

$$U_d\uparrow\rightarrow U_{O1}\downarrow\rightarrow U_{I2}\downarrow\rightarrow U_O\uparrow$$

使 U_{O1} 迅速跳变为低电平。由于电容 C 上的电压不可能发生突变，所以 U_{I2} 也同时跳变到低电平，并且使 U_O 跳变为高电平，电路进入暂稳态。与此同时，电容 C 开始充电。随着充电过程的进行，U_{I2} 逐渐升高，当升到 $U_{I2}=U_{TH}$ 时，又引发另一个正反馈：

$$U_{I2}\uparrow\rightarrow U_O\downarrow\rightarrow U_{O1}\uparrow$$

如果这时脉冲消失（U_d 回到低电平），则 U_{O1}、U_{I2} 跳变为高电平，并使输出返回 $U_O=0$ 的状态。同时，电容 C 经 R 放电，直至电容电压为 0 V，电路恢复到原来的状态。图 7.9 为单稳态触发器的触发工作波形。

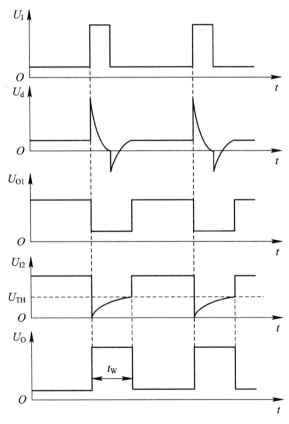

图 7.9　单稳态触发器的触发工作波形

2）参数介绍

单稳态触发器的性能常用以下几个参数来定量描述。

（1）输出脉冲宽度 t_W。从图 7.9 中可以知道，输出脉冲宽度 t_W 就是电容电压 U_C 从 0 到 $U_{TH}(U_{DD}/2)$ 所需要的时间。根据对 RC 电路过渡过程的分析可知，在电容充、放电过程中，电容上的电压 U_C 从充、放电开始到变化到某一个数值所经历的时间为

$$t_W = RC\ln\frac{U_{(\infty)} - U_{(0)}}{U_{(\infty)} - U_{(t)}}$$

由图 7.9 可知，$U_{(\infty)} = U_{DD}$，$U_{(0)} = 0$，$U_{(t)} = U_{TH}$，所以有

$$t_W = RC\ln\frac{U_{DD} - 0}{U_{DD} - U_{TH}} = RC\ln2 \approx 0.7RC \qquad (7-3)$$

由此可知，输出脉冲宽度仅与电路的 R、C 参数有关，与触发脉冲的宽度和幅度无关。因此，调节 R、C 的数值，即可改变输出脉冲的宽度。

（2）输出脉冲幅度 U_m。输出脉冲幅度 U_m 的计算式如下：

$$U_m = U_{OH} - U_{OL}$$

（3）恢复时间。在暂稳态结束后，要使电路完全恢复到触发前的稳定状态，还需要经历一段恢复时间，以使电容 C 在暂稳态期间所充的电荷释放掉（$U_C = 0$）。恢复时间一般为

$$t_{re} = (R + R_{ON})C$$

式中：R_{ON} 为门 G_1 的输出电阻。

2. 集成单稳态触发器

由逻辑门组成的单稳态触发器虽然电路结构简单，但存在触发方式单一、输出脉宽调节范围小、稳定性差等问题。为提高单稳态触发器的性能，目前在 TTL 和 CMOS 集成电路的产品中，都有多种单片集成的单稳态触发器，如 74LS121、74LS221、74HC123、MC14528/CD4528、MC14538\MC14098/CD4098 等。根据触发特性的不同，集成单稳态触发器可分为两类：一类是可重复触发型（Retriggerahle One-Shots），这类单稳态触发器在暂稳态期间能够接收新的触发信号，重新开始暂稳态过程；另一类是不可重复触发型（Nonretriggerable One-Shots），这类单稳态触发器在暂稳态期间不能接收新的触发信号，只能在稳态时接收触发信号，一旦被触发由稳态翻转到暂稳态后，即使再有新的触发信号到来，其既定的暂稳态过程也会照样进行下去，直至结束为止。两类单稳态触发器的逻辑符号如图 7.10 所示。

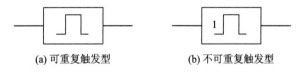

(a) 可重复触发型　　　　　　(b) 不可重复触发型

图 7.10　两类单稳态触发器的逻辑符号

1）不可重复触发型集成单稳态触发器

74LS121 是一种常用的不可重复触发型 TTL 单稳态触发器。它是在普通微分型单稳态触发器的基础上，增加输入控制电路和输出缓冲电路构成的，可实现上升沿和下降沿两种触发方式，其逻辑符号如图 7.11 所示，功能表如表 7.1 所示。

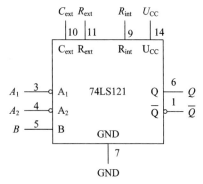

图 7.11 74LS121 的逻辑符号

表 7.1 74LS121 的功能表

输　入			输　出		输　入			输　出	
A_1	A_2	B	Q	$\overline{Q}$	A_1	A_2	B	Q	$\overline{Q}$
0	×	1	0	1	↓	1	1	⊓	⊔
×	0	1	0	1	↓	↓	1	⊓	⊔
×	×	0	0	1	0	×	↑	⊓	⊔
1	1	×	0	1	×	0	↑	⊓	⊔
1	↓	1	⊓	⊔					

由功能表 7.1 可知，74LS121 的触发信号可以从 A_1、A_2 或 B 的任何一端输入：① 当触发信号从 A_1 或 A_2 端输入，且 B 端接高电平时，可实现下降沿触发；② 当触发信号从 B 端输入，而 A_1、A_2 端中至少有一个接低电平时，可实现上升沿触发。74LS121 一经触发，立即进入暂稳态，在输出端 Q 和 $\overline{Q}$ 出现互补的脉冲。74LS121 的工作波形如图 7.12 所示。

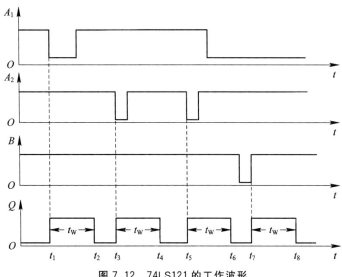

图 7.12 74LS121 的工作波形

图 7.11 中，R_{ext}、C_{ext} 是外接定时电阻和电容的连接端，外接定时电阻 $R(R=2\sim30\text{ k}\Omega)$ 接在 U_{CC} 和 R_{ext} 之间，外接定时电容 $C(C=10\text{ pF}\sim10\text{ μF})$ 接在 C_{ext}（正）和 R_{ext} 之间。74LS121 内部已设置了一个 2 kΩ 的定时电阻，R_{in} 是其引出端，使用时只需将 R_{in} 与 U_{CC} 连接起来即可，不用时则应将 R_{in} 开路。

74 LS121 的输出脉冲宽度为

$$t_W \approx 0.7RC \tag{7-4}$$

2) 可重复触发型集成单稳态触发器

MC14528 是一种典型的可重复触发型 CMOS 单稳态触发器。它是在积分型单稳态触发器的基础上，增加了输入控制电路和输出缓冲电路构成的。它有 A、B 两个触发信号输入端，可实现上升沿和下降沿两种触发方式。另有一个清零控制端 $\bar{R}$。MC14528 的功能表如表 7.2 所示，工作波形如图 7.13 所示。

表 7.2 MC14528 的功能表

输 入			输 出	
$\bar{R}$	A	B	Q	$\bar{Q}$
0	×	×	0	1
×	1	×	0	1
×	×	0	0	1
1	1	↑	⊓	⊔
1	↓	0	⊓	⊔

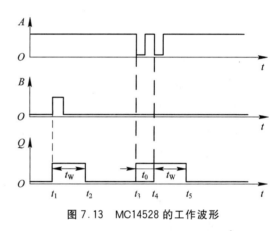

图 7.13 MC14528 的工作波形

由图 7.13 可见，在 t_3 时刻，电路受到一次触发进入暂稳定，经历 t_0 时间后，在 t_4 时刻再次被触发，使电路的暂稳态过程延时，因此暂稳态的持续时间 $t'_W=t_0+t_W$，输出脉冲宽度 t_W 仍可以由式(7-4)计算得出。

7.3 多谐振荡器

7.3.1 多谐振荡器的基本特点

多谐振荡器(Astable Multivibrator)是一种自激振荡器，它在接通电源后，无须外加触发信号，就能自动振荡起来，产生一定频率和幅值的矩形脉冲，所以多谐振荡器常用作脉冲信号源。由于矩形波中除基波分量外，还包含许多高次谐波分量，因此习惯上称这类振荡器为多谐振荡器。此外，由于在工作过程中多谐振荡器只有两个暂稳态，因此又称其为无稳态电路。利用逻辑门本身的开关作用，再配以适当的延迟网络和反馈网络，即可构成多种形式的多谐振荡器。

7.3.2 门电路构成的多谐振荡器

门电路多谐振荡器

1. 最简单的环形振荡器

图 7.14 所示电路是一个由三个反相器依次首尾相连构成的环形
振荡器。不难看出，电路中任何一个反相器的输入和输出都不可能稳定在高电平或低电平，
而是在两者之间，因此它们都处于放大状态。这样，只要其中任何一个反相器的输入电压
发生微小变化，就会引起电路的振荡，所以此电路没有稳定状态。

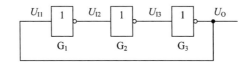

图 7.14 最简单的环形振荡器

2. RC 环形振荡器

图 7.14 所示的环形振荡器虽然结构简单，但由于门电路的传输延迟时间极短（TTL 电
路只有几十纳秒，CMOS 电路也不过几百纳秒），且不稳定，因此低频信号难以调节。在图
7.14 所示电路的基础上，增加 RC 延迟电路，就构成了 RC 环形振荡器，如图 7.15 所示。
图中，R_S 为限流电阻，可防止门 G_3 输入过流。

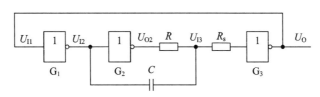

图 7.15 RC 环形振荡器

RC 延迟电路的引入，不仅增大了传输延迟时间，降低了振荡频率，而且可以通过改变
R、C 参数调节电路的振荡频率。

7.3.3 施密特触发器构成的多谐振荡器

将施密特触发器的输出端经 RC 积分电路接回其输入端，利用施密特触发器的电压传
输特性，使其输入信号在上、下触发电平 U_{T+} 与 U_{T-} 之间反复变化，就可以在输出端得到
矩形脉冲信号，电路如图 7.16 所示。

假设接通电源的瞬间，电容 C 上的电压为 0，由于采用的是反相输出施密特触发器，所
以输出电压 U_O 为高电平，于是输出电压 U_O 通过电阻 R 对电容 C 进行充电。随着充电的
进行，电容 C 上的电压 u_C 由 0 开始逐渐升高，当 U_O 达到 U_{T+} 时，施密特触发器发生状态
翻转，使输出电压由高电平跳变到低电平。之后，电容 C 又开始经过电阻 R 放电，u_C 逐渐
下降，当 u_C 下降到 U_{T-} 时，电路状态又发生翻转，输出电压 U_O 由低电平跳变到高电平，

电容 C 又开始充电。如此往复地周期性变化，即可在电路的输出端得到周期性的矩形波。电路的工作波形如图 7.17 所示。

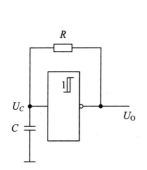

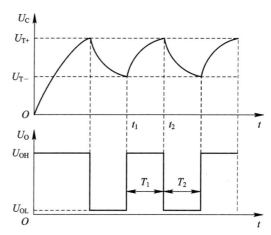

图 7.16　施密特触发器构成的多谐振荡器　　图 7.17　施密特触发器构成的多谐振荡器的工作波形

设 $U_{OH} \approx U_{DD}$，$U_{OL} \approx 0$ V，分析图 7.17 所示的工作波形，可得振荡器的周期 T 为

$$T = T_1 + T_2 = RC\left(\ln\frac{U_{DD} - U_{T-}}{U_{DD} - U_{T+}} + \ln\frac{U_{T+}}{U_{T-}}\right) = RC\ln\left(\frac{U_{DD} - U_{T-}}{U_{DD} - U_{T+}} \cdot \frac{U_{T+}}{U_{T-}}\right) \quad (7-5)$$

通过调节 R 和 C 的大小，即可改变电路的振荡周期。

7.3.4　石英晶体多谐振荡器

许多应用场合都对多谐振荡器的振荡频率的稳定性提出了严格的要求。例如，在将多谐振荡器作为数字钟的脉冲源使用时，要求其频率十分稳定。在这种情况下，已经介绍的几种多谐振荡器电路难以满足电路要求。

在上述几种多谐振荡器中，振荡频率主要取决于电路的输入电压在充电、放电过程中达到阈值电压所需要的时间，因此电路的频率稳定性不可能很高。不难看出，第一，阈值电压 U_{TH}、U_{T+}、U_{T-} 的大小容易受电源电压波动和温度变化的影响，因此电路本身就不够稳定；第二，这些电路的工作方式容易受干扰，造成电路状态转换的提前或滞后；第三，在电路状态临近转换时，电容的充、放电已经比较缓慢了，阈值电压的微小变化或稍微的干扰都会严重影响振荡周期。因此，对于频率稳定性要求很高的电路，必须采取稳频措施。

目前，普遍采用的一种稳频方法是在多谐振荡器中接入石英晶体，组成石英晶体多谐振荡器。图 7.18 给出了石英晶体的符号和阻抗频率特性。

由石英晶体的阻抗频率特性可知，外加电压频率为 f_0 时它的阻抗最小，所以把石英晶体接入多谐振荡器的正反馈环路中以后，频率为 f_0 的信号最易通过并在电路中形成正反馈，而其他频率的信号在经过石英晶体时迅速衰减，因此振荡器的工作频率为 f_0。石英晶体多谐振荡器如图 7.19 所示。另外，石英晶体的谐振频率与石英晶体的结晶方向和其外形尺寸有关。

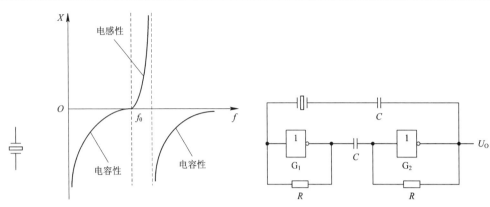

图 7.18　石英晶体的符号及阻抗频率特性　　　　图 7.19　石英晶体多谐振荡器

7.4　555 定时器及其应用

　　555 定时器是一种应用极为广泛的中规模集成电路。它只需外接少量的阻容器件就可以构成单稳态触发器、多谐振荡器、施密特触发器等电路。该电路使用灵活、方便，广泛用于信号的产生、变化、控制、检测等场合。

　　555 定时器分为双极型和 CMOS 两种类型。双极型定时器的型号有 NE555（或 5G555），CMOS 的型号为 C555 等。无论哪种 555 定时器，其内部电路结构都是一样的。它们的区别在于双极型定时器具有较大的驱动能力，最大负载电流可达 200 mA，其电源电压范围为 5～16 V；而 CMOS 定时器的输入阻抗高，功耗低，其电源电压范围为 3～18 V，最大负载电流在 4 mA 以下。

7.4.1　555 定时器的内部结构

　　555 定时器为 8 脚直插式结构。现在也有体积更小的贴片式集成块。555 定时器的内部结构和外部引脚排列图如图 7.20 所示。

555 定时器

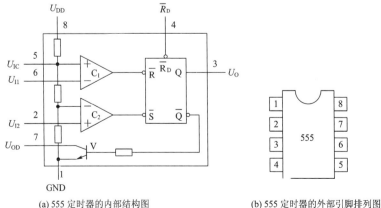

(a) 555 定时器的内部结构图　　　　　　(b) 555 定时器的外部引脚排列图

图 7.20　555 定时器的内部结构和外部引脚排列

555 定时器的各引脚的作用如下：

(1) 引脚 1 为接地端子；

(2) 引脚 2 为触发信号(脉冲或电平)输入端；

(3) 引脚 3 为输出端；

(4) 引脚 4 为直接清零端(复位)；

(5) 引脚 5 为控制电压端；

(6) 引脚 6 为高电平触发端；

(7) 引脚 7 为放电端；

(8) 引脚 8 为接外部电源的端子。

555 定时器的内部结构电路包含由 3 个阻值为 5 kΩ 的电阻串联组成的分压器、2 个电压比较器 C_1 与 C_2、1 个基本 RS 触发器、1 只放电三极管 T。图 7.20(a)中，$\overline{R}_D$ 为复位(直接清零)端，当 $\overline{R}_D$ 为低电平时，不管其他输入端的状态如何，输出 U_O 为低电平；正常工作时，$\overline{R}_D$ 接高电平。

7.4.2　555 定时器的工作原理

由图 7.20 可见，当脚 5(控制电压端)悬空时，比较器 C_2 的反向输入端和比较器 C_1 的正向输入端的比较电压分别为 $\frac{1}{3}U_{DD}$ 和 $\frac{2}{3}U_{DD}$。

(1) 当 $U_{I1} > \frac{2}{3}U_{DD}$，$U_{I2} > \frac{1}{3}U_{DD}$ 时，比较器 C_1 输出低电平，比较器 C_2 输出高电平，基本 RS 触发器置 0，$\overline{Q}=1$，放电三极管 T 导通，输出端 $U_O=Q$ 为低电平。

(2) 当 $U_{I1} < \frac{2}{3}U_{DD}$，$U_{I2} < \frac{1}{3}U_{DD}$ 时，比较器 C_1 输出高电平，比较器 C_2 输出低电平，基本 RS 触发器置 1，$\overline{Q}=0$，放电三极管 T 截止，输出端 $U_O=Q$ 为高电平。

(3) 当 $U_{I1} < \frac{2}{3}U_{DD}$、$U_{I2} > \frac{1}{3}U_{DD}$ 时，比较器 C_1 输出高电平，比较器 C_2 也输出高电平，基本 RS 触发器的 $R=1$，$S=1$，触发器状态不变，电路保持原状态不变。

综上所述，555 定时器的功能如表 7.3 所示。

表 7.3　555 定时器的功能表

输　　入			输　　出	
复位端 U_{I1}	阈值输入端 U_{I1}	触发输入端 U_{I2}	输出端 U_O	放电管 T
0	×	×	0	导通
1	$> \frac{2}{3}U_{DD}$	$> \frac{1}{3}U_{DD}$	0	导通
1	$< \frac{2}{3}U_{DD}$	$< \frac{1}{3}U_{DD}$	1	截止
1	$< \frac{2}{3}U_{DD}$	$> \frac{1}{3}U_{DD}$	不变	不变

如果在脚 5(电压控制端)外加 $0 \sim U_{DD}$ 的电压,则比较器的参考电压将发生变化,电路的阈值触发电平亦将随之变化,进而影响电路的工作状态。

7.4.3 555 定时器构成的单稳态触发器

单稳态触发器

由 555 定时器构成的单稳态触发器如图 7.21 所示。该电路的工作过程如下:

(1)稳态。电源接通的瞬间,U_{DD} 通过电阻 R 向电容 C 充电。当电容上的电压 U_C 上升到 $\frac{2}{3}U_{DD}$ 时,U_{I1} 呈高电平。设 $U_I(U_{I2})$ 的初始状态为高电平且大于 $\frac{1}{3}U_{DD}$,基本 RS 触发器的 $R=0$、$S=1$,触发器复位,使 U_O 输出低电平;而 $\overline{Q}$ 端输出高电平又使放电管 T 导通,脚 7 与脚 6 为低电平,此时电容 C 放电,比较器 C_1 输出为 1,使 $R=1$。此后由于 $R=S=1$,基本 RS 触发器保持 U_O 输出低电平不变,因此,通电后电路便自动停在 $U_O=0$ 的稳态。

(2)触发翻转。若在脚 2(输入端)输入一负脉冲,即 $U_{I2}<\frac{1}{3}U_{DD}$,则 $R=1$,$S=0$,触发器发生翻转,电路进入暂稳态,U_O 输出高电平,放电管 T 截止,电容又被充电,直至 $U_C=\frac{2}{3}U_{DD}$,电路又发生翻转,U_O 为低电平,T 导通,电容 C 放电,电路恢复到稳态。电路的工作波形如图 7.22 所示。

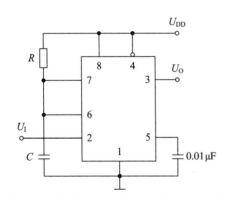

图 7.21 用 555 定时器构成的单稳态触发器

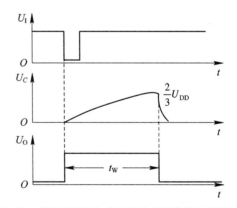

图 7.22 555 定时器构成的单稳态触发器工作波形图

若忽略放电管 T 的饱和管压降,则 U_C 从 0 上升到 $\frac{2}{3}U_{DD}$ 所需的时间即为 U_O 的输出脉冲宽度 t_W,即

$$t_W \approx 1.1RC \tag{7-6}$$

脉冲宽度 t_W(即延时的多少)可从几微秒到数分钟,精度可达 0.1%。电容 C 的取值范围为几百皮法到几百微法,电阻 R 的取值范围为几百欧到几兆欧。因为单稳态电路具有延时功能,可作定时器使用,所以本电路也是 555 集成电路的定时器应用,"555 定时器"的命名也源于此。

7.4.4　555 定时器构成的多谐振荡器

多谐振荡器

由 555 定时器构成的多谐振荡器电路如图 7.23 所示,其工作波形如图 7.24 所示。

与图 7.21 相比,图 7.23 所示电路将 U_{I1} 和 U_{I2}(脚 2、脚 6)连接在一起,经 R_2 接到放电管的放电端(脚 7)。电路的工作过程如下:

(1)电源接通后,U_{DD} 通过电阻 R_1 和 R_2 对电容 C 充电,当 U_C 上升到 $\frac{2}{3}U_{DD}$ 时,触发器被复位,同时放电管 T 导通,U_O 为低电平,电容 C 通过电阻 R_2 和 T 放电,使 U_C 下降。

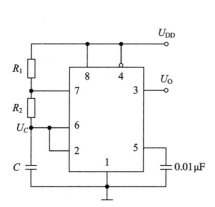

图 7.23　555 定时器构成的多谐振荡器

图 7.24　555 定时器构成的多谐振荡器的波形图

(2)当 U_C 下降到 $\frac{1}{3}U_{DD}$ 时,触发器又被置位,U_O 翻转为高电平。电容放电所需时间为

$$T_2 = R_2 C \ln 2 \approx 0.7 R_2 C \qquad (7-7)$$

(3)当电容 C 放电结束时,放电管 T 截止,U_{DD} 将通过 R_1 和 R_2 向电容 C 充电,当 U_C 由 $\frac{1}{3}U_{DD}$ 上升到 $\frac{2}{3}U_{DD}$ 时,所需要的时间为

$$T_1 = (R_2 + R_1) C \ln 2 \approx 0.7 (R_1 + R_2) C \qquad (7-8)$$

(4)当 U_C 上升到 $\frac{2}{3}U_{DD}$ 时,触发器又发生翻转,如此周而复始,于是在输出端输出一周期方波,其振荡频率为

$$f = \frac{1}{T_1 + T_2} \approx \frac{1.43}{(R_1 + 2R_2)C} \qquad (7-9)$$

由式(7-7)和式(7-8)可求出输出脉冲的占空比为

$$q = \frac{T_1}{T_1 + T_2} = \frac{R_1 + R_2}{R_1 + 2R_2} \qquad (7-10)$$

式(7-10)说明,图 7.24 所示电路的输出脉冲的占空比始终大于 50%。为了得到小于或者等于 50%的占空比,可以采用图 7.25 所示的电路。由于

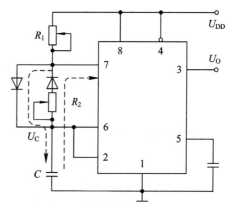

图 7.25　555 定时器构成的占空比
可调的多谐振荡器

接入了二极管 VD1 和 VD2，电容的充电电流通路和放电电流通路不同，充电电流只流经 R_1，放电电流只流经 R_2，因此电容 C 的充电时间变为

$$T_1 = R_1 C \ln 2$$

而放电时间为

$$T_2 = R_2 C \ln 2$$

故得占空比为

$$q = \frac{R_1}{R_1 + R_2} \tag{7-11}$$

图 7.23 所示电路的振荡频率也相应变为

$$f = \frac{1}{T_1 + T_2} \approx \frac{1}{(R_1 + R_2) C \ln 2} \tag{7-12}$$

7.4.5　555 定时器构成的施密特触发器

施密特触发器

将 555 定时器的阈值输入端(脚 6)和触发输入端(脚 2)连接在一起，便构成了施密特触发器，如图 7.26(a)所示。当输入图 7.26(b)所示的三角波信号时，从施密特触发器的 U_O 端可得方波输出。

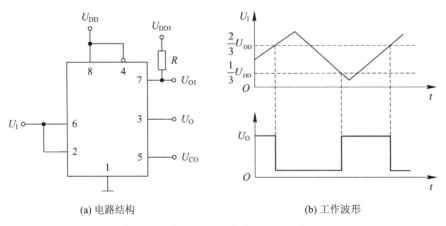

(a) 电路结构　　　　　　　(b) 工作波形

图 7.26　555 定时器构成施密特触发器

如果将图 7.26 中的脚 5 外接控制电压 U_{CO}，并且改变 U_{CO} 的大小(即改变了比较器的比较电压)，则可以调节回差电压范围(即可改变方波宽度)。如果将 555 定时器的放电端(脚 7)用电阻 R 和另一个电源 U_{DD1} 相连接，则相当于改变了放电管 T 的集电极电压，于是由 U_{O1} 输出的信号可实现电平转换。

拓展阅读

你知道吗?

通过本章的学习，我们知道了脉冲波形的产生与整形电路中使用最多的是 555 定时器。可你知道这个电子领域最经典的器件——555 定时器是怎么

第 7 章拓展阅读

发明的吗？它的"无所不能"都用在哪些地方呢？这样的电子器件除了设计以外还需要熟练、精湛的制作工艺，而这些与严谨细致、勇于创新的工匠精神是分不开的。

本 章 小 结

1. 施密特触发器和单稳态触发器是两种常用的整形电路，可将输入的周期性信号整形成所要求的同周期的矩形脉冲输出。这两种整形电路由于内部存在正反馈，因此电路状态的转换十分迅速，使输出的脉冲边沿十分陡峭。

2. 施密特触发器有两个稳定状态，有两个不同的触发电平，因此具有回差特性。它的两个稳定状态是靠两个不同的电平来维持的，输出脉冲的宽度是由输入信号的波形决定的。此外，调节回差电压的大小，也可改变输出脉冲的宽度。施密特触发器可将任意波形变换成矩形脉冲，还常用来进行幅度鉴别，构成单稳态触发器和多谐振荡器等。

3. 单稳态触发器有一个稳定状态和一个暂稳态。其输出脉冲的宽度只取决于电路本身 R、C 定时元件的数值，与输入信号没有关系。输入信号只起到触发电路进入暂稳态的作用。改变 R、C 定时元件的数值可调节输出脉冲的宽度。单稳态触发器可将输入的触发脉冲变换为宽度和幅度都符合要求的矩形脉冲，还常用于脉冲的定时、整形、展宽等。

集成单稳态触发器由于具有温度漂移小、工作稳定性高、脉冲宽度调节范围大、使用方便灵活的特点，因此是一种较为理想的脉冲整形与变换电路。

4. 多谐振荡器没有稳定状态，只有两个暂稳态。暂稳态间的相互转换完全靠电路本身电容的充电和放电自动完成。因此，多谐振荡器接通电源后就能输出周期性的矩形脉冲。改变 R、C 定时元件数值的大小，可调节振荡频率。在振荡频率稳定度要求很高的情况下，可采用石英晶体振荡器。

5. 555 定时器是一种多用途的集成电路。只需外接少量阻容元件便可构成施密特触发器、单稳态触发器和多谐振荡器等。此外，它还可组成其他各种实用电路。由于 555 定时器使用方便、灵活，有较强的负载能力和较高的触发灵敏度，因此它在自动控制、仪器仪表、家用电器等许多领域都有着广泛的应用。

本 章 习 题

1. 填空题。

（1）获取脉冲信号的途径有两种：一是_____；二是_____。

（2）单稳态触发器有一个_____和一个_____。

（3）在_____作用下，单稳态触发器从稳态进入暂稳态，暂稳态的持续时间由_____决定，与_____无关。

（4）施密特触发器有_____个稳态，具有_____特性。

（5）施密特触发器可用于_____、_____和_____。

（6）多谐振荡器有两个_____，并且二者之间可以相互转换。

（7）555 定时器可以构成_____、_____和_____。

（8）石英晶体振荡器的振荡频率取决于石英晶体的_____，而与外接的_____和_____无关。

2. 图 7.27 所示为反相输出的施密特触发器及其输入波形，试对应输入信号画出输出波形。

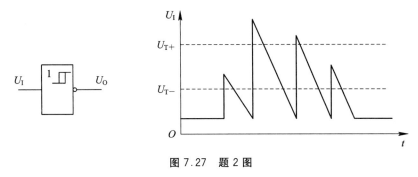

图 7.27 题 2 图

3. 图 7.28(a)所示为 TTL 集成施密特触发与非门，如在其 A、B 端输入图 7.28(b)所示的波形，试对应画出输出 U_O 的波形。

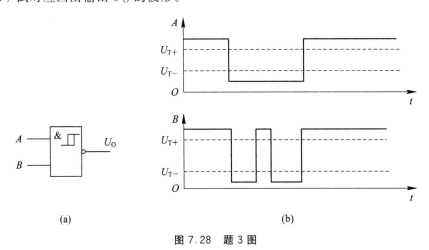

(a)   (b)

图 7.28 题 3 图

4. 电路如图 7.29 所示。

（1）分析 S 未按下时电路的工作状态。U_O 处于高电平还是低电平？电路的状态是否可以保持稳定？

（2）若 $C=10~\mu F$，按一下启动按钮 S，当要求输出脉冲宽度 $t_W=10~s$ 时，计算 R 的值。

5. 由 555 定时器构成的施密特触发器如图 7.30 所示。

（1）当 $U_{DD}=12~V$，且没有外接控制电压 U_{CO} 时，计算 U_{T+}，U_{T-} 和 ΔU_T 的值。

（2）当 $U_{DD}=12~V$，外接控制电压 $U_{CO}=6~V$ 时，计算 U_{T+}，U_{T-} 和 ΔU_T 的值。

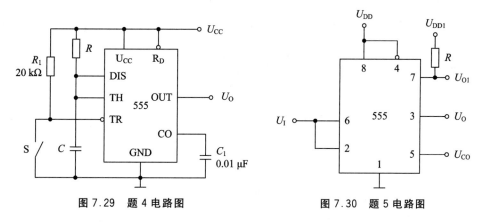

图 7.29　题 4 电路图　　　　　　图 7.30　题 5 电路图

6. 由 555 定时器构成的单稳态触发器如图 7.31 所示。已知 $R=10\ \text{k}\Omega$，$C=0.3\ \mu\text{F}$，$U_{DD}=12\ \text{V}$，试计算电路输出脉冲的宽度。

7. 由 555 定时器构成的多谐振荡器如图 7.32 所示。若 $R_1=10\ \text{k}\Omega$，$R_2=5.1\ \text{k}\Omega$，$C=0.1\ \mu\text{F}$，$U_{DD}=12\ \text{V}$，试计算电路的振荡周期 T、振荡频率 f 和占空比 q。

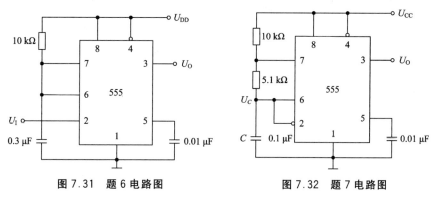

图 7.31　题 6 电路图　　　　　　图 7.32　题 7 电路图

8. 由 555 定时器构成的多谐振荡器如图 7.33 所示。当电位器 R_P 的滑动端移至最上和最下时，分别计算电路的振荡频率 f 和占空比 q。

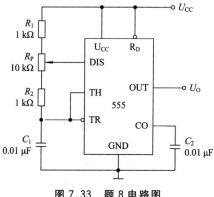

图 7.33　题 8 电路图

9. 由 555 定时器组成的电子门铃电路如图 7.34 所示，按下开关 S 使门铃鸣响，且抬手后门铃还持续一段时间。

（1）计算门铃鸣响的频率。

（2）在电源电压不变的条件下，要使门铃的鸣响时间延长，可改变电路中哪个元件的参数？

（3）电路中电容 C_2 和 C_3 有什么作用？

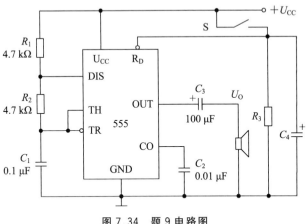

图 7.34　题 9 电路图

10. 图 7.35 所示为一个由 555 定时器构成的防盗报警电路。图中，a、b 两端被铜丝接通，此铜丝置于盗窃者的必经之路。若有盗窃者闯入，则铜丝断开，扬声器发出报警。试分析该报警电路的工作原理。

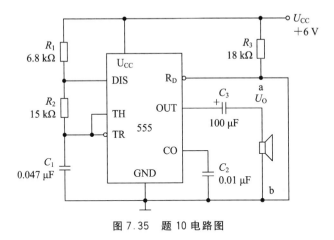

图 7.35　题 10 电路图

第 7 章　习题答案

第 8 章

数/模和模/数转换器

知识点

- 数/模转换器的工作原理。
- 模/数转换器的工作原理。
- D/A、A/D 转换的主要技术参数。
- 常用集成 DAC。
- 常用集成 ADC。
- 次渐进型 ADC 和双积分型 ADC 的电路结构和工作原理。

8.1 概 述

数/模和模/数转换概述

随着数字电子技术的飞速发展，数字电子计算机、数字控制系统、数字通信设备、数字测量仪表等已经广泛应用于国民经济的各个领域。数字电路、数字系统或装置一般只能加工和处理数字信号。可是日常需要处理的物理量，绝大部分都是连续变化的模拟信号，如温度、时间、角度、速度、流量、压力等。因此，必须先把这些模拟信号转换成数字信号，才能输入电子计算机或其他数字电路中进行加工和处理。这种将模拟信号转换成数字信号的过程称为模－数转换，用 A/D(Analog to Digital)表示。完成模－数转换的电路称为模/数转换器(Analog to Digital Converter，ADC)。另外，经过数字电路处理后输出的数字信号，也需要转换成模拟信号才能实现系统的功能，这种转换称为数/模转换，用 D/A(Digital to Analog)表示。完成数模转换的电路称为数/模转换器(Digital to Analog Converter，DAC)。显然 A/D 转换器和 D/A 转换器是沟通模拟电路和数字电路的桥梁，在现代信息技术中具有举足轻重的作用。

图 8.1 所示为典型的工业生产过程控制系统的原理框图。

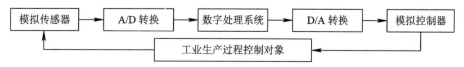

图 8.1 工业生产过程控制系统原理框图

　　工业生产过程控制对象的各种物理量(温度、压力、液位、流量等)通过模拟传感器采集并转换为对应的模拟电压或电流信号,这些模拟的电信号,通过 A/D 转换变为数字信号,数字信号经过相应的处理后,通过 D/A 转换变成模拟信号并通过模拟控制器对被控对象进行控制,从而实现完整的工业生产过程控制。由此可见 ADC 和 DAC 是系统不可缺少的组成部分。

　　为了保证数据处理结果的准确性,ADC 和 DAC 必须有足够高的转换精度。同时,为了适应快速过程的控制和检测的需要,ADC 和 DAC 还必须有足够快的转换速度。因此,转换精度和转换速度是衡量 ADC 和 DAC 性能优劣的主要标志。

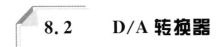

8.2　D/A 转换器

8.2.1　D/A 转换器的工作原理

D/A 转换器

　　D/A 转换器(DAC)是利用电阻网络和模拟开关,将多位二进制数转换为与之成正比的模拟量的一种转换电路,因此输入应是一个 n 位的二进制数,记为 $d_{n-1}d_{n-2}\cdots d_1 d_0$,它可以按二进制数转换为十进制数的通式展开为

$$D = d_{n-1}\times 2^{n-1} + d_{n-2}\times 2^{n-2} + \cdots + d_1\times 2^1 + d_0\times 2^0$$

而输出应当是与输入的数字量成正比的模拟量 u_o(或 i_o)。

$$u_o(\text{或 } i_o) = KD = K(d_{n-1}\times 2^{n-1} + d_{n-2}\times 2^{n-2} + \cdots + d_1\times 2^1 + d_0\times 2^0)$$

式中,K 为转换系数;D 为输入的二进制数所代表的十进制数,u_o 或 i_o 为输出电压或输出电流。D/A 转换器的结构示意图如图 8.2 所示。

　　D/A 转换的过程是:把输入的二进制数字量中为 1 的各位,按其不同的位权值,分别转换成对应的模拟量,然后将各位转换以后的模拟量,经求和运算放大器相加,其和便是与被转换数字量成正比的模拟量,从而实现了数模转换。输入到 DAC 的二进制数字量可以是原码,也可以是反码或补码。图 8.3 所示是原码输入的 3 位二进制 DAC 的转换特性,它具体且形象地反映了对 DAC 的基本要求。

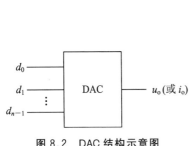

图 8.2　DAC 结构示意图

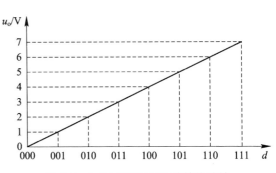

图 8.3　3 位二进制 DAC 的转换特性

图 8.3 中，两个相邻二进制数码转换输出的电压差就是 DAC 能分辨的最小电压值，称为最小分辨电压，用 U_{LSB} 表示。由于 U_{LSB} 也等于输入数字量只有最低位(d_0)为 1 时对应的输出模拟电压值，因此最小分辨电压也可以用最低有效位 1 LSB(Least Significant Bit)表示。对应于最大输入数字量(各位均为 1)的最大电压输出值，称为满量程输出电压，用 U_{FSV} 表示。n 位 DAC 的满量程输出电压为

$$U_{FSV} = U_{LSB} \times (2^n - 1)$$

在满量程输出电压 U_{FSV} 一定的情况下，DAC 的位数越大，最小分辨电压 U_{LSB} 就越小。

DAC 主要由数码寄存器、模拟电子开关、位权网络、求和运算放大器和基准电压源(或恒流源)组成，如图 8.4 所示。用存放在数码寄存器中的数字量的各位数码，分别控制对应位的模拟电子开关，使数码为 1 的位在位权网络上产生与其位权成正比的电流值，再由运算放大器对各个电流值求和，并将其转换成电压值。

根据位权网络的不同，可以构成不同类型的数模转换器，如权电阻网络 DAC、倒 T 形电阻网络 DAC 和权电流型网络 DAC 等。

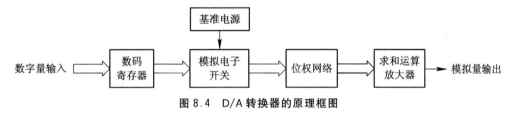

图 8.4 D/A 转换器的原理框图

8.2.2 权电阻网络 DAC

图 8.5 所示为 4 位权电阻网络 DAC 的原理图，它由权电阻网络、4 个模拟开关和 1 个求和放大器组成。模拟开关 S_0、S_1、S_2 和 S_3 分别受输入代码 d_0、d_1、d_2 和 d_3 的取值控制，代码为 1 时，开关接到参考电压 U_{REF} 上；代码为 0 时，开关接地。

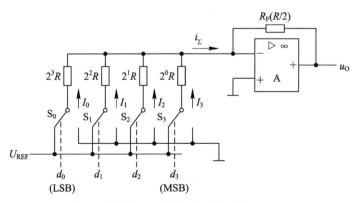

图 8.5 4 位权电阻网络 DAC

根据集成运放"虚断"和"虚地"的概念可得

$$i_\Sigma = I_0 + I_1 + I_2 + I_3 = \frac{U_{REF}}{2^3 R} d_0 + \frac{U_{REF}}{2^2 R} d_1 + \frac{U_{REF}}{2^1 R} d_2 + \frac{U_{REF}}{2^0 R} d_3$$

$$=\frac{U_{\mathrm{REF}}}{2^3 R}(d_3 \times 2^3 + d_2 \times 2^2 + d_1 \times 2^1 + d_0 \times 2^0)$$

i_Σ 流过 R_{F}，得到 DAC 的输出电压为

$$u_o = -R_{\mathrm{F}} \times i_\Sigma = -\frac{R}{2} \times i_\Sigma = -\frac{U_{\mathrm{REF}}}{2^4}(d_3 \times 2^3 + d_2 \times 2^2 + d_1 \times 2^1 + d_0 \times 2^0)$$

$$=-\frac{U_{\mathrm{REF}}}{2^4}\sum_{i=0}^{3} d_i 2^i$$

由上式可知，u_o 与输入的数字量成正比，从而实现了数字量到模拟量的转换。

输入的是 n 位二进制数，则有

$$u_o = -\frac{U_{\mathrm{REF}}}{2^n}(d_{n-1} \times 2^{n-1} + d_{n-2} \times 2^{n-2} + \cdots + d_1 \times 2^1 + d_0 \times 2^0)$$

对于 n 位的 DAC，输出 u_o 的变化范围为 $0 \sim -\dfrac{2^n-1}{2^n}U_{\mathrm{REF}}$。

权电阻 DAC 的精度取决于权电阻的精度和外接参考电源的精度。由于其阻值范围太宽，很难保证每个电阻均有很高精度，因此在集成 DAC 中很少采用。

8.2.3 倒 T 形电阻网络 DAC

倒 T 形电阻网络 DAC 是目前使用最广泛的一种形式，其电路结构如图 8.6 所示。图中，R、$2R$ 两种电阻构成了倒 T 形电阻网络，S_0、S_1、S_2、S_3 是 4 个电子模拟开关，A 是求和放大器，U_{REF} 是基准电压源。开关 S_0、S_1、S_2、S_3 的状态受输入代码 d_0、d_1、d_2、d_3 的取值控制，当输入的 4 位二进制数的某位代码为 1 时，相应的开关将电阻接到运算放大器的反相输入端；当某位代码为 0 时，相应的开关将电阻接到运算放大器的同相输入端。

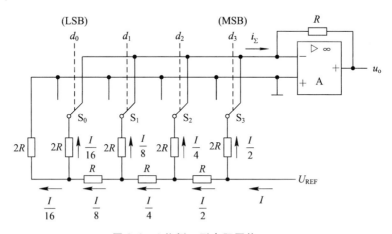

图 8.6 4 位倒 T 形电阻网络 DAC

图 8.7 所示是输入数字信号 $d_3 d_2 d_1 d_0 = 1111$ 时的等效电路。根据运算放大器"虚地"的概念不难看出，从虚线 AA'、BB'、CC'、DD' 处向左看进去的电路等效电阻均为 R，电源的总电流为 $I = \dfrac{U_{\mathrm{REF}}}{R}$，只要 U_{REF} 选定，电流 I 为常数。流过每个支路的电流从右向左，分别为 $\dfrac{I}{2}$、$\dfrac{I}{4}$、$\dfrac{I}{8}$、$\dfrac{I}{16}$。根据输入数字量的数值，流入运放虚地的总电流为

$$i_{\Sigma}=I\left(\frac{1}{2}d_3+\frac{1}{4}d_2+\frac{1}{8}d_1+\frac{1}{16}d_0\right)=\frac{U_{REF}}{2^4R}(d_3\times2^3+d_2\times2^2+d_1\times2^1+d_0\times2^0)$$

因此，输出模拟电压为

$$u_o=-i_{\Sigma}R=-\frac{U_{REF}}{2^4}(d_3\times2^3+d_2\times2^2+d_1\times2^1+d_0\times2^0)$$

如果输入是 n 位二进制数，则有

$$u_o=-\frac{U_{REF}}{2^n}(d_{n-1}\times2^{n-1}+d_{n-2}\times2^{n-2}+\cdots+d_1\times2^1+d_0\times2^0)$$

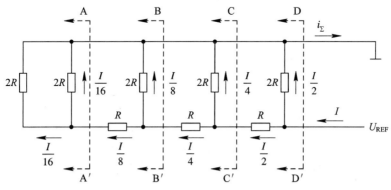

图 8.7　计算各支路电流的等效电路

倒 T 形电阻网络 DAC 转换器的特点是：不论模拟开关接到运算放大器的反相输入端还是接到地，也就是不论输入数字信号是 1 还是 0，各支路的电流始终不变，因此不需要电流的建立时间。各支路电流直接流入运算放大器的输入端，不存在传输时间差，因而提高了转换速度，并减小了动态过程中输出电压的尖峰脉冲。

由于倒 T 形电阻网络只有两种阻值的电阻，因此其最适合于集成工艺，集成 DAC 普遍采用这种电路结构。

8.2.4　权电流型 DAC

事实上，权电阻网络 DAC 和倒 T 形电阻网络 DAC 中的模拟电子开关，存在导通电阻和导通压降，而且每个开关的情况又不完全相同。它们的存在无疑将会引起转换误差，影响转换精度。采用权电流型 DAC 可以克服这些缺陷，如图 8.8 所示。

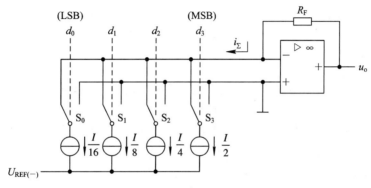

图 8.8　权电流型 DAC

在权电流型 DAC 中，有一组晶体管恒流源。每个恒流源电流的大小依次为前一个的 $1/2$，和输入二进制数对应位的"权"成正比。由于恒流源的输出电阻极大，每个支路电流的大小不再受开关内阻和压降的影响，从而大大提高了转换精度。

分析图 8.8 所示电路可得

$$u_o = i_\Sigma R_F = R_F I \left(\frac{1}{2} d_3 + \frac{1}{4} d_2 + \frac{1}{8} d_1 + \frac{1}{16} d_0 \right)$$

$$= \frac{R_F I}{2^4} (d_3 \times 2^3 + d_2 \times 2^2 + d_1 \times 2^1 + d_0 \times 2^0)$$

$$= \frac{R_F I}{2^4} \sum_{i=0}^{3} 2^i \cdot d_i$$

8.2.5 DAC 的主要技术参数

1. 分辨率

分辨率用于描述 DAC 对输入量微小变化的敏感程度。一般用 DAC 的位数来衡量分辨率的高低，其位数越多，输出电压的取值个数就越多（2^n 个），也就越能反映出输出电压的细微变化，分辨能力就越高。此外，也可以用 DAC 的最小分辨电压 U_{LSB} 与满量程输出电压 U_{FSV} 之比定义分辨率。即

$$分辨率 = \frac{U_{LSB}}{U_{FSR}} = \frac{1}{2^n - 1}$$

该值越小，分辨率就越高。分辨率表示 DAC 在理论上可以达到的精度。

2. 转换精度

DAC 的转换精度分为绝对精度和相对精度。

绝对精度是指实际输出的模拟电压与理想值之差，即最大静态转换误差。该误差是由于参考电压偏离标准值、运算放大器的零点漂移、模拟开关的导通压降，以及电阻阻值的偏差等原因引起的。绝对精度通常用最小分辨电压 U_{LSB} 的倍数来表示。一般要求 DAC 的绝对精度小于 $U_{LSB}/2$。

相对精度是绝对精度与满刻度输出电压（或电流）之比，通常用百分数来表示。

3. 转换速度

转换速度是指从数字信号加入到输出信号达到稳定值所需要的时间，也称为输出建立时间。一般输入的位数越多，转换时间越长，也就是说精度与速度是相互矛盾的。

8.2.6 典型集成 DAC

常用的集成 DAC 有两类：一类是内部仅含有电阻网络和模拟电子开关两个部分，常用于一般的电子电路；另一类是内部除含有电阻网络和模拟电子开关外，还带有数据锁存器，并具有片选控制和数据输入控制端，便于和微处理器进行连接，多用于微机控制系统中。集成 DAC0808 属于前者，DAC0832 属于后者。

1. DAC0808

DAC0808 是 8 位并行数模转换器，其电路结构框图如图 8.9 所示。DAC0808 采用权电

流型 D/A 转换电路,其内部由基准电流源、倒 T 形电阻网络、偏置电路、模拟开关组成。各引脚的功能如下:

$d_0 \sim d_7$ 是 8 位数字量的输入端;

I_0 为模拟电流的输出端;

U_{R+} 和 U_{R-} 分别为正参考电压和负参考电压的输入端;

COMP 为相移补偿端;

U_{CC} 和 U_{EE} 为正、负电源的输入端。

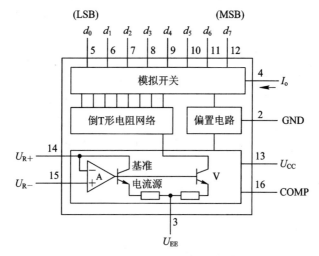

图 8.9　DAC0808 电路结构框图

DAC0808 在使用时,需外接运算放大器和产生基准电流用的 R_R 电阻,如图 8.10 所示为 DAC0808 的应用电路。

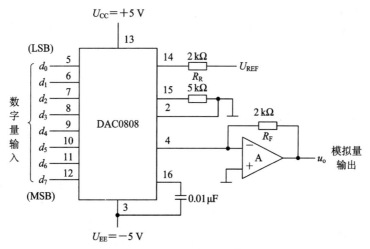

图 8.10　DAC0808 的应用电路

DAC0808 以电流形式输出,一般输出电流可达 2mA。当负载输入阻抗较高时,可以直接将负载接到 DAC0808 的输出端,否则需要在输出端接一个运算放大器以提高带载能力。U_{REF} 和电阻的取值决定了参考电流的大小,从而影响输出电流的大小,参考电流不小于 2 mA。COMP 端的外接电容是对器件内部的相移进行补偿。

2. DAC0832

DAC0832 是用 CMOS 工艺制成的 8 位 DAC 转换芯片。其数字输入端有双重缓冲功能，可根据需要接成不同的工作方式，特别适用于要求几个模拟量同时输出的场合。DAC0832 与微处理器接口很方便。DAC0832 的引脚排列图如图 8.11 所示。各引脚的功能如下：

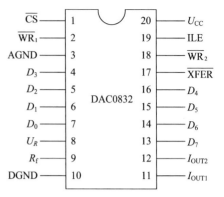

图 8.11　DAC0832 引脚排列图

ILE：输入锁存允许信号，输入高电平有效；

$\overline{\text{CS}}$：片选信号，输入低电平有效。它与 ILE 结合起来可以控制是否起作用。

$\overline{\text{WR}}_1$：写信号 1，输入低电平有效。在 $\overline{\text{WR}}_1$ 和 ILE 为有效电平时，用它将数据输入并锁存于输入寄存器中。

$\overline{\text{WR}}_2$：写信号 2，输入低电平有效。在为有效电平时，用它将输入寄存器中的数据传送到 8 位 DAC 寄存器中。

$\overline{\text{XFER}}$：传输控制信号，输入低电平有效，用它来控制 DAC0832 是否起作用。在控制多个 DAC0832 同时输出时特别有用。

$D_0 \sim D_7$：8 位数字量输入端。

U_R：基准电压输入端。一般此端外接一个精确、稳定的电压基准源。U_R 可在 -10 V$\sim$ $+10$ V 范围内选择。

R_f：反馈电阻。反馈电阻被制作在芯片内，用作外接运算放大器的反馈电阻，它与内部的 $R-2R$ 电阻相匹配。

I_{OUT1}：模拟电流输出 1，接运算放大器反相输入端。其大小与输入的数字量 $D_0 \sim D_7$ 成正比。

I_{OUT2}：模拟电流输出 2，接地。其大小与输入的数码取反后的数字量 $D_0 \sim D_7$ 成正比，$I_{\text{OUT1}} + I_{\text{OUT2}} =$ 常数。

U_{CC}：电源输入端(一般为 $+5 \sim +15$ V)。

DGND：数字地。

AGND：模拟地。

DAC0832 内部有两个寄存器，所以它可以有双缓冲型、单缓冲型和直通型三种工作方式。如果在直通方式下工作，则 DAC0832 没有锁存功能；如果在缓冲方式下工作，则 DAC0832 有一级或二级锁存能力。

双缓冲方式：DAC0832 内部有两个 8 位寄存器，可以进行双缓冲操作，即在对某数转换的同时，又可以进行下一个数据的采集，故其转换速度较高。这一特点特别适用于要求多片 DAC0832 的多个模拟量同时输出的场合。在各片的 ILE 置为高电平和 $\overline{\text{WR}}_1$ 为低电平的控制下，有关数据分别被输入一个相应的 DAC0832 的 8 位输入寄存器。当需要进行同时模拟输出且 $\overline{\text{CS}}$ 和 $\overline{\text{XFER}}$ 均为低电平时，把各个输入寄存器中数据同时传送给各自的 DAC

寄存器。各个 DAC 同时转换,同时给出模拟输出。

单缓冲方式:在不要求多片 DAC 同时输出时,可以采用单缓冲方式,使两个寄存器之一始终处于直通状态,这时只需要一次操作,因而可以提高 DAC 的数据吞吐量。

直通方式:如果两级寄存器都处于常通状态,这时 DAC 的输出将跟随数字输入随时变化,这就是直通方式。这种情况是将 DAC0832 直接应用于连续反馈控制系统中,作为数字增量控制器使用。

图 8.12 所示为 DAC0832 与 80X86 计算机系统连接的典型电路,它属于单缓冲方式。图中的电位器用于满量程调整。

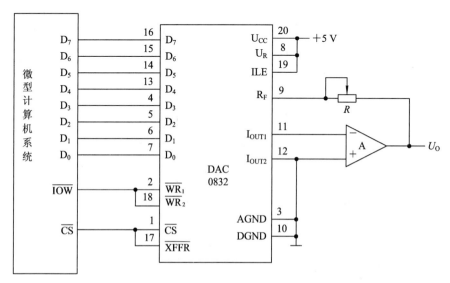

图 8.12 DAC0832 应用电路

8.3 A/D 转换器

8.3.1 A/D 转换器的工作原理

A/D 转换器

为了将时间连续和幅值连续的模拟量转换为时间离散、幅值也离散的数字量,A/D 转换一般要经过采样、保持、量化、编码 4 个过程。在实际电路中,有些过程是合并进行的,如采样和保持,量化和编码在 A/D 转换过程中是同时实现的。

1. 采样和保持

采样是将时间连续的模拟量转换为时间上离散的模拟量,采样过程如图 8.13 所示。图中,u_i 为输入模拟信号,采样开关 S 受宽度为 t_W,周期为 T_S 的采样脉冲 u_s 的控制,在 u_s 为高电平期间,开关 S 闭合,输出电压 $u_o = u_i$;在 u_s 为低电平期间,开关 S 断开,$u_o = 0$。

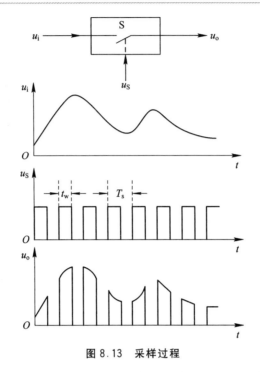

图 8.13　采样过程

为使采样后的信号能够还原模拟信号，根据采样定理，采样频率 f_S 必须大于或等于 2 倍输入模拟信号的最高频率 f_{Imax}，

$$f_S \geqslant 2f_{Imax}$$

即两次采样时间间隔不能大于 $1/f_S$，否则将失去模拟输入的某些特征。通常取 $f_S = (3 \sim 5)f_{Imax}$。

进行 A/D 转换需要一定的时间，在这段时间内输入值需要保持稳定，因此必须有保持电路维持采样所得的模拟值。采样和保持通常是通过采样-保持电路同时完成的。图 8.14 所示给出了采样-保持电路的原理图和经采样、保持后的输出波形。图 8.14(a) 中，NMOS 管 VT_N 为电子开关，采样脉冲 u_s 加在其栅极，C 为采样值存储电容，运算放大器构成电压跟随器，要求输入阻抗较高。电路的工作过程是：

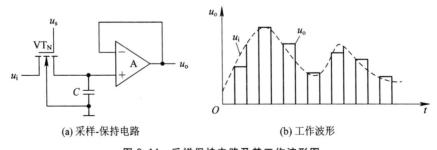

(a) 采样-保持电路　　　　　　　　　　(b) 工作波形

图 8.14　采样保持电路及其工作波形图

当 u_s 为高电平时，VT_N 导通，u_i 对电容 C 快速充电，在 t_w 期间使 $u_C = u_i$。当 $u_s = 0$ 时，VT_N 截止，由于运放的输入阻抗很大，电容 C 无放电通路，故电压值保持不变，直到下一个采样脉冲到来。而运算放大器输出电压 u_O 跟随 u_C 变化。在保持过程中，电容上的

电压为采样脉冲由高电平变为低电平时刻输入模拟电压的瞬时值。

2. 量化与编码

数字信号不仅在时间上是离散的，而且其幅值上也是不连续的。任何一个数字量只能是某个最小数量单位的整数倍。为将模拟信号转换为数字量，在转换过程中还必须把采样-保持电路的输出电压，按某种近似的方式归化到与之相应的离散电平上。这一过程称为数值量化，简称量化。

量化过程中的最小数值单位称为量化单位，用 Δ 表示。它是数字信号最低位为 1，其他位为 0 时所对应的模拟量，即 1 LSB。

量化过程中，采样电压不一定能被 Δ 整除，因此量化后必然存在误差。这种量化前后的误差称之为量化误差，用 ε 表示。量化误差是原理性误差，只能用较多的二进制位缩小量化误差。

量化的近似方法有只舍不入法和四舍五入法两种。如图 8.15 为划分量化电平的方法。

只舍不入的处理方法是：当输入电压 u_i 在两个相邻的量化值之间时，即 $(n-1)\Delta < u_i < n\Delta$ 时，取 u_i 的量化值为 $(n-1)\Delta$。四舍五入的处理方法是：当 u_i 的尾数不足 $\Delta/2$ 时，舍去尾数取整数；当 u_i 的尾数大于或等于 $\Delta/2$ 时，则其量化单位在原数上加一个 Δ。

只舍不入量化方法量化后的电平总是小于或等于量化前的电平，即量化误差 ε 始终大于 0，最大量化误差为 Δ，即 $\varepsilon_{\max} = 1$ LSB。采用四舍五入量化方法时，量化误差有正有负，最大量化误差为 $\Delta/2$，即 $|\varepsilon_{\max}| = \text{LSB}/2$。显然，后者量化误差小，故为大多数 ADC 所采用。

量化后的电平值为量化单位 Δ 的整数倍，这个整数用二进制数表示即为编码。量化和编码也是同时进行的。

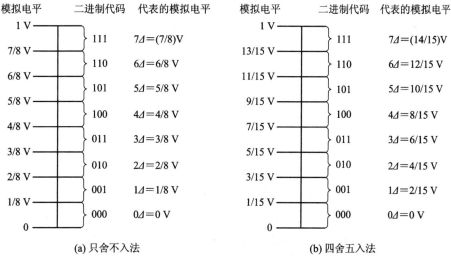

图 8.15　划分量化电平的方法

8.3.2　并联比较型 ADC

并联比较型 ADC 是一种高速模数转换器。3 位并联比较型 ADC 原理电路如图 8.16 所示。它由电阻分压器、电压比较器、寄存器及编码器组成。U_R 是基准电压，u_i 是输入模拟电压，$d_2d_1d_0$ 是输出的 3 位二进制代码，CP 是控制时钟信号。这里略去了采样-保持电路，假定输入的模拟电压 u_i 已经是采样-保持电路的输出电压了。

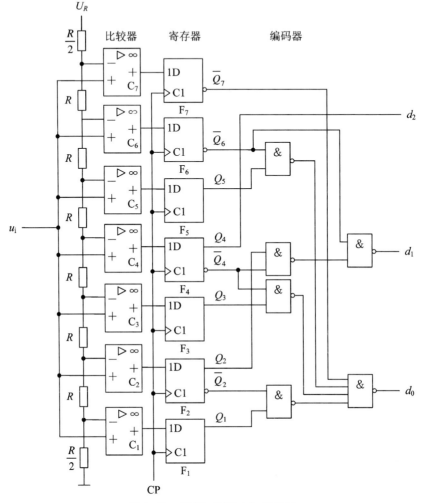

图 8.16 并联比较型 A/D 转换器

电阻分压器用来确定量化电压，基准电压 U_R 经电阻分压后形成了 7 个比较电压，分别为 $U_R/14$、$3U_R/14$、…、$13U_R/14$，它们分别接到电压比较器 $C_1 \sim C_7$ 的反相输入端。当 u_i 大于比较器的比较电压时，比较器输出 1；反之，输出 0。当 CP 上升沿到达后，比较器的输出结果对应送入寄存器的各个 D 触发器中。不过寄存器输出的是一组 7 位的二值代码，还不是所要求的二进制数，最后经编码器编码后得到数字量输出。并联比较型 ADC 的编码关系如表 8.1 所示。

并联比较型 ADC 的优点是并行转换，其速度较快。另外，使用这种含有寄存器的 ADC 时，可以不用附加取样保持电路，因为比较器和寄存器也兼有采样、保持功能。这种 ADC 的缺点是需要比较器和触发器的数量多，若输出 n 位二进制代码，则需要 2^n-1 个电压比较器和触发器，随着输出代码的增加，则电路的规模急剧扩大，显然这是不经济的。

表 8.1　并联比较型 ADC 的编码关系

输入模拟电压 u_i	寄存器状态							输出二进制数		
	Q_7	Q_6	Q_5	Q_4	Q_3	Q_2	Q_1	d_2	d_1	d_0
$\left(0\sim\dfrac{1}{14}\right)U_R$	0	0	0	0	0	0	0	0	0	0
$\left(\dfrac{1}{14}\sim\dfrac{3}{14}\right)U_R$	0	0	0	0	0	0	1	0	0	1
$\left(\dfrac{3}{14}\sim\dfrac{5}{14}\right)U_R$	0	0	0	0	0	1	1	0	1	0
$\left(\dfrac{5}{14}\sim\dfrac{7}{14}\right)U_R$	0	0	0	0	1	1	1	0	1	1
$\left(\dfrac{7}{14}\sim\dfrac{9}{14}\right)U_R$	0	0	0	1	1	1	1	1	0	0
$\left(\dfrac{9}{14}\sim\dfrac{11}{14}\right)U_R$	0	0	1	1	1	1	1	1	0	1
$\left(\dfrac{11}{14}\sim\dfrac{13}{14}\right)U_R$	0	1	1	1	1	1	1	1	1	0
$\left(\dfrac{13}{14}\sim1\right)U_R$	1	1	1	1	1	1	1	1	1	1

8.3.3　逐次渐近型 ADC

　　逐次渐近型 ADC 又称作逐次逼近型 ADC，是一种反馈比较型 ADC。其转换过程类似用天平称未知物体重量的过程。假设砝码的重量满足二进制关系，即一个比一个的重量小一半，称重时，将各种重量的砝码从大到小逐一放在天平上试探，经天平比较后加以取舍，直到天平基本平衡为止。这样就以一系列二进制砝码的重量之和表示被称物体的重量。

　　逐次渐近型 ADC 的原理框图如图 8.17 所示，主要包括寄存器、DAC、电压比较器、时钟脉冲源及控制逻辑电路。

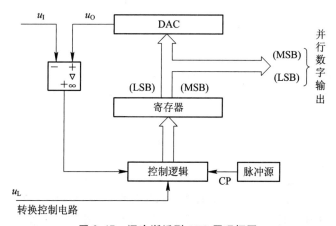

图 8.17　逐次渐近型 ADC 原理框图

　　转换开始前先将寄存器清零，所以加给 DAC 的数字量也全是 0，转换控制信号 u_L 变为高电平时开始转换，在时钟脉冲 CP 作用下，首先将寄存器最高位置为 1，使寄存器的输出为 $100\cdots00$，这个数字量被 D/A 转换器转换成相应的模拟电压 u_O，送到比较器与输入电

压 u_1 进行比较，如果 $u_O>u_1$，说明数字过大，应将这个 1 清除；如果 $u_O \leqslant u_1$，说明数字还不够大，应该保留这个 1。然后，再将次高位置 1，并按上述方法确定这位上的 1 是否保留。这样逐位比较下去，直到最低位为止。这时寄存器里的数码就是所求的输出数字量。

下面结合图 8.18 所示的 3 位逐次渐近型 ADC 的逻辑电路具体说明逐次比较的过程。图中 3 个同步 RS 触发器 F_A、F_B、F_C 作为寄存器，$FF_1 \sim FF_5$ 构成的环形计数器作为顺序脉冲发生器(脉冲源)，控制逻辑电路由门电路 $G_1 \sim G_9$ 组成。

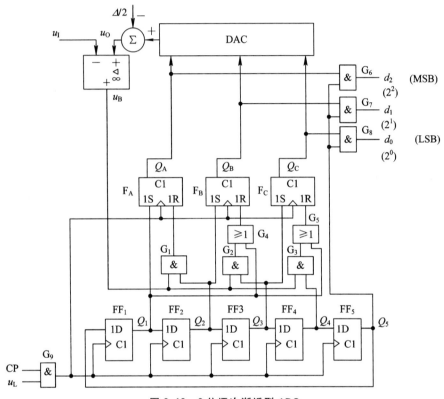

图 8.18 3 位逐次渐近型 ADC

工作前先将寄存器 F_A、F_B、F_C 清零，同时将环形计数器置成 $Q_1 Q_2 Q_3 Q_4 Q_5 = 10000$ 状态。转换控制信号 u_L 变成高电平以后，开始转换。

第一个 CP 脉冲到达后，F_A 被置成 1，而 F_B、F_C 被置成 0。这时寄存器的状态 $Q_A Q_B Q_C = 100$ 加到 DAC 的输入端上，并在 DAC 的输出端得到相应的模拟电压 u_O。u_O 和 u_1 比较，其结果不外乎两种：若 $u_1 \geqslant u_O$，则 $u_B = 0$；若 $u_1 < u_O$，则 $u_B = 1$。同时，环形计数器右移一位，使 $Q_1 Q_2 Q_3 Q_4 Q_5 = 01000$。

第二个 CP 脉冲到达时 F_B 被置成 1。若原来的 $u_B = 1$ ($u_1 < u_O$)，则 F_A 被置成 0；若原来的 $u_B = 0$ ($u_1 \geqslant u_O$)，则 F_A 的 1 状态保留，同时环形计数器右移一位，变为 00100 状态。

第三个 CP 脉冲到达时 F_C 被置成 1。若原来的 $u_B = 1$，则 F_B 被置成 0；若原来的 $u_B = 0$，则 F_B 的 1 状态保留，同时环形计数器右移一位，变成 00010 状态。

第四个 CP 脉冲到达时，同样根据这时 u_B 的状态决定 F_C 的 1 是否应当保留。这时 F_A、F_B、F_C 的状态就是所要的转换结果。同时，环形计数器右移一位，变成 00001 状态。由于 $Q_5 = 1$，于是 F_A、F_B、F_C 的状态便通过门 G_6、G_7、G_8 送到了输出端。

第五个 CP 脉冲到达后，环形计数器右移一位，使得 $Q_1Q_2Q_3Q_4Q_5=10000$，返回初始状态。同时，由于 $Q_5=0$，门 G_6、G_7、G_8 被封锁，转换输出信号随之消失。

为了减小量化误差，将 DAC 的输出通过加法器 Σ 叠加一个 $-\Delta/2$ 的偏移量，以使量化误差减小 $\Delta/2$。上述 3 位 A/D 转换器所需转换时间为 5 个时钟周期，推广到 n 位，则转换时间为 $n+2$ 个时钟周期。这种转换器比并联比较型转换速度慢，但其电路规模小，因此其应用较广。

8.3.4　双积分型 ADC

并联比较型 ADC 和逐次渐近型 ADC，均是直接将输入的模拟量转换为数字量输出，没有经过中间量，它们属于直接型 ADC。双积分型 ADC 属于间接型 ADC，又称为电压-时间变换型（V—T 变换型）ADC。其基本原理是：首先，将输入的模拟电压信号转换成与之成正比的时间宽度信号，然后在这个时间宽度内对固定频率的时钟脉冲进行计数，计数的结果就是正比于输入模拟电压的数字信号。如图 8.19 所示，双积分型 ADC 包含积分器、比较器、计数器、控制逻辑、时钟信号源五个部分。其中，运放 A1 以及外围电路组成积分器，运放 A2 组成过零比较器，控制逻辑电路由一个 n 位计数器、附加触发器 FF_A、模拟开关 S_0、S_1 及对应驱动电路 L_0、L_1、控制门 G 组成。

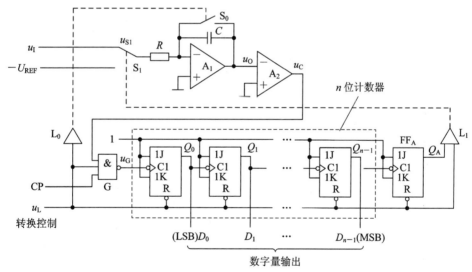

图 8.19　双积分型 ADC 原理框图

以输入正极性电压（$u_I<U_{REF}$）为例，图 8.20 所示为双积分型 ADC 的工作电压波形。双积分型 ADC 的工作过程包括以下三个阶段。

（1）准备阶段。转换开始前，转换控制信号 $u_L=0$，计数器和附加触发器均被清零，同时开关 S_0 闭合，使积分电容 C 充分放电。

（2）第一次积分阶段。$u_L=1$ 启动转换，S_0 断开，S_1 接到输入信号 u_I 的一侧，积分器 A_1 对 u_I 进行固定时间 T_1 的积分。因为积分过程中积分器 A_1 的输出 u_O 为负电压，所以比较器 A_2 输出为高电平，将门 G 打开，计数器对时钟脉冲 CP 计数。

积分结束时积分器 A_1 的输出电压为

$$u_O = -\frac{1}{RC}\int_0^{T_1} u_1 dt = -\frac{T_1}{RC}u_1 \quad (8-1)$$

由式(8-1)可以看出，积分器的输出电压 u_O 与输入电压 u_1 成正比。

当 n 位计数器计满 2^n 个脉冲后，计数器输出的进位脉冲给 FF_A 一个进位信号，使 FF_A 置 1，同时计数器返回全 0 状态。开关 S_1 由 u_1 端转换到参考电压 $-U_{REF}$ 处，第一次积分结束。考虑时钟 CP 的周期，则第一次积分的时间为

$$T_1 = 2^n T_{CP} \quad (8-2)$$

式中：T_{CP} 为时钟周期。

（3）第二次积分阶段。当第一次积分结束，开关 S_1 由 u_1 端转换到参考电压 $-U_{REF}$ 处，基准电压 $-U_{REF}$ 加到积分器的输入端，第二次积分开始。

在第二次积分的过程中，基准电压 $-U_{REF}$ 会使积分器 A_1 的输出电压 u_O 上升，当 u_O 经过一段积分时间 T_2 后，上升到 0，此时比较器的输出电压 u_C 将变成低电平，从而把控制门 G 封锁，CP 脉冲无法通过，计数器停止计数，第二次积分结束。

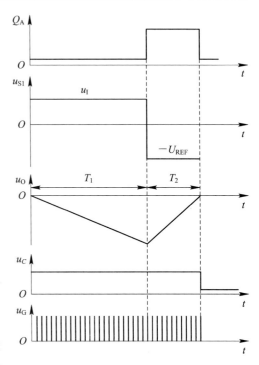

图 8.20　双积分型 A/D 转换器的工作波形

第二次积分结束后，转换控制信号 $u_L = 0$，计数器和附加触发器均被清零，开关 S_0 闭合，积分电容 C 充分放电，为下一次转换做好准备。

第二次积分结束时 u_O 以及 T_2 的表达式为

$$u_O = -\frac{1}{RC}\int_0^{T_2} (-U_{REF})dt - \frac{T_1}{RC}u_1 = 0 \quad (8-3)$$

计算可得

$$T_2 = \frac{T_1}{U_{REF}}u_1 \quad (8-4)$$

由式(8-4)可见，T_2 与输入信号 u_1 成正比，同时考虑计数器的时钟脉冲 CP 的周期为 T_{CP}，则 T_2 时间内的计数值 N 也与输入信号 u_1 成正比，即

$$N = \frac{T_2}{T_{CP}} = \frac{T_1}{T_{CP}U_{REF}}u_1 \quad (8-5)$$

将式(8-2)代入式(8-5)，可得

$$N = \frac{2^n}{U_{REF}}u_1 \quad (8-6)$$

不难得出，此时的计数值 N 对应的计数器中的二进制数即为对应的输入模拟电压对应的数字量。

只要 $u_1 < U_{REF}$，T_2 器件计数器不会产生溢出问题，转换器就能正常地将输入模拟电压转换为数字量。由于两次积分期间采用的是同一积分器，R、C 的参数和时钟源周期的变化

对转换精度的影响可以忽略，因此双积分型 ADC 的工作性能稳定。同时双积分型 ADC 在 T_1 时间内取的是输入电压的平均值，因此抗干扰能力强，对平均值为零的各种噪声有很强的抑制能力。在积分时间 T_1 等于工频周期的整数倍时，能有效地抑制来自电网的工频干扰。

双积分型 ADC 的缺点是工作速度较低，一般为 1 ms 左右。尽管如此，当要求速度不高时，如数字式仪表等，双积分型 ADC 的使用仍然十分广泛。

8.3.5 ADC 的主要技术参数

1. 分辨率

ADC 的分辨率用输出二进制数的位数表示，它描述了 ADC 对输入量微小变化的敏感程度。输入量的位数越多，误差越小，转换精度越高。例如，输入模拟电压的变化范围为 0～5 V，输出 8 位二进制数可以分辨的最小模拟电压为 $5 \text{ V} \times 2^{-8} = 20 \text{ mV}$；而输出 12 位二进制数可以分辨的最小模拟电压为 $5 \text{ V} \times 2^{-12} \approx 1.22 \text{ mV}$。

2. 转换精度

转换精度常用转换误差来描述。它表示 ADC 实际输出的数字量与理想值之差，通常用最低有效位 LSB 的倍数来表示。转换误差是综合性误差，它是量化误差、电源波动，以及转换电路中各种元件所造成的误差的总和。

3. 转换速度

转换速度是指电路完成一次转换所需要的时间。它是从接到转换控制信号起，到输出端得到稳定的数字输出为止所经过的时间。如 ADC0801，当 CP 的频率 $f = 640 \text{ kHz}$ 时，转换速度为 100 μs，转换时间越短，说明转换速度越快。

总体来说，直接型 ADC 的转换速度较间接型 ADC 快，但转换精度和抗干扰能力都不及间接型 ADC。

8.3.6 典型集成 ADC

集成 ADC 的芯片种类有很多，如 AD571、AD7135、ADC0801、ADC0809 等。下面以 AD 公司生产的 CMOS 单片 8 通道逐次渐近型 A/D 转换器 ADC0809 为例简单介绍一下集成 ADC。图 8.21 所示为 ADC0809 的内部结构原理框图。

从图 8.21 所示可以看出，ADC0809 可以连接 8 路模拟输入信号，由 8 选 1 模拟开关选择其中的一路进行 A/D 转换，输入电压范围为 0～5 V，输出有 8 位，故 A/D 转换后的输出二进制数的范围为 0～255，由于芯片内部有输出数据锁存器，输出的数字量可直接与 CPU 的数据总线相连，无需附加结构电路，其典型转换时间为 100 μs。

ADC0809 各个引脚的功能如下：

$\text{IN}_0 \sim \text{IN}_7$：8 路模拟信号的输入端。

$D_7 \sim D_0$：8 位数字信号的输出端。

CLOCK：时钟信号的输入端。

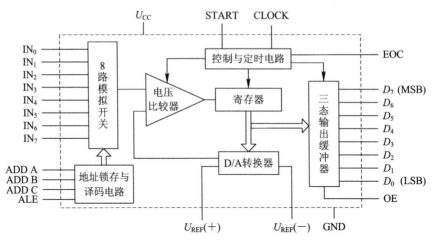

图 8.21　ADC0809 的电路结构框图

ADDA、ADDB、ADDC：地址码输入端，不同的地址码选择不同的输入模拟通道进行 A/D 转换。

ALE：地址锁存允许信号：它是一个正脉冲信号。在脉冲的上升沿将三位地址信号存入锁存器。

$U_{REF}(+)$、$U_{REF}(-)$：基准（参考）电压的正、负极。

START：A/D 转换启动信号，为一正脉冲信号。在 START 的上升沿，将片内寄存器清零；在 START 的下降沿，开始 A/D 转换。

EOC：A/D 转换结束信号，当 A/D 转换结束时，EOC 变为高电平，并将转换结果送入三态输出缓冲器，EOC 可作为向 CPU 发出的中断请求信号。

OE：输出使能控制端，OE 为高电平时将打开输出缓冲器，使转换结果出现在 $D_7 \sim D_0$ 端，当 OE 为低电平时，三态输出缓冲器输出为高阻态。

ADC0809 的工作过程是：首先，地址码输入端 ADDA、ADDB、ADDC 输入稳定模拟输入通道地址后，地址码锁存输入端 ALE 有效并将通道地址锁存，译码输出后选定输入模拟通道。其次，转换启动信号 START 有效启动 A/D 转换。转换完成后，由 EOC 发出转换结束指令，同时发送输出使能控制信号 OE，进行数据输出。

有关 ADC0809 的典型应用电路、详细的工作过程及使用中需要注意的问题，读者可参阅相关手册及参考书，这里不再赘述。

你知道吗？

通过本章的学习，我们知道了 ADC 和 DAC 这样的转换电路在集成电路中有很重要的作用，它在模拟信号和数字信号之间搭建了一座桥梁。但你知道吗？集成电路中不可或缺的芯片却出现在美国对我们制裁的黑名单上。所以，我们除了要知道 ADC 芯片的重要指标速度和精度，还要知道应该如何打破西方的技

第 8 章拓展阅读

术垄断，实现国产高速 ADC 芯片的突围。

本 章 小 结

1. 模/数转换器和数/模转换器是现代数字系统中的重要组成部分，在许多计算机控制、快速检测和信号处理等系统中的应用日益广泛。数字系统所能达到的精度和速度最终取决于模数转换器和数模转换器的转换精度和转换速度。因此，转换精度和转换速度是模数转换器和数模转换器的两个最重要的指标。

2. 数/模转换器的工作原理都是利用线性电阻网络来分配数字量各位的权，使输出电流与数字量成正比。在各种 D/A 转换器中倒 T 形电阻网络 DAC 结构简单，转换速度快、精度高，是目前使用较多的一种类型。

3. 模/数转换包括采样、保持、量化、编码四个过程。其工作原理是将输入的模拟电压与基准电压直接或间接比较，转换成数字量输出。量化、编码的方案很多，本章主要介绍了三种比较典型的 ADC。逐次渐近型、并联比较型的转换速度快、精度容易保证，调整方便。双积分型的工作速度低，但是其精度高，抗干扰性强，在测量仪表中应用较多。

本 章 习 题

1. 常见的数模转换器有哪几种？各有什么特点？

2. 如果希望 DAC 的分辨率优于 0.025%，应选几位的 DAC？

3. 某个数模转换器，要求 10 位二进制数能代表 $0\sim50$ V，试问此二进制数的最低位代表几伏？

4. 在如图 8.5 所示电路中，若 $U_R=-5V$，$R_F=R$，其最大输出电压为多少？

5. 某信号采集系统要求用一片 A/D 转换集成芯片在 1 s 内对 16 个热电偶的输出电压分时进行 A/D 转换。已知热电偶输出电压范围为 $0\sim0.025$ V（对应于 $0\sim450$ ℃温度范围），需要分辨的温度为 0.1℃，试问应选择多少位的 A/D 转换器，其转换时间为多少？

6. A/D 转换器有哪些主要性能指标？叙述其含义。

7. DAC0832 有几种工作方式？各用于什么场合？

8. 一个 8 位的倒 T 形电阻网络数/模转换器，$R_F=R$，若 $d_7\sim d_0$ 为 11111111 时的输出电压 $u_o=5$ V，则 $d_7\sim d_0$ 分别为 11000000、00000001 时 u_o 各为多少？

9. 10 位 $R-2R$ 电阻网络型 D/A 转换器如图 8.22 所示。

(1) 求输出电压的取值范围；

(2) 若要求输入数字量为 200H 时输出电压为 $v_O=5$ V，试问 U_{REF} 应取何值？

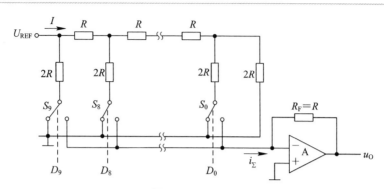

图 8.22 题 9 图

10. 图 8.23(a)所示为一个 4 位逐次逼近型 A/D 转换器，其 4 位 D/A 输出波形 v_O 与输入电压 v_I 分别如图 8.23(b)和(c)所示。

(1) 转换结束时，图 8.23(b)和(c)输出数字量各为多少？

(2) 若 4 位 DAC 的最大输出电压 $v_{O(max)} = 5$ V，试估算两种情况下的输入电压范围各为多少？

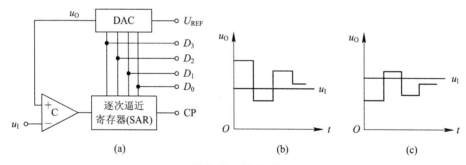

(a)　　　　　　(b)　　　　　　(c)

图 8.23 题 10 图

第 8 章 习题答案

第9章

半导体存储器

知识点

- 存储器的分类。
- 只读存储器的工作原理。
- 用只读存储器设计组合逻辑电路。
- 随机存储器的工作原理。
- 存储器容量的扩展方法。

9.1 概 述

存储器是数字系统和计算机中重要的组成部分，其功能是存放数据、指令等信息。

1. 存储器的分类

1) 按存储介质分类

（1）半导体存储器。存储元件由半导体器件组成的叫半导体存储器。半导体存储器的优点是体积小、功耗低、存取时间短，其缺点是当电源消失时，所存储的信息也随即丢失，是一种易失性存储器。半导体存储器按其材料的不同，可分为双极型（TTL）半导体存储器和 MOS 半导体存储器两种。

半导体存储器概述

前者具有高速的特点，而后者具有高集成度的特点，并且制造简单、成本低廉、功耗小的特点，故 MOS 半导体存储器被广泛应用，如 ROM、RAM。

（2）磁表面存储器。磁表面存储器是在金属或塑料基体的表面涂一层磁性材料作为记录介质，工作时磁层随载磁体高速运转，磁头在磁层上进行读/写操作，故称为磁表面存储器。按载磁体形状的不同，存储器可分为磁盘、磁带和磁鼓。由于用具有矩形磁滞回线特性的材料作磁表面物质，按存储器剩磁状态的不同而区分"0"或"1"，而且剩磁状态不会轻易丢失，故这类存储器具有非易失性的特点。如磁带、磁盘、硬盘等。

（3）光盘存储器。光盘存储器是应用激光在记录介质（磁光材料）上进行读写的存储器，具有非易失性的特点。光盘记录有密度高、耐用性好、可靠性高和互换性强等特点。如 CD、VCD、DVD 等。

2）按存取方式分类

（1）随机存储器（Random Access Memory，RAM）。RAM 是一种可读写存储器，其特点是存储器的任何一个存储单元的内容都可以随机存取，而且存取时间与存储单元的物理位置无关。计算机系统中的主存都采用这种随机存储器。由于存储信息原理的不同，RAM 又分为静态 RAM（以触发器原理寄存信息）和动态 RAM（以电容充放电原理寄存信息）。

（2）只读存储器（Read only Memory，ROM）。只读存储器是能对其存储的内容读出，而不能对其重新写入的存储器。这种存储器一旦写入了原始信息后，在程序执行的过程中，只能将信息读出，而不能重新写入新的信息去覆盖原始信息。因此，通常用 ROM 存放固定不变的程序、常数和汉字字库，甚至用于操作系统的固化。它与随机存储器可共同作为主存的一部分，统一构成主存的地址域。ROM 分为掩膜型只读存储器（Masked ROM，MROM）、可编程只读存储器（Programmable ROM，PROM）、可擦除可编程只读存储器（Erasable Programmable ROM，EPROM）、电可擦除可编程只读存储器（Electrically Erasable Programmable ROM，EEPROM）。以及近年来出现了的快擦型存储器（Flash Memory，FM），它具有 EEPROM 的特点，而且速度比 EEPROM 快得多。

（3）串行访问存储器。如果对存储单元进行读写操作时，需要按其物理位置的先后顺序寻找地址，则这种存储器叫做串行访问存储器。显然这种存储器由于信息所在的位置不同，使得读写的时间均不相同。如磁带存储器，不论信息处在存储器的哪个位置，读写时必须从其介质的始端开始按顺序寻找，故这类串行访问的存储器又叫作顺序存取存储器。还有一种属于部分串行访问的存储器，如磁盘。在对磁盘读写时，首先直接指出该存储器中的某个小区域（磁道），然后再顺序寻访，直至找到位置。故其前段是直接访问，后段是串行访问，也称其为半顺序存取存储器。

2. 存储器的性能指标

存储器的性能指标主要有存储容量和存取时间。

存储容量是指在一个存储器中可以容纳的存储单元总数，表示的是存储空间的大小，单位为字（Word，W）和字节（Byte，B）。存储器的容量＝字数 n×位数（字长）m。

存储器的字节数通常的计量单位为 KB、MB、GB，其中 1 KB＝2^{10}B＝1024 B，1 MB＝2^{20}B＝1024 KB，1 GB＝2^{30}B＝1024MB。

存取时间是指访问一次存储器所需要的时间，这个时间的上限称为最大存取时间，一般为十几纳秒到几百纳秒。最大存取时间越小，则存储器的工作时间也就越快。

半导体存储器有品种多、容量大、速度快、耗电省、体积小、操作方便、维护容易等优点，因此在数字设备和计算机中得到了广泛应用。本书主要介绍半导体存储器。

9.2　只读存储器

只读存储器是半导体存储器中结构最简单的一种存储器，它存储的内容是固定不变的，工作时只能从中读取信息，不能随时写入信息，所以称为只读存储器。只读存储器所存储的信息在断电后仍能保持，因此常用于存放固定的信息。

ROM 按照数据写入方式的不同，可分为掩膜 ROM(MROM)、可编程 ROM(PROM)、可擦除可编程 ROM(EPROM)、电可擦除可编程 ROM(EEPROM)等类型。它们的工作原理相同：MROM 中的内容是生产厂家利用掩膜技术写入内容的，使用时内容不能更改；PROM 的内容可由用户编好后写入，内容一经写入就不能再更改；EPROM 中存储的数据可以改写，但改写过程比较麻烦，所以在工作时也只进行读写操作；EEPROM 中存储的数据可以用电压信号快速改写，所以在工作时也只进行读写操作。

9.2.1　只读存储器的基本结构和工作原理

1. ROM 的结构

ROM 由地址译码器和存储矩阵两个部分组成，为了增强电路带负载的能力，在输出端接有读出电路，其结构示意图如图 9.1 所示。

只读存储器(ROM)

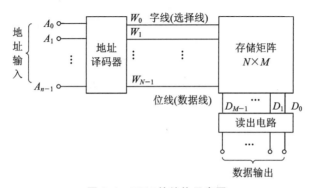

图 9.1　ROM 的结构示意图

存储矩阵是存储器的主体部分，由大量的存储单元组成。一个存储单元只能存储 1 位二进制数码 1 或 0。存储单元可以由二极管、双极性三极管或 MOS 管构成。

通常，数据和指令是用一定位数的二进制数来表示的，这个二进制数称为字，该二进制数的位数称为字长。在存储器中，以字为单位进行存储，每个字由若干个存储单元组成，即包含若干位。为了存取信息方便，必须给每个字单元以确定的标号，这个标号称为地址。不同的字单元具有不同的地址，从而在写入和读出信息时，便可以按照地址来选择欲读写的字单元。在图 9.1 中，W_0、W_1、$\cdots$、W_{N-1} 称为字单元的地址选择线，简称字线；而 D_0、D_1、$\cdots$、D_{M-1} 称为输出信息的数据线，简称位线。

存储器中所存储二进制信息的总位数(即存储单元数)称为存储器的存储容量。存储容量越大，存储的信息量就越多，存储的功能就越强。一个具有 n 条地址输入线(即有 $N=2^n$ 条字线)和 M 条数据输出线(即有 M 条位线)的 ROM，其存储容量为

$$存储容量＝字数线×位数线＝N×M(位)$$

地址译码器的作用是根据输入的地址代码 $A_{n-1}\cdots A_1 A_0$，从 W_0、W_1、$\cdots$、W_{N-1} 共 $N=2^n$ 条字线中选择一条字线，以确定与地址代码相对应的字单元的位置。至于选择哪一条字线，则确定于输入的是哪一个地址代码。任何时刻，只能选中一条字线。被选中的字线所对应的字单元中的各位数码便经位线 D_0、D_1、$\cdots$、D_{M-1} 传送到数据输出端。例如，若

地址代码为 $A_{n-1}\cdots A_1 A_0 = 0\cdots 10$，则选择的字线为 W_2，这时 $W_2 = 1$，而其他字线的值均为 0，因此字单元 2 中的各位数码便经位线 D_0、D_1、$\cdots$、D_{M-1} 传送到数据输出端。

2. ROM 的工作原理

图 9.2 所示是一个由二极管构成的容量为 4×4 的 ROM。从图中可知，地址译码器就是一个由二极管与门构成的阵列，称作与阵列；存储矩阵就是一个由二极管或门构成的阵列，称作或阵列。由此可以画出图 9.2 所示 ROM 的逻辑图，如图 9.3 所示。

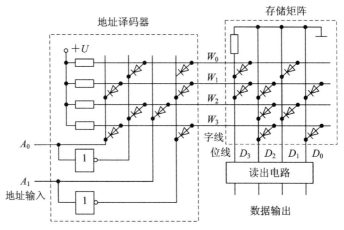

图 9.2　二极管 ROM 电路

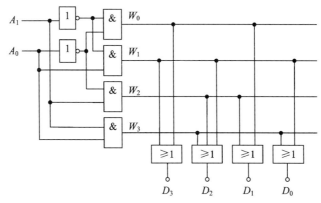

图 9.3　二极管 ROM 电路的逻辑图

由图 9.3 所示可知，该 ROM 的地址译码器部分由 4 个与门组成，存储矩阵部分由 4 个或门组成。2 个输入地址代码 $A_1 A_0$，经译码器译码后产生 4 个字单元的字线 W_0、W_1、W_2、W_3，地址译码器所接的 4 个或门，构成 4 位输出数据 D_3、D_2、D_1、D_0。

由图 9.3 可得地址译码器的输出为

$$W_0 = \bar{A}_1 \bar{A}_0, \ W_1 = \bar{A}_1 A_0, \ W_2 = A_1 \bar{A}_0, \ W_3 = A_1 A_0$$

存储矩阵的输出为

$$D_3 = W_0 + W_1 = \bar{A}_1 \bar{A}_0 + \bar{A}_1 A_0$$

$$D_2 = W_1 + W_2 + W_3 = \bar{A}_1 A_0 + A_1 \bar{A}_0 + A_1 A_0$$

$$D_1 = W_0 + W_2 = \bar{A}_1 \bar{A}_0 + A_1 \bar{A}_0$$

$$D_0 = W_1 + W_3 = \overline{A}_1 A_0 + A_1 A_0$$

由上述表达式可求出图 9.2 所示 ROM 的存储内容，如表 9.1 所示。

表 9.1　图 9.2 所示 ROM 的存储内容

地址代码		字线译码结果				存储内容			
A_1	A_0	W_0	W_1	W_2	W_3	D_3	D_2	D_1	D_0
0	0	1	0	0	0	1	0	1	0
0	1	0	1	0	0	1	1	0	1
1	0	0	0	1	0	0	1	1	0
1	1	0	0	0	1	0	1	0	1

　　结合图 9.2 和表 9.1 可以看出，图 9.2 中的存储矩阵有 4 条字线和 4 条位线，共有 16 个交叉点，每个交叉点都可看作是一个存储单元。交叉点处接有二极管相当于存 1，没有接二极管时相当于存 0。例如，字线 W_0 与位线有 4 个交叉点，其中只有两处接有二极管。当 W_0 为高电平(其余字线均为低电平)时，两个二极管导通，使位线 D_3 和 D_1 为 1，这相当于接有二极管的交叉点存 1。而另两个交叉点处由于没有接二极管，位线 D_2 和 D_0 为 0，这相当于未接二极管的交叉点存 0。存储单元是存 1 还是存 0，完全取决于只读存储器的存储需求，这在存储器设计和制造时已完全确定，不能改变，而且信息存入后，即使断电，所存信息也不会消失。所以，只读存储器又称为固定存储器。

　　由图 9.2 所示的 ROM 可以画成如图 9.4 所示的阵列图。在阵列图中，每个交叉点表示一个存储单元。有二极管的存储单元用黑点"·"表示，其意味着在该存储单元中存储的数据是 1。没有二极管的存储单元不用黑点"·"表示，其意味着在该存储单元中存储的数据是 0。例如，若地址代码为 $A_1 A_0 = 11$，则 $W_3 = 1$，字线 W_3 被选中，在 W_3 这行上有 2 个黑点"·"(存 1)，两个交叉点上无黑点"·"(存 0)，此时字单元 W_3 中的数据被输出，即只读存储器输出的数据为 $D_3 D_2 D_1 D_0 = 0101$。当然，只读存储器也可以从 $D_0 \sim D_3$ 各位线中单线输出信息，例如位线 D_0 的输出为 $D_0 = W_1 + W_3$。

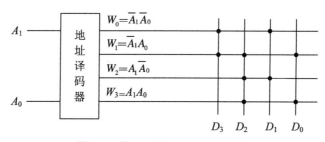

图 9.4　图 9.2 所示 ROM 的阵列图

　　存储矩阵也可由双极性晶体管或 MOS 型场效应管构成。存储矩阵中每个存储单元存储的二进制数码也是以该单元有无"管子"来表示。

　　图 9.5 所示为晶体管存储矩阵。字线和位线交叉点接有晶体管时，相当于存 1，无晶体管时相当于存 0。$W_0 \sim W_3$ 中某字线被选中时给出高电平，使接在这条字线上的所有晶体管导通，这些晶体管的发射极所接的位线为高电平，因此使数据输出端输出信息 1。

图 9.6 所示为场效应管储矩阵。字线和位线交叉点接有场效应管时，相当于存 1，无场效应管时相当于存 0。$W_0 \sim W_3$ 中某字线被选中时给出高电平，使接在这条字线上的所有场效应管导通，这些场效应管的漏极所接的位线为低电平，经反相器后，使数据输出端输出信息 1。

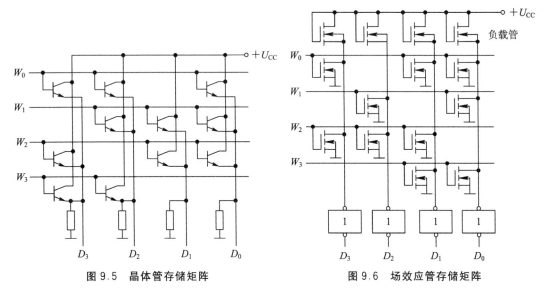

图 9.5　晶体管存储矩阵　　　　图 9.6　场效应管存储矩阵

9.2.2　用只读存储器实现组合逻辑函数

由 ROM 的工作原理可知，ROM 中的地址译码器实现了对输入变量的与运算，存储矩阵实现了有关字线变量的或运算。因此，ROM 实际上是由与阵列和或阵列构成的组合逻辑电路。理论上讲，利用 ROM 可以实现任何组合逻辑函数。

ROM 的应用

【例 9-1】用适当存储变量的 ROM 实现下列组合逻辑函数。

$$Y_1 = A \oplus B$$
$$Y_2 = AB + AC + BC$$
$$Y_3 = AB + BC + \bar{B}\bar{C}$$
$$Y_4 = \bar{A}\bar{C} + B\bar{C} + \bar{A}BC$$

解　（1）按 A、B、C 排列变量，写出各函数的最小项逻辑表达式为

$$Y_1 = \sum m(2,3,4,5)$$
$$Y_2 = \sum m(3,5,6,7)$$
$$Y_3 = \sum m(0,3,4,6,7)$$
$$Y_4 = \sum m(0,2,5,6)$$

（2）列真值表。

表 9.2　例 9 - 1 的真值表

A	B	C	被选中的字线	Y_1	Y_2	Y_3	Y_4
0	0	0	$W_0 = \overline{A}\,\overline{B}\,\overline{C} = 1$	0	0	1	1
0	0	1	$W_1 = \overline{A}\,\overline{B}C = 1$	0	0	0	0
0	1	0	$W_2 = \overline{A}B\overline{C} = 1$	1	0	0	1
0	1	1	$W_3 = \overline{A}BC = 1$	1	1	1	1
1	0	0	$W_4 = A\overline{B}\,\overline{C} = 1$	1	0	1	0
1	0	1	$W_5 = A\overline{B}C = 1$	1	1	0	1
1	1	0	$W_6 = AB\overline{C} = 1$	0	1	1	1
1	1	1	$W_7 = ABC = 1$	0	1	1	0

（3）选择合适的 ROM，对照真值表画出逻辑函数的阵列图。用 ROM 来实现这 4 个组合逻辑函数时，只要将 3 个变量 A、B、C 作为 ROM 的输入地址代码，而将 4 个逻辑函数 Y_1、Y_2、Y_3、Y_4 作为 ROM 中存储单元存放的数据即可。显然，该 ROM 的存储容量为 8×4 位，即存储 8 个字，每个字 4 位。根据各函数的最小项表达式，可画出用 ROM 来实现这 4 个逻辑函数的阵列图，如图 9.7 所示。

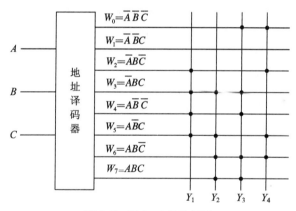

图 9.7　例 9 - 1 的阵列图

地址译码器输出 8 条字线 $W_0 \sim W_7$，被选中的字线为高电平。存储矩阵有 4 条位线 Y_1、Y_2、Y_3、Y_4。在 Y_1 线与字线 W_2、W_3、W_4、W_5 交叉点打上黑点"·"（存 1）。同样，在 Y_2 线与字线 W_3、W_5、W_6、W_7 交叉点打上黑点"·"（存 1），在 Y_3 线与字线 W_0、W_2、W_5、W_6 交叉点打上黑点"·"（存 1），即得到由 ROM 来实现这 4 个组合逻辑函数的阵列图。

由图 9.7 可以看出，作为地址译码器的与门阵列的连接是固定的，它的任务是完成对输入地址码的译码工作，从而产生一个个具体的地址（即地址码的全部最小项）。作为存储矩阵的或门阵列是可编程的，各个交叉点即可编程点的状态（即存储矩阵的内容），可由用户编程决定。

由例 9 - 1 可以看出，用 ROM 来实现组合逻辑函数的本质就是将待实现函数的真值表存入 ROM 中，即将输入变量的值对应存入 ROM 的地址译码器（与阵列）中，将输出函数的值对应存入 ROM 的存储单元（或阵列）中。

9.2.3 ROM 容量的扩展

常用的 EPROM 典型芯片有 2716(2K×8)、2732A(4K×8)、2764(8K×8)、27128 (16K×8)、27256(32K×8)和 27512(64K×8)等。图 9.8 所示是芯片 27256 的引脚排列图。

图 9.8 27256 的引脚排列图

正常使用时，$U_{CC}=5\ V$，$U_{PP}=5\ V$。编程时，$U_{PP}=25\ V$。$A_0 \sim A_{14}$ 为地址码输入端，$O_0 \sim O_7$ 为数据输出端。$\overline{OE}$ 为输出使能端，$\overline{OE}=0$ 时允许输出；$\overline{OE}=1$ 时，输出被禁止，ROM 输出端为高阻态。$\overline{CS}$ 为片选端，$\overline{CS}=0$ 时，ROM 工作；$\overline{CS}=1$ 时，ROM 停止工作，且输出为高阻态(不论 $\overline{OE}$ 为何值)。可见 ROM 输出能否被使能，同时取决于 $\overline{OE}$ 和 $\overline{CS}$ 的状态，只有当 $\overline{OE}$ 和 $\overline{CS}$ 均为 0 时，ROM 输出使能，否则被禁止，输出端为高阻态。

在实际工作时，常常需要应用大容量的 EPROM，当已有芯片容量不够时，可以用扩展容量的方法解决。扩展的方式有位扩展和字扩展。

1. 位扩展(字长的扩展)

现有型号的 EPROM 输出多为 8 位，若要扩展为 16 位，只需将两个 8 位输出芯片的地址线和控制线都分别并联起来，而输出一个作为高 8 位，另一个作为低 8 位即可。图 9.9 所示是将两个芯片 27256 扩展成 32K×16 位 EPROM 的连线图。

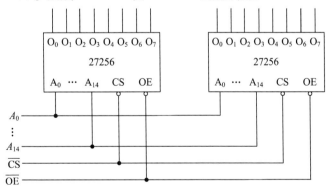

图 9.9 两片 27256 扩展成 32K×16 位 EPROM

2. 字扩展(字数扩展，即地址码扩展)

把各个芯片的输出数据线和输入地址线都对应地并联起来，而用高位地址的译码输出作为各芯片的片选信号 $\overline{CS}$，即可组成总容量等于各芯片容量之和的存储体。图 9.10 所示是用 4 个芯片 27256 扩展成为 4×32K×8 位 EPROM 的简化电路连线图。

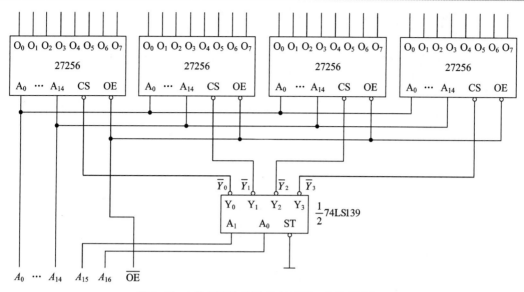

图 9.10   4 片 27256 扩展成 4×32K×8 位 EPROM

图 9.10 中地址码 $A_0 \sim A_{14}$ 接到各个芯片的地址输入端,高位地址 A_{15}、A_{16} 作为 2-4 线译码器 $\frac{1}{2}$74LS139 的输入信号,经译码后产生的 4 个输出信号 $\overline{Y_0} \sim \overline{Y_3}$ 分别接到 4 个芯片的 $\overline{\text{CS}}$ 端,对它们进行片选,选择情况及相应芯片的地址区间如表 9.3 所示。

表 9.3   片选情况及相应芯片的地址区间

A_{16}	A_{15}	Y_0	Y_1	Y_2	Y_3	选中芯片	芯片地址区间
0	0	0	1	1	1	1	$00A_{14}A_{13}\cdots A_0$
0	1	1	0	1	1	2	$01A_{14}A_{13}\cdots A_0$
1	0	1	1	0	1	3	$10A_{14}A_{13}\cdots A_0$
1	1	1	1	1	0	4	$11A_{14}A_{13}\cdots A_0$

9.3   随机存储器

随机存储器 RAM 又称作读/写存储器,在计算机中是不可缺少的部分。RAM 在电路正常工作时可以随时读出数据,也可以随时改写数据,但停电后数据会丢失。因此,RAM 的特点是使用灵活、方便,但数据易丢失。它适用于需要对数据随时更新的场合,如用于存放计算机中各种现场的输入、输出数据,中间结果及与外存交换信息等。

根据工作原理的不同,RAM 又分为静态随机存储器(Static RAM,SRAM)和动态随机存储器(Dynamic RAM,DRAM)两大类。它们的基本电路结构相同,不同之处在于存储电路的构成。

SRAM 的存储电路以双稳态触发器为基础，其状态稳定，只要不掉电，存储的信息就不会丢失，其优点是不需刷新（即每隔一定时间重写一次原信息），缺点是集成度低；DRAM 的存储电路以电容为基础，其电路简单，集成度高，但也存在问题，由于电路漏电电容中电荷会逐渐丢失，因此 DRAM 需要定时刷新。

9.3.1 随机存储器的基本结构和工作原理

随机存储器 RAM 的结构框图如图 9.11 所示，其主要由存储矩阵、地址译码器和读/写控制电路三个部分组成。

随机存储器（RAM）

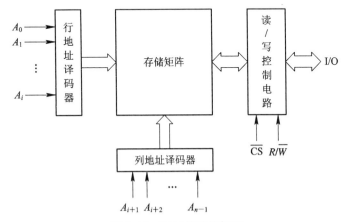

图 9.11 RAM 的结构框图

存储矩阵是整个电路的核心，它由许多存储单元排列而成。地址译码器根据输入地址码选择要访问的存储单元，通过读/写控制电路对其进行读/写操作。

地址译码器一般都分为行译码器和列译码器两个部分。行地址译码器将输入地址代码的若干位译成某一条字线的输出高、低电平信号，从存储矩阵中选中一行存储单元；列地址译码器将输入地址代码的其余几位译成某一根输出线上的高、低电平信号，从字线选中的一行存储单元中再选一位（或几位），使这些被选中的单元与读/写控制电路、输入/输出端接通，以便对这些单元进行读/写操作。

读/写控制电路用于控制电路的工作状态。当读/写控制信号 $R/\overline{W}=1$ 时，执行读操作，将存储单元里的数据送到输入/输出端；当读/写控制信号 $R/\overline{W}=0$ 时，执行写操作，加到输入/输出端上的数据被写入存储单元中。

在读/写控制电路上均另有片选输入$\overline{CS}$：当$\overline{CS}=0$ 时，RAM 处于工作状态；当$\overline{CS}=1$ 时，所有的输入/输出端都为高阻状态，因而不能对 RAM 进行读/写操作。

9.3.2 静态随机存储器

SRAM 的存储单元是在锁存器（或触发器）的基础上附加门控管构成的。典型的 SRAM 存储单元由六个增强型 MOS 管组成，其结构如图 9.12 所示。其中，$VT_1 \sim VT_4$ 组成 RS 锁存器，用于存储 1 位二进制数据。X_i 是行选择线，由行译码器输出；Y_j 是列选择线，由列地址译码器输出。VT_5、VT_6 为门控管，作模拟开关使用，用来控制锁存器与位线接通或断开。VT_5、VT_6 由 X_i 控制，当 $X_i=1$ 时，VT_5、VT_6 导通，锁存器与位线接通；当 $X_i=0$ 时，VT_5、VT_6 截止，锁存器与位线断开。VT_7、VT_8 是列存储单元共用的控制门，用于控制位线与数据线的接通或断开，由列选择线 Y_j 控制。只有行选择线和列选择线均为高电平时，VT_5、VT_6、VT_7、VT_8 都导通，锁存器的输出才与数据线接通，该单元才能通过数据线传送数据。因此，存储单元能够进行读/写操作的条件是与它相连的行、列选择线均为高电平。断电后，锁存器的数据丢失，所以 SRAM 具有掉电易失性。

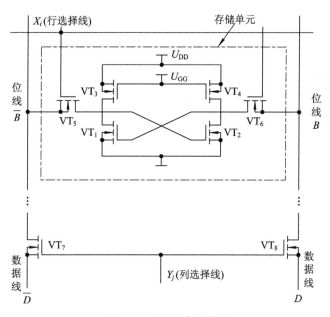

图 9.12　SRAM 存储单元

9.3.3　动态随机存储器

DRAM 的存储单元由一个 MOS 管和一个容量较小电容器构成，如图 9.13 所示。DRAM 存储数据的原理源于电容器的电荷存储效应。当电容器 C 充有电荷呈现高电压时，相当于存储 1；当电容器 C 没有电荷时，相当于存储 0。MOS 管的 VT 相当于一个开关，当行选择线 X 为高电平时，VT 导通，电容器 C 与位线接通；当行选择线 X 为低电平时，VT 截止，电容器 C 与位线断开。由于电路中漏电流的存在，电容器上存储的电荷不

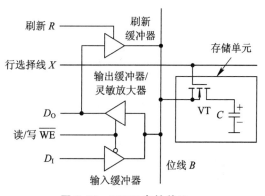

图 9.13　DRAM 存储单元

能长久保持，为了避免存储的数据丢失，必须定期给电容器补充电荷，补充电荷的操作称为刷新或再生。由于结构上的区别，DRAM 较之 SRAM 具有高集成度、低功耗等优点。

写操作时，行选择线 X 为高电平，VT 导通，电容器 C 与位线 B 接通。此时读写控制信号 $\overline{WE}$ 为低电平，输入缓冲器被选通，数据 D_I 经缓冲器和位线写入存储单元。如果 D_I

为 1，则向电容器充电；如果 D_1 为 0，则电容器放电。未选通的缓冲器呈高阻状态。

读操作时，行选择线 X 为高电平，VT 导通，电容器 C 与位线 B 接通。此时读写控制信号 $\overline{WE}$ 为高电平，输出缓冲器/灵敏放大器被选通，电容器中存储的数据（电荷）通过位线和缓冲器输出，读取数据为 D_O。

由于读操作会消耗电容器 C 中的电荷，存储的数据会被破坏，所以每次读操作结束后，必须及时对读出的单元进行刷新（即此时刷新控制 R 也为高电平），读操作得到的数据经过刷新缓冲器和位线对电容器 C 进行刷新。输出缓冲器和刷新缓冲器构成一个正反馈环路，如果位线为高电平，则将位线电平拉向更高；如果位线为低电平，则将位线电平拉向更低。

由于存储单元中电容器的容量很小，所以在位线容性负载较大时，电容器中存储的电荷可能还未将位线拉高至高电平时便被耗尽了，由此引发读操作错误。为了避免这种情况，通常在读操作之前先将位线电平预置为高电平和低电平的中间值。位线电平的变化经灵敏放大器放大，可以准确得到电容器所存储的数据。

9.3.4 RAM 容量的扩展

由前面的分析可知，若一片 RAM 的地址线个数为 N，数据线个数为 M，则在这片 RAM 中可以确定的字数（存储单元的个数）为 2^N，该片的存储容量为 $2^N \times M$（位）。单片 RAM 的容量是有限的，对于一个大容量的存储系统，则可将若干片 RAM 组合在一起扩展而成。扩展的方法分为位扩展和字扩展两种。

存储器容量的扩展

1. 位扩展

位扩展是指增加存储字长，或者说增加数据位数。图 9.14 所示为一个用 8 片 1024×1 位的 RAM 连接成的 1024×8 位的 RAM。

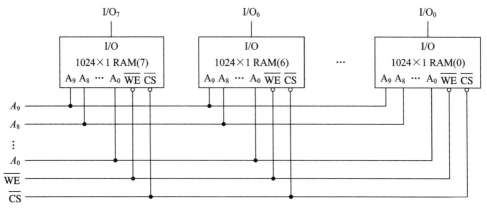

图 9.14　RAM 的位扩展示例

2. 字扩展

字扩展是指增加存储器字的数量，或者增加 RAM 内存储单元的个数。图 9.15 所示为采用字扩展方式将 4 片 1024×8 位 RAM 连接成 4096×8 位 RAM 的应用实例。四片 1024×8

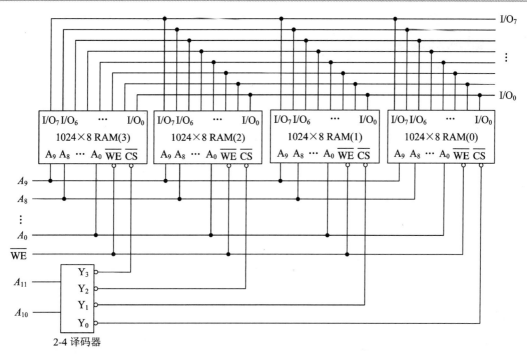

图 9.15　RAM 的字扩展示例

位的 RAM 共 4096 个字，而每片 RAM 的地址线只有 10 条（$A_9 \sim A_0$），寻址范围为 0～1023，无法辨别当前数据 $I/O_7 \sim I/O_0$ 对应的是 4 片 RAM 中的哪一片。因此，需要增加两条地址线 A_{11} 和 A_{10}，总的地址线为 12 条，寻址范围为 0～4095。两条地址线 A_{11} 和 A_{10} 经过 2-4 线译码器译码后可选择 4 片 RAM 中的任意一个。当 A_{11} 和 A_{10} 分别取值 00、01、10、11 时，则分别选中 RAM(0)、RAM(1)、RAM(2)、RAM(3)。表 9.4 所示描述了地址空间的分配。

　　4 片 1024×8 位的 RAM 的低 10 位地址 $A_9 \sim A_0$ 是相同的，在连线时将它们并联起来。需要并联连接的还有每片 RAM 的 8 位数据线 $I/O_7 \sim I/O_0$。

表 9.4　图 9.15 中各片 RAM 地址空间的分配

器件编号	A_{11}　A_{10}	$\overline{Y_3}$	$\overline{Y_2}$	$\overline{Y_1}$	$\overline{Y_0}$	地址范围 $A_9 \sim A_0$
RAM(0)	0　　0	1	1	1	0	0～1023
RAM(1)	0　　1	1	1	0	1	1024～2047
RAM(2)	1　　0	1	0	1	1	2048～3071
RAM(3)	1　　1	0	1	1	1	3072～4095

　　根据实际设计的需求，当 RAM 的位长不够时，使用位扩展方式对其进行扩展；当字数不够时，采用字扩展方式对其进行扩展；当位长和字数都不够时，还可对其进行字位扩展。

你知道吗?

通过本章的学习,我们知道存储器有 ROM 和 RAM 两大类,作为计算机中必不可少的部分,它的存储能力也是衡量计算机性能的重要指标。从 1966 年 IBM 公司研制出第一块半导体存储器到现在的 50 多年的时间里,中国的存储器技术经历了怎样的发展? 二十多年前的一块 32 M 优盘是什么价格? 国产的存储器品牌都有哪些? 这些,你知道吗?

第 9 章拓展阅读

本 章 小 结

1. 半导体存储器是现代数字系统尤其是计算机中的重要组成部分,其可分为只读存储器(ROM)和随机存取存储器(RAM)两大类,当前主要是用 MOS 工艺制造的大规模集成电路。存储器的存储容量用存储的二进制数的字数与每个字的位数的乘积来表示。存储器容量的扩展有字扩展和位扩展两种方式,通过字数和位数的扩展,可以组成大容量的存储器。

2. ROM 是一种非易失性的存储器。ROM 是由与门阵列(地址译码器)和或门阵列(存储矩阵)构成的组合逻辑电路,因此 ROM 可用来实现各种组合逻辑函数,也可用 ROM 来构成各种函数运算表电路或各种字符发生电路。

3. RAM 是一种时序逻辑电路,具有记忆功能。RAM 内存储的信息会因断电而丢失,因而是一种易失性的存储器。RAM 有 SRAM 和 DRAM 两种类型,SRAM 用触发器存储数据,DRAM 靠 MOS 管栅极电容存储信息。因此,在不断电的情况下,SRAM 中的信息可以被长久保存,而 DRAM 则必须定期刷新。

本 章 习 题

1. 一个容量为 16 KB×4 的 RAM,其共有多少个存储单元,多少根地址线,多少根数据线?

2. 指出下列容量的半导体存储器的字数,具有的数据线数和地址线数。

(1) 512×8 位;

(2) 1KB×4 位;

(3) 64KB×1 位;

(4) 256KB×4 位。

3. 若存储芯片的容量为 128 KB×8 位，求：

(1) 访问该芯片需要几位地址？

(2) 设该芯片在存储器中的首地址为 A0000H 时，末地址应是多少？

4. 某多值逻辑函数表达式为

$$
\begin{cases}
Y_3 = A \oplus B \\
Y_2 = \overline{AB} \\
Y_1 = \overline{A+B} \\
Y_0 = A + B
\end{cases}
$$

试用 ROM 实现该逻辑函数。

5. 若将 1024×1 位的 RAM 芯片组成 2048×1 位的 RAM 电路，

(1) 应需几片 1024×1 位的芯片？

(2) 还需要哪种集成芯片？

(3) 试画出扩展电路。

6. 试用 3/8 线译码器将 8 片 1K×4 位的 RAM 扩展成 8K×4 位的 RAM。

第 9 章　习题答案

第 10 章

可编程逻辑器件

知识点

- 可编程逻辑器件的基本概念。
- 可编程逻辑器件的基本结构。
- 复杂可编程逻辑器件。
- 可编程逻辑器件的编程。

10.1 概　　述

数字电路中的一些常用部件，如各种门电路、加法器、编码器、译码器、触发器、计数器、寄存器等，它们的功能及引脚排列顺序都是器件厂家在制造时确定的，用户只能使用而不能改变其内部功能，这类器件称为通用片。而在一块器件内，如果能实现上述全部功能或者部分功能，而实现什么功能是由用户控制的，则这类器件称为可编程器件。随着半导体技术的不断发展，可编程器件的种类和应用越来越多，而通用片的应用相应地减少了。

可编程逻辑器件(Programmable Logic Device,PLD)是 20 世纪 70 年代发展起来的新型逻辑器件，相继出现了 PLA、PAL、GAL、CPLD 和 FPGA 等多个品种，它们的组成和工作原理基本相同。下面对这些器件逐一进行介绍。

10.2 PLA 与 PAL

用可编程逻辑阵列器件(Programmable Logic Array,PLA)实现逻辑函数时，运用简化后的最简与式(即由与阵列构成乘积项)，根据逻辑函数由或阵列实现相应乘积项的或运算。在 PLA 中，对多输入、多输出的逻辑函数可以利用公共的与项，因而提高了阵列的利用率。

可编程阵列逻辑(Programmable Array Logic,PAL)器件由可编程的与逻辑阵列、固定的或逻辑阵列和输出电路三部分组成。通过对与逻辑阵列编程可以获得不同形式的组合逻辑函数。另外，在有些型号的 PAL 器件中，输出电路中设置有触发器和从触发器输出到与逻辑阵列的反馈线，利用这种 PAL 器件还可以很方便地构成各种时序逻辑电路。

10.2.1　可编程逻辑器件的基本结构

PLD 主要由输入缓冲、与阵列、或阵列、输出结构等四部分组成，如图 10.1 所示。

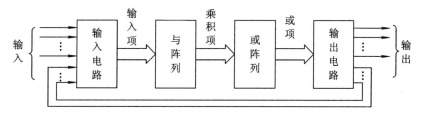

图 10.1　可编程逻辑器件结构

PLD 的核心部分是可以实现与-或逻辑的与阵列和或阵列，由与门构成的与阵列用来产生乘积项，由或门构成的或阵列用来产生乘积项之和这一形式的函数。输出信号往往可以通过内部通路反馈到与阵列的输入端。为了适应各种输入，与阵列的每个输入端（包括内部反馈信号输入端）都有输入缓冲电路，从而降低了对输入信号的要求，使之具有足够的驱动能力，并产生原变量和反变量（两个互补的信号）。有些 PLD 的输入电路还包含锁存器（Latch），甚至是一些可以组态的输入宏单元，可对信号进行预处理。对于不同的 PLD 输出结构的差异很大，有些是组合输出结构，有些是时序输出结构，还有些是可编程的输出结构，这些都可以实现各种组合逻辑和时序逻辑功能。

10.2.2　可编程逻辑阵列

1. PROM 器件

PROM 是最早的 PLD 器件，其内部结构包含一个固定的地址译码器（与阵列，用来选择存储单元）和一个可编程的存储矩阵（或阵列，用来存放代码或数据）。图 10.2 所示是一个简单 PROM 的阵列结构，它有三个地址输入端 A_2、A_1、A_0，经地址译码器译码后产生 8 条字线，存储矩阵有三个数据输出端 D_2、D_1、D_0，所以该 PROM 的存储容量为 8×3。PROM 一般用来存储计算机程序和数据，它的输入是计算机存储器地址，输出是存储单元的内容。由图 10.2 可知，PROM 的与阵列是一个全译码的阵列，即对于某一组特定的输入 A_2、A_1、A_0，只能产生一个唯一的乘积项。因为是全译码，当输入变量为 n 个时，阵列的规模为 $2n$，所以 PROM 的规模一般都比较大。

PROM 最初只作为计算机的存储器，并不是用来实现逻辑电路的，但是根据 PROM 的内部组成，不难发现用它可以非常方便地实现组合逻辑电路。

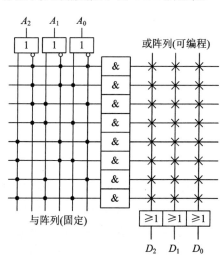

图 10.2　PROM 的阵列结构

用 PROM 来实现组合逻辑函数时，输入信号从 PROM 的地址输入端加入，输出信号由 PROM 的数据输出端产生。

用 PROM 实现组合逻辑函数的方法与 ROM 相同，即首先列出要实现的逻辑函数的真值表，然后根据真值表画出用 PROM 实现这些逻辑函数的阵列图。

2. PLA 器件及其应用

虽然用户能对 PROM 所存储的内容进行编程，但 PROM 的全译码阵列中的所有输入组合中有相当一部分在实现逻辑功能时并没有用到。当输入信号较多时，用 PROM 实现函数的效率极低，出现上述现象的原因在于 PROM 并不是专门用来设计逻辑电路的。

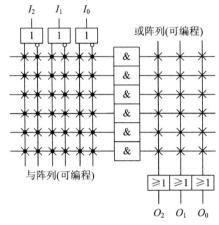

图 10.3 PLA 的阵列结构

PLA 就是为了专门用来设计逻辑电路而开发的可编程逻辑器件，它的出现弥补了 PROM 的不足。PLA 的基本结构为与阵列和或阵列，且都是可编程的，如图 10.3 所示。由于 PLA 的与阵列和或阵列都可编程，也就是它的与阵列可按需要产生任意的与项，或阵列也可按需要产生任意的或项，所以用 PLA 可以实现逻辑函数的最简与或表达式。这意味着设计者可以控制 PLA 的全部输入和输出，为逻辑功能的处理提供了更有效的方法。然而，PLA 在实现比较简单的逻辑功能时还是比较浪费的，且 PLA 的价格昂贵，相应的编程工具也比较贵。

用 PLA 实现逻辑函数时，首先需要将逻辑函数化为最简与或表达式，然后根据最简与或表达式画出 PLA 的阵列图。

【**例 10 - 1**】 用 PLA 实现下列逻辑函数。

$$Y_1 = A\bar{B} + AB + ABC\bar{D} + ABCD$$

$$Y_2 = \bar{A}B + B\bar{C} + AC$$

$$Y_3 = AB\bar{D} + A\bar{C}D + AC + AD$$

$$Y_4 = \bar{A}\,\bar{B}\,C + \bar{A}BC + AB\bar{C} + ABC$$

解 ① 将函数化为最简与或式：

$$Y_1 = A, \quad Y_2 = B + AC, \quad Y_3 = AB + AC + AD, \quad Y_4 = AB + \bar{A}C$$

② 画阵列图。根据上式，只需 6×4 的 PLA（含六个与门和四个或门）便可实现这一组逻辑函数。画阵列图时，先在与阵列中按所需的与项编程，再在或阵列中按各个函数的最简与或表达式编程，如图 10.4 所示。在图 10.4 中，虚线将与平面和或平面分割开来，然后进行相应的编程。在可编程阵列图中，打叉的节点表示相关的变量连接起来，没有打叉的节点表示不连接，这样就可以得到相应输出变量与输入变量之间的逻辑关系。

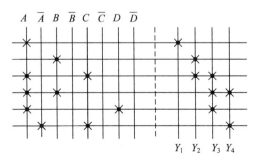

图 10.4 例 10 - 1 的阵列图

10.2.3　可编程阵列逻辑

PAL 的结构是与阵列可编程，或阵列固定，
常有四种基本结构。

1. 专用输出基本门阵列结构

这种输出结构如图 10.5 所示，图中表示一个输入、一个输出和四个乘积项，输出部分
采用或非门，称作低电平有效 PAL 器件。如输出采用或门，则称为高电平有效 PLA 器件。
若采用互补输出的或门，则称为互补输出器件。

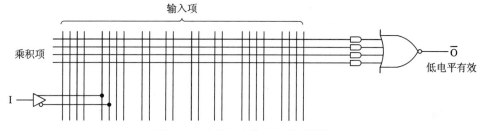

图 10.5　专用输出基本门阵列结构

2. 可编程 I/O 输出结构

可编程 I/O 输出结构如图 10.6 所示。这种结构有 8 个乘积项、2 个输入(其中一个是
来自外部的输入信号 I，另一个则是来自组合函数的输出反馈或者 I/O 引脚)。I/O 引脚的
输入或输出方式通过编程决定，当最上面的乘积项信号为高电平时，三态门开通，I/O 引
脚可作为输出，并可作为一路信号反馈到与阵列作为输入，而当最上面的乘积项信号为低
电平时，三态门关断，I/O 引脚作为输入使用，这样 I/O 引脚具有双向功能，也可以提供动
态的 I/O 控制，这种结构适合于双向移位和传送数据等场合。

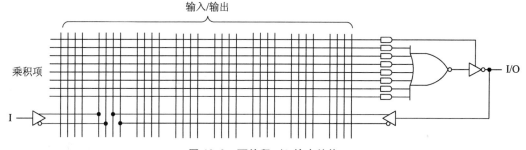

图 10.6　可编程 I/O 输出结构

3. 寄存器型输出结构

寄存器型输出结构也可以称作时序结构，如图 10.7 所示，这种结构有 8 个乘积项进入
或门，或门的输出通过 D 触发器，在 CP 的上升沿时到达输出。触发器的 Q 端可以通过三
态缓冲器送到输出引脚，而触发器的 $\bar{Q}$ 端反馈回与阵列并作为输入信号参与更复杂的时序
逻辑运算。该结构组成的 PAL 器件的时钟 CP 和使能 $\overline{OC}$ 是 PAL 器件的公共端。寄存器型

输出结构适用于计数器和移位寄存器等。

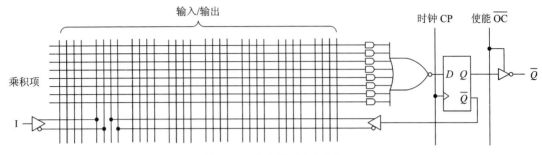

图 10.7　寄存器型输出结构

4. 带异或门的寄存器型输出结构

带异或门的寄存器型输出结构见图 10.8。这类 PAL 实际上是在寄存器型输出结构上增加了一个异或门，它把乘积项分割成两个和项，这两个和项在触发器的输入端异或之后，在时钟上升沿到来时存入触发器内。这种结构的 PAL 器件适用于计数和保持逻辑等。

一些 PAL 器件是由数个同一类型结构组成的，有的则是由不同类型结构混合组成的。如由 8 个寄存器型输出结构组成的 PAL 器件命名为 PAL16R8，由 8 个可编程 I/O 输出结构组成的 PAL 器件则命名为 PAL16L8。下面以 PAL16L8 来讨论 PAL 的整体器件结构以及使用方法。

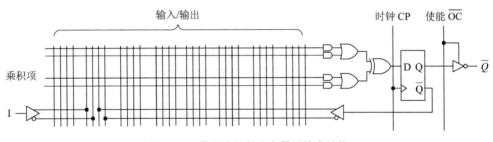

图 10.8　带异或门的寄存器型输出结构

10.3　通用阵列逻辑

通用阵列逻辑(Generic Array Logic,GAL)是一种电擦除可重复编程的逻辑器件，具有灵活的可编程输出结构，使得为数不多的几种 GAL 器件几乎能够代替所有 PAL 器件和数百种中小规模标准器件。而且，GAL 器件采用先进的 EECMOS(电擦除式互补金属氧化半导体)工艺，可以在几秒钟内完成对芯片的擦除和写入，并允许反复改写，为研制开发新的逻辑系统提供了方便，因此 GAL 器件得到了广泛的应用。GAL 和 PAL 在结构上的区别见图 10.9。

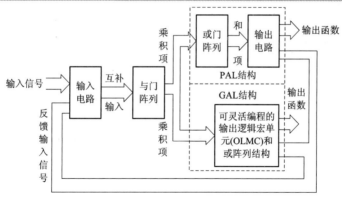

图 10.9　GAL 和 PAL 基本结构的比较框图

10.3.1　GAL 的基本结构

GAL 的基本结构如图 10.9 所示。普通型 GAL 器件与 PAL 器件有相同的阵列结构，均采用与阵列可编程、或阵列固定的结构。

以 GAL16V8 器件为例，GAL16V8 中的 16 表示阵列的输入端数量，8 表示输出端数量，V 则表示输出形式可以改变的普通型。

GAL16V8 的片内逻辑阵列图如图 10.10 所示。

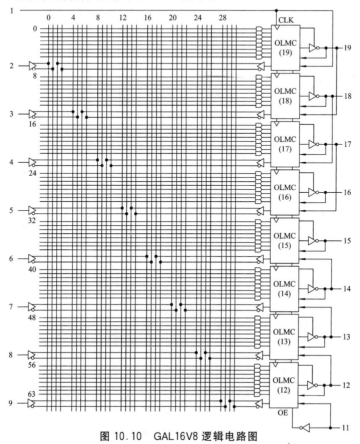

图 10.10　GAL16V8 逻辑电路图

1. 基本结构

1）输入/输出缓冲器

输入/输出缓冲器包括 9 个输入缓冲器的输入端（引脚 $1\sim9$），9 个三态输出缓冲器的输出端（引脚 $11\sim19$）。

2）与阵列

与阵列是由 16 个信号形成 32 条互补输入垂直线和 64 条水平乘积线构成的 32×64 的矩阵，即有 2048 个可编程单元。

3）输出逻辑宏单元

输出逻辑宏单元（OLMC）由或门、异或门、D 触发器、多路选择器（MUX）、时钟控制器、使能控制器和编程元件等组成。

2. GAL 器件的主要性能和特点

与 PAL 相比，GAL 具有以下特点：

（1）有较高的通用性和灵活性；

（2）100%可编程；

（3）100%可测试；

（4）采用高性能的 $\mathrm{E^2COMS}$ 工艺。

10.3.2 输出逻辑宏单元

图 10.11 所示为 GAL 器件输出逻辑宏单元（Output Logic Macro Cell，OLMC）的结构图。

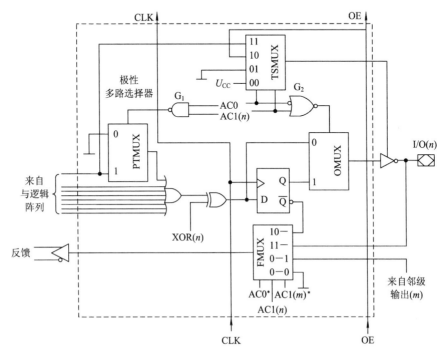

图 10.11 GAL 的输出逻辑宏单元

由图 10.11 可知，OLMC 由 1 个 8 输入或门、1 个异或门、1 个 D 触发器和 4 个数据选择器组成。8 输入或门接收来自可编程与阵列的 7～8 个与门的输出信号，完成乘积项的或运算。异或门用来控制输出极性。当 XOR(n)＝0 时，异或门输出极性不变；当 XOR(n)＝1 时，异或门输出极性与原来相反。D 触发器作为状态存储器，使 GAL 器件能够适应时序逻辑电路。4 个多路数据选择器是 OLMC 的关键器件，它们分别是乘积项数据选择器（PTMUX）、输出三态控制数据选择器（TSMUX）、输出控制数据选择器（OMUX）及反馈控制数据选择器（FMUX）。

1. 乘积项数据选择器

乘积项多路选择器（PTMUX）用于控制来自与阵列的第一个乘积项，完成二选一功能。若信号 AC0·AC1(n) 为 1，则第一个乘积项作为 8 输入或门的一个输入项；若为 0，则该多路选择器选择地信号送或门输入端，这时或门只能接收 7 个来自与阵列的乘积项。如果输出三态门不用第一个乘积项控制，则多路选择器将选择乘积项送或门输入端，这样或门可以接收 8 个与阵列输出的乘积项。

2. 输出控制数据选择器

输出控制数据选择器（OMUX）也是一个二选一多路选择器，它在信号 AC0＋AC1(n) 的控制下，分别选择异或门输出端（称为组合型输出）及 D 触发器输出端（称为寄存型输出）送输出三态门，以便适用于组合电路和时序电路。若 AC0＋AC1(n) 为 0，则异或门的输出送到输出缓冲器，输出是组合的；若为 1，则 D 触发器的输出 Q 值送到输出缓冲器，输出是寄存的。

3. 输出三态控制多路选择器

输出三态控制多路选择器（TSMUX）是一个四选一多路选择器，其受信号 AC0、AC1(n) 的控制，若 AC0AC1(n) 为 00，则取电源 U_{CC} 为三态控制信号，输出缓冲器被选通；若为 01，则地电平为三态控制信号，输出缓冲器呈高阻态；若为 10，则 OE 为三态控制信号；若为 11，则取第一乘积项为三态控制信号，使输出三态门受第一乘积项控制。

4. 反馈控制数据选择器

反馈控制数据选择器（FMUX）也是一个四选一多路选择器，用于选择不同信号反馈给与阵列作为输入信号，它受 AC0·AC1(n)·AC1(m) 的控制，使反馈信号可为地电平，也可为本级 D 触发器的 Q 端或本级输出三态门的输出，当 AC0·AC1(n)·AC1(m) 为 01 时，反馈信号来自邻级三态门的输出，由于邻级(m)电路 的 AC0·AC1(m)＝01，其三态门处于断开状态，故此时是把邻级的输出端作为输入端用，本级(n)为其提供通向与阵列的通路。

图 10.11 中异或门用于控制输出信号的极性。当 XOR(n)＝1 时，异或门起反向器作用，再经过输出门的反向后，使输出为高电平有效。当 XOR(n)＝0 时，异或门输出与或门输出同相，经输出门的反向后，使输出为低电平有效。AC0，AC1(n)，XOR(n)、AC1(m)

及 SYN 都是 OLMC 的控制信号，它们是结构控制字中的可编程位，由编译器按照用户输入的方程式编译而成，其中 XOR(n) 和 AC1(n) 是每路输出各有一位，n 为对应的 OLMC 的输出引脚号，而 $n+1$ 则代表相邻的一位，即 m 为 $m+1$ 或 $n-1$，视其位置而定。AC0 只有一个，为各路所共有。SYN 也只有一个，它决定 GAL 是组合型输出，还是寄存型输出，并决定时钟输入 CLK 和外部提供的三态门控制线 OE 的用法。若 SYN=1，则所有输出都没有工作在寄存器输出方式，1 脚（CLK）和 11 脚（OE）都可作为一般的输入来用。若 SYN=0，则至少有一个工作在寄存器输出方式，1 脚（CLK）和 11 脚（OE）就不能当作一般的输入来用，而必须分别作为时钟输入端和输出三态门的使能端。

10.3.3　GAL 器件的编程位地址和结构控制字

1. 结构控制字寄存器

图 10.12 所示是对 OLMC 编程的结构控制字寄存器，它有 82 位，两端的 32 位为乘积项失效位，中间的 18 位为控制字，其中 SYN 和 AC0 各占一位，同时控制 8 个 OLMC。AC1(n) 和 XOR(n) 各有 8 位，分别控制 8 个 OLMC。

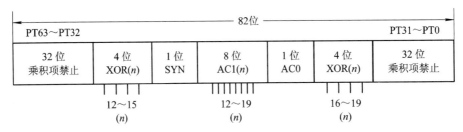

图 10.12　GAL16V8 结构控制字寄存器

在图 10.12 中，有

XOR(n)：输出极性选择位，共 8 位，分别控制 8 个 OLMC 的输出极性。异或门的输出是 D 与它的输入信号 B 和 XOR(n) 之间的关系为

$$D = B \oplus \text{XOR}(n)$$

当 XOR(n)=0 时，$D=B$；当 XOR(n)=1 时，$D=\bar{B}$。

SYN：OLMC 为时序逻辑电路（D 触发器工作）还是组合逻辑电路（D 触发器不工作）。当 SYN=0 时，OLMC 为时序逻辑电路，此时 OLMC 中的 D 触发器处于工作状态，能够用它构成时序电路；当 SYN=1 时，OLMC 中的 D 触发器处于非工作状态，因此，这时 OLMC 只能是组合逻辑电路。这里要指出一点，当 SYN=0 时，8 个 OLMC 均可构成时序电路，但并不是说 8 个 OLMC 都必须构成时序电路，可以通过其他控制字，使 D 触发器不被使用，这样便可以构成组合逻辑输出。但只要有一个 OLMC 需要构成时序逻辑电路，就必须使 SYN=0。

AC0、AC1(n)：与 SYN 相配合，用来控制输出逻辑宏单元的输出组态。

2. GAL 的行地址分配与编程

图 10.13 为 GAL 地址映射图,它不是实际器件的编程单元空间分布图。

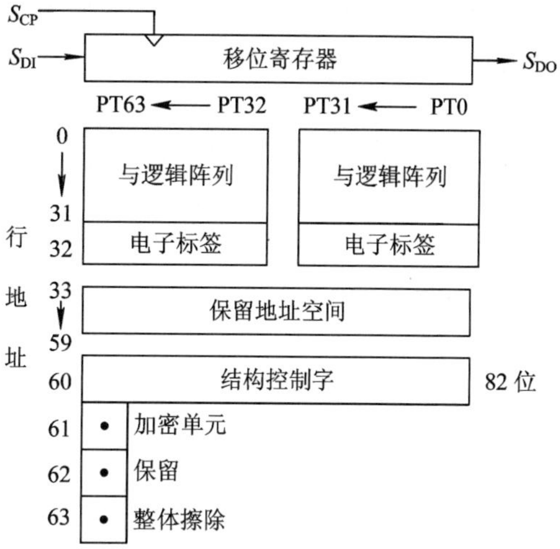

在图 10.13 中,有

(1) 移位寄存器(SRL):串行右移寄存器。在对器件编程时,用于把各位编程数据由 9 脚串行输入;在测试编程结果时,用于从阵列中读出编程数据,并由 12 脚串行输出。

(2) 0～31 行为编程与逻辑阵列的行地址,每行为 64(0～63)位数据。

(3) 第 32 行为电子标签,供用户标注说明。

图 10.13 GAL16V8 地址映射图

(4) 33～59 行为厂家预留的备用地址空间。

(5) 第 60 行是 82 位的结构控制字,用于设定 OLMC 的组态和 64 个乘积项的禁止。

(6) 第 61 行只有一位,是加密单元。对该单元编程后,就不能再对编程阵列进行修改和读出数据了,从而对设计结果加以保密,避免被仿制。只有当芯片被整体擦除时,加密才能解除。

(7) 第 63 行只有一位,是片擦除位,可使芯片恢复到编程前的原始状态。

10.4 复杂可编程逻辑器件

复杂可编程逻辑器件(Complex Programmable Logic Device,CPLD)是从 PAL 和 GAL 器件发展而来的器件,相对而言其规模大,结构复杂,属于大规模集成电路。它是一种用户根据各自需要而自行构造逻辑功能的数字集成电路。其基本设计方法是借助集成开发软件平台,用原理图、硬件描述语言等方法,生成相应的目标文件,通过下载电缆("在系统"编程)将代码传送到目标芯片中,实现设计的数字系统。

CPLD 主要由可编程逻辑宏单元(Macro Cell,MC)围绕中心的可编程互连矩阵单元组成。其中,MC 结构较复杂,并具有复杂的 I/O 单元互连结构,可由用户根据需要生成特定的电路结构,完成一定的功能。由于 CPLD 内部采用固定长度的金属线进行各逻辑块的互连,所以设计的逻辑电路具有时间可预测性,这避免了分段式互连结构时序不完全预测的缺点。

10.4.1 CPLD 的结构

CPLD 的结构是基于乘积项(product-term)的,现在以 Xilinx 公司的 XC9500XL 系列

芯片为例介绍 CPLD 的基本结构,如图 10.14 所示,其他型号的 CPLD 的结构与此非常类似。

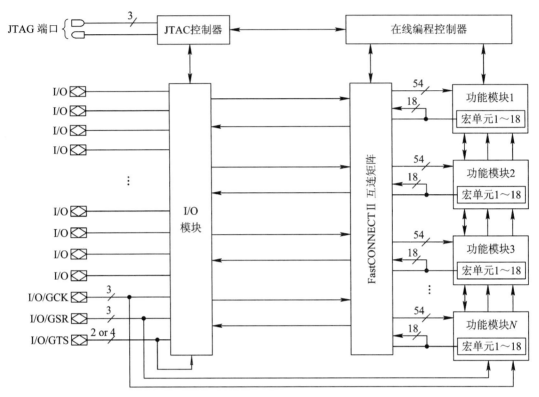

图 10.14　基于乘积项的 CPLD 内部结构

CPLD 主要由可编程逻辑 I/O 单元、基本逻辑单元、布线池和其他辅助功能模块构成。

(1) 可编程逻辑 I/O 单元。CPLD 的可编程逻辑 I/O 单元的作用与现场可编程门阵列(Field Programmable Gate Array,FPGA)的基本 I/O 口的作用相同,但是前者应用范围的局限性较大,I/O 的性能和复杂度与 FPGA 相比有一定的差距,支撑的 I/O 标准较少,频率也较低。

(2) 基本逻辑单元。CPLD 中的基本逻辑单元是宏单元。所谓宏单元,就是由一些与、或阵列加上触发器构成的,其中与或阵列完成组合逻辑功能,触发器用以完成时序逻辑。与 CPLD 基本逻辑单元相关的另外一个重要概念是乘积项。所谓乘积项,就是宏单元中与阵列的输出,其数量标志着 CPLD 的容量。乘积项阵列实际上就是一个与或阵列,每一个交叉点都是一个可编程熔丝,如果导通就实现与逻辑,在与阵列后一般还有一个或阵列,用以完成最小逻辑表达式中的或关系。

宏单元是 CPLD 的基本结构,用来实现电路的基本逻辑功能。图 10.15 所示为宏单元的基本结构。图中左侧是乘积项阵列,实际就是一个与或阵列,每一个交叉点都是可编程的,如果导通就实现与逻辑,与后面的乘积项分配器一起完成组合逻辑;图 10.15 中右侧是一个可编程的触发器,可配置为 D 触发器或 T 触发器,它的时钟、清零输入都可以编程选择，可以使用专用的全局清零和全局时钟，也可以使用内部逻辑(乘积项阵列)产生的时钟和清零。如果不需要触发器，则可以将其旁路，信号直接输出给互连矩阵或 I/O 脚。

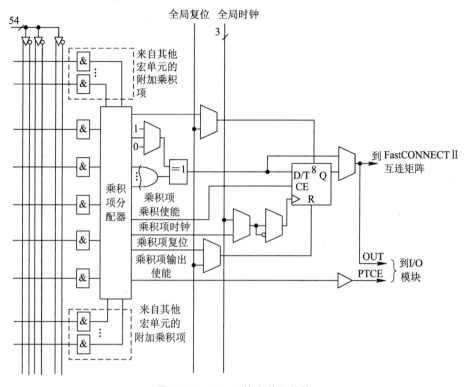

图 10.15　CPLD 的宏单元结构

（3）布线池、布线矩阵。CPLD 中的布线资源比 FPGA 中的要简单得多，也相对有限，一般采用集中式布线池结构。所谓布线池，其本质就是一个开关矩阵，通过编程节点可以完成不同宏单元的输入与输出项之间的连接。由于 CPLD 器件的内部互连资源比较缺乏，所以在某些情况下器件布线时会遇到一定的困难。由于 CPLD 的布线池结构固定，因此 CPLD 的输入引脚到输出引脚的标准延时固定，被称为 Pin to Pin(Tpd)延时。Tpd 延时反映了 CPLD 器件可以实现的最高频率，也清晰地表明了 CPLD 器件的速度等级。

（4）其他辅助功能模块。其他辅助功能模块包括 JTAG(Joint Test Action Group)编程模块、全局时钟模块、全局使能模块、全局复位/置位模块等，如图 10.16 所示。

下面以一个简单的电路为例，具体说明 CPLD 是如何利用以上结构实现逻辑的，电路如图 10.17 所示。

假设组合逻辑的输出为 f，则 $f = (A + B) \cdot C \cdot \bar{D} = A C \bar{D} + B C \bar{D}$，CPLD 将以图 10.18 的方式来实现组合逻辑 f。

A、B、C、D 由 CPLD 芯片的引脚输入后进入互连矩阵，在内部会产生 A，$\bar{A}$、B、$\bar{B}$、C、$\bar{C}$、D、$\bar{D}$ 共 8 个输出。图 10.18 中，每个叉表示相连(可编程熔丝导通)，所以得到 $f = f_1 + f_2 = (A C \bar{D}) + (B C \bar{D})$，这样就实现了组合逻辑。图 10.17 中，D 触发器的实现比较简单，直接利用宏单元中的可编程 D 触发器来实现；时钟信号 CLK 由 I/O 脚输入后进

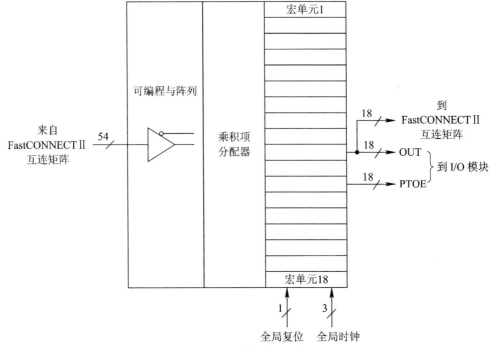

图 10.16 功能模块的结构

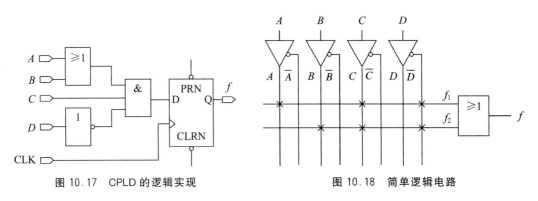

图 10.17 CPLD 的逻辑实现　　　　图 10.18 简单逻辑电路

入芯片内部的全局时钟专用通道,直接连接到可编程触发器的时钟端。可编程触发器的输出与 I/O 脚相连,把结果输出到芯片引脚。这样 CPLD 就完成了图 10.17 所示电路的功能。以上这些步骤都是由软件自动完成的,不需要人为干预。

图 10.18 所示的电路是一个很简单的例子,只需要一个宏单元就可以完成。对于复杂的电路,一个宏单元是不可能实现的,这时就需要通过并联扩展项和共享扩展项将多个宏单元相连,宏单元的输出也可以连接到互连矩阵,再作为另一个宏单元的输入。这样 CPLD 就可以实现更复杂的逻辑功能。

这种基于乘积项的 CPLD 基本都是由 E^2PROM 和 Flash 工艺制造的,一上电就可以工作,无须其他芯片配合。

10.4.2　CPLD 在系统可编程技术

1. 在系统编程

在系统编程(In System Programming,ISP)是指在用户设计的目标系统或印刷电路板上为重新配置逻辑或实现新的功能而对器件进行编程或反复编程。随着电子设计自动化(Electronic Design Automation,EDA)工具的普及和 ISP 器件的日益成熟,ISP 技术也得到了越来越广泛的应用。ISP 技术的应用使得硬件设计软件化,其显著优势体现在:简化生产流程;利用同一硬件结构实现多种系统功能,使之成为多功能硬件;在不提供特殊电路板资源的情况下进行电路板级测试;进行边界扫描测试;通过调制解调器(Modem)和 ISP 编程接口实现对系统的远程维护和升级。

根据 CPLD 器件的内部结构及其系统编程原理,控制程序的任务是从存储器中读出熔丝图数据,然后将其转换为串行数据流,写入 CPLD 中。编程过程由 5 个编程信号控制,它们由事先定义好的 I/O 口产生。ISP 编程过程就是软件对这些 I/O 口读写的过程。编程的关键在于提供准确定时的 ISP 编程信号,必须保证各 ISP 编程信号之间的时序关系。

2. 在系统编程的实现

由于可编程逻辑器件越来越大、越来越复杂,因此器件本身的编程也越来越复杂。对前面介绍的浮栅晶体管(一种特殊的场效应管,它有两个栅极,其中一个用于与外界相连,另一个是悬浮的栅极,称为浮栅)器件进行编程时,PAL 或者 PLD 必须放在特殊的自动编程单元中,在正确的 I/O 引脚加上正确的编程电压。这基本违背了在系统编程的理念,因为它需要把器件从电路板上拿下来,放在编程单元中重新编程,或者在电路板上放一些特殊装置来进行编程。

为了实现在系统编程,CPLD 和 FPGA 增加了与设计的 I/O 分开的编程接口,这就是绝大部分 CPLD 和 FPGA 采用的一种流行接口——JTAG 接口,如图 10.19 所示。

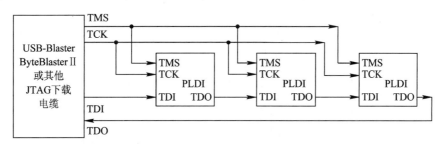

图 10.19　JTAG 接口示意图

JTAG 接口是简单的 4 线或 5 线串行接口。器件上的 JTAG 接口一般作为器件自测试的一部分来保证器件制造合格、正常工作。数据在 TDI(Test Data In)上移入,在 TDO(Test Data Out)上移出。如果输出和输入的数据相匹配,则器件通过测试。

如果 PLD 本身可以产生编程所需要的电压,那么 JTAG 接口就能够控制芯片在器件的哪一部分加上编程电压,这就简化了在实验室或者电路板产品线上对 PLD 的编程。JTAG 是业界标准,因此任何 JTAG 接口器件都可以进行器件自测试。

通常情况下，需要特殊控制器才能通过链接和供应商的器件进行编程。例如，Altera器件需要使用 Altera 编程电缆、USB-Blaster 或者 ByteBlaster Ⅱ 下载电缆等。JTAG 编程非常适合应用在 EEPROM 器件上，这是因为编程程序是非易失的。

10.5   现场可编程门阵列

可编程逻辑器件的基本组成部分是与阵列、或阵列和输出电路。对这些基本组成电路进行编程就可以实现任何积之和的逻辑函数，再加上触发器则可实现时序电路。现场可编程门阵列(Field Programmable Gate Array，FPGA)不像 PLD 那样受结构的限制，它可以靠门与门的连接来实现任何复杂的逻辑电路，更适合实现多级逻辑功能。

现场可编程门阵列的编程单元是基于静态存储器(Static Random Access Memory，SRAM)结构的，从理论上讲，它具有无限次重复编程的能力。

以 Xilinx 公司的 XC4000E 系列芯片为例，它主要由三个基本部分组成：

(1) 可配置逻辑模块(Configurable Logic Block，CLB)；

(2) 输入/输出模块(Input/Output Block，I/OB)；

(3) 可编程连线(Programmable Interconnect，PI)。

XC4000E 系列芯片的结构示意图如图 10.20 所示。

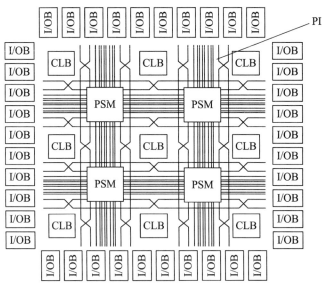

图 10.20   XC4000E 芯片的结构示意图

CLB 以方阵的形式布置在器件的中央，FPGA 可以提供 $n \times n$ 个 CLB，随着可编程逻辑器件的发展，其阵列规模也在增加，可用门数量在 25 万门以上。CLB 本身包含多种逻辑功能部件，因此它既能实现组合逻辑电路和时序逻辑电路，又可实现包括静态 RAM 的各种运算电路。I/OB 分布在芯片的四周，它是提供外部封装引脚和内部信息的接口电路。该接口电路通过设计编程可以分别组态为输入引脚、输出引脚和双向引脚，并且具有控制速率、降低功耗等功能。PI 分布在 CLB 周围和 CLB 及 I/OB 之间，它们的主要作用是完成 CLB 之间的逻辑连接以及将信息传递到 I/OB。

与 CPLD 相比较，FPGA 有如下特点：

（1）FPGA 的编程单元是 SRAM 结构，可以无限次编程，但它属于易失性元件，掉电后芯片内的信息丢失，通电之后，要为 FPGA 重新配置逻辑。

（2）FPGA 中实现逻辑功能的 CLB 比 HDPLD（高密度可编程逻辑器件）实现逻辑功能的宏单元规模小，制作一个宏单元的面积可以制作多个 CLB，因而 FPGA 内的触发器要多于 HDPLD，FPGA 在实现时序电路时要强于 HDPLD。

（3）HDPLD 的信号汇总于编程互联矩阵，然后分配到各个宏单元，因此信号通路固定，系统速度可以预测。而 FPGA 的内连线是分布在 CLB 周围的，而且编程的种类和编程点很多，使得布线相当灵活。

（4）由于 FPGA 的 CLB 规模小，可分为两个独立的电路，又有丰富的连线，所以系统综合时可进行充分的优化，以达到逻辑资源的最大化利用。

（5）HDPLD 的功耗一般在 0.5~2.5 W 之间，而 FPGA 芯片的功耗为 0.25~5 mW，静态时几乎没有功耗，所以 FPGA 在静态时为零功耗器件。

10.5.1　FPGA 实现逻辑功能的基本原理

采用查找表结构的 PLD 芯片我们称之为 FPGA，如 Altera 的 ACEX、APEX 系列，Xilinx 的 Spartan、Virtex 系列等。FPGA 主要是靠其内部的逻辑单元（Logic Element，LE）来实现逻辑功能的。LE 包括 3 个主要部分：查找表（Look-Up-Table，LUT）、进位逻辑和输出寄存器逻辑。

FPGA 用 LUT 替代了 CPLD 中的乘积项阵列，它是 FPGA 中组合逻辑输出乘积和的关键。大部分器件使用 4 输入 LUT，而有些器件使用输入数量更大的 LUT，以实现更复杂的功能。LUT 由一系列级联复用器构成。

复用器输入可以被设置为高或低逻辑电平。逻辑之所以被称为 LUT，是因为其通过"查找"正确的编程级来选择输出，并根据 LUT 输入信号通过复用器将输出送到正确的地方，以达到逻辑资源的最大利用。

LUT 本质上就是一个 RAM。对于 4 输入的 LUT，每一个 LUT 可以看成一个有 4 位地址线的 16×1 RAM。当用户通过原理图或硬件描述语言（Hardware Description Language，HDL）描述了一个逻辑电路以后，PLD/FPGA 开发软件会自动计算逻辑电路所有可能的结果，并把结果事先写入 RAM。这样每输入一个信号进行逻辑运算就等于输入一个地址进行查表，找出地址对应的内容，然后输出即可。

注意：相对于 CPLD 宏单元，产生 LUT 输出可能需要更多的逻辑级。但是，LUT 能够灵活地建立函数和 LE 链，从而提高了性能，有助于减少资源的浪费。

LE 的同步部分来自可编程寄存器，非常灵活，通常由全局器件时钟来驱动它，而任何时钟域都可以驱动任何 LE。寄存器的异步控制信号，如清零、复位或预设等，都可以由其他逻辑产生，也可以来自 I/O 引脚。

寄存器输出通过 LE 后驱动至器件布线通道，还可以反馈回 LUT。可以把寄存器旁路，产生严格的组合逻辑功能，也可以完全旁路 LUT，只使用寄存器用于存储或者同步。这种灵活的 LE 输出级使其非常适合所有类型的逻辑操作。

表 10.1 给出了一个 4 输入与门的例子。

表 10.1　LUT 实现逻辑功能

实际逻辑电路		LUT 的实现方式	
a、b、c、d 输入	逻辑输出	地址	RAM 中存储的内容
0000	0	0000	0
0001	0	0001	0
…	0	…	0
1111	1	1111	1

10.5.2　FPGA 的结构

与前面介绍过的几种 PLD 器件不同，FPGA 的主体不再是与-或阵列，而是由多个可编程的基本逻辑单元组成的一个二维矩阵。围绕该矩阵设有 I/O 单元，逻辑单元之间以及逻辑单元与 I/O 单元之间通过可编程连线连接。因此，FPGA 被称为单元型 HDPLD。由于基本逻辑单元的排列方式与掩膜可编程的门阵列 GA 类似，所以沿用了门阵列这个名称。

就编程工艺而言，多数 FPGA 采用 SRAM 编程工艺，也有少数 FPGA 采用反熔丝编程工艺。

下面主要以 Xilinx 公司的第三代 FPGA 产品——XC4000 系列为例，介绍 FPGA 的电路结构和工作原理。Xilinx 公司 FPGA 的基本结构如图 10.21 所示，它主要由三部分组成：可配置逻辑块（Configurable Logic Block，CLB）、可编程输入/输出块（Input/Output Block，I/OB）和可编程互连（Programmable Interconnect，PI）。整个芯片的逻辑功能是通过对芯片内部的 SRAM 编程确定的。

1. CLB

CLB 是 FPGA 实现各种逻辑功能的基本单元。图 10.22 为 XC4000E 中 CLB 的简化结构框图，它主要由快速进位逻辑、3 个逻辑函数发生器、2 个 D 触发器、多个可编程数据选择器和其他控制电路组成。CLB 共有 13 个输入和 4 个输出。在这 13 个输入中，$G_1 \sim G_4$、$F_1 \sim F_4$ 为 8 个组合逻辑输入；CLOCK 为时钟信号；$C_1 \sim C_4$ 是 4 个控制信号，它们通过可编程数据选择器分配给触发器时钟使能信号 EC、触发器置位/复位信号 SR/H_0、直接输入信号 DIN/H_2 及信号 H_1；在 4 个输出中，X、Y 为组合输出，X_Q、Y_Q 为寄存器/控制信号输出。

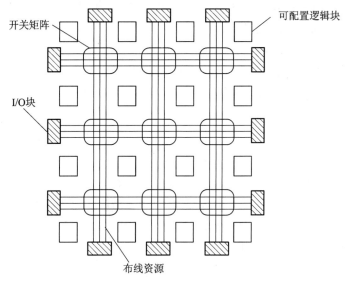

图 10.21　FPGA 的结构示意图

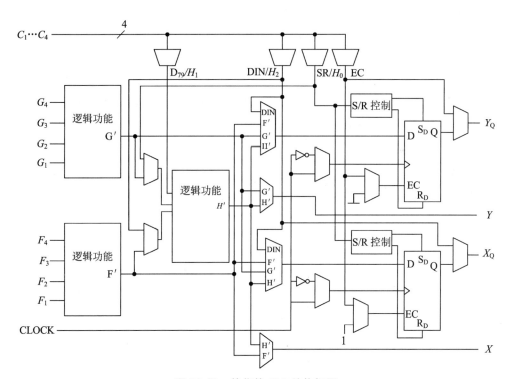

图 10.22　简化的 CLB 结构框图

1）逻辑函数发生器

这里的逻辑函数发生器，在物理结构上实际就是一个 $2n \times 1$ 位的 SRAM，它可以实现任何一个 n 变量的组合逻辑函数。因为只要将 n 个输入变量作为 SRAM 的地址，把 $2n$ 个函数值存到相应的 SRAM 单元中，那么 SRAM 的输出就是逻辑函数。通常将逻辑函数发生器的这种结构称为 LUT。

在 XC4000E 系列的 CLB 中共有 3 个函数发生器，它们构成一个二级电路。在第一级中是两个独立的 4 变量函数发生器，它们的输入分别为 $G_1 \sim G_4$ 和 $F_1 \sim F_4$，输出分别为 G' 和 F'，在第二级中是一个 3 变量的函数发生器，它的输出为 H'，其中一个输入为 H_1，另外两个输入可以从 SR/H_0 和 G'、DIN/H_2 和 F' 中各选一个信号；组合逻辑函数 G' 或 H' 可以从 Y 直接输出，F' 或 H' 可以从 X 直接输出。这样，一个 CLB 可以实现高达 9 个变量的逻辑函数。

2）触发器

在 XC4000E 系列的 CLB 中有两个边沿触发的 D 触发器，它们与逻辑函数发生器配合可以实现各种时序逻辑电路。触发器的激励信号可以通过可编程数据选择器从 DIN、G'、F' 和 H' 中选择。对于两个触发器共用时钟 K 和时钟使能信号 EC 来说，任何一个触发器都可以选择在时钟的上升沿或下降沿触发，也可以单独选择时钟使能为 EC 或 1（即永久时钟使能）。两个触发器还有一个共用信号——置位/复位信号 SR，它可以被编程为对每个触发器独立的复位或置位信号。另外，每个触发器还有一个全局的复位/置位信号（图 10.22 中未画出），用来在上电或配置时将所有的触发器置位或清除。

3）快速进位逻辑电路

为了提高 FPGA 的运算速度，在 CLB 的两个逻辑函数发生器 G 和 F 之前还设计了快速进位逻辑电路，如图 10.23 所示。例如，函数发生器 G 和 F 可以被配置成 2 位带进位输入和进位输出的二进制数加法器。如果将多个 CLB 通过进位输入/输出级联起来，则还可以扩展到任意长度。为了连接方便，在 XC4000E 系列的快速进位逻辑电路中设计了两组进位输入/输出，使用时只选择其中的一组，这样在 FPGA 的 CLB 之间就形成了一个独立于可编程连接线的进位/借位链。

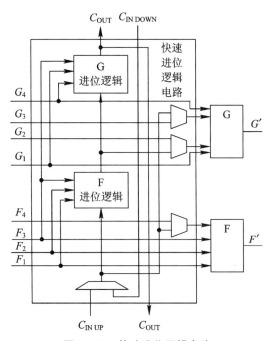

图 10.23 快速进位逻辑电路

逻辑函数发生器 G 和 F 除了能够实现一般的组合逻辑函数以外，它们各自的 16 个可编程数据存储单元还可以用作片内 RAM。片内 RAM 的速度非常快，读操作时间与逻辑时延一样，写操作时间只比读操作稍慢一点，整个读/写速度要比片外 RAM 快许多，因为片内 RAM 避免了输入/输出端的延时。如表 10.2 所示，逻辑函数发生器用作片内 RAM 时有多种配置模式。

表 10.2　片内 RAM 的配置模式

RAM	16×1	16×2	16×3	16×4	16×5
单口 RAM	√	√	√	√	√
双口 RAM	√			√	

　　就容量而言，CLB 中的逻辑函数发生器可以被配置成 2 个独立的 16×1 位 RAM、1 个 16×2 位 RAM 或 1 个 32×1 位 RAM，也可以只将逻辑函数发生器 G 或 F 配置成 1 个 16×1 位 RAM，而其余的逻辑函数发生器仍然实现最多 RAM 的写脉冲。按照读/写端口模式，片内 RAM 可以被配置成单口 RAM 或双口 RAM。所谓单口 RAM，就是读/写操作共用一个地址端口，所以读/写不能同时进行；而双口 RAM 的读/写操作地址端口相互独立，两种操作可以同时进行，互不影响。

　　片内 RAM 的各种配置模式的原理框图如图 10.24～图 10.27 所示。图中，WE 为外部的写信号，D_0 和 D_1 是 RAM 的数据输入端，$G_1 \sim G_4$ 和 $F_1 \sim F_4$ 为读/写地址，G'、F' 和 H' 为 RAM 的数据输出端。

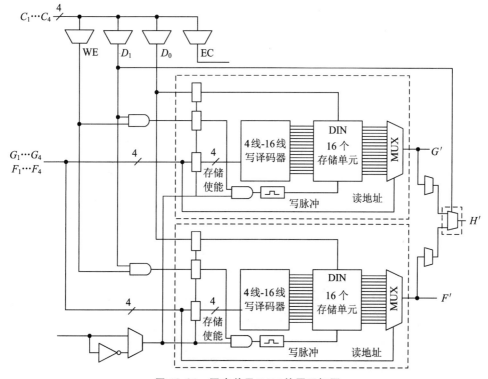

图 10.24　同步单元 RAM 的原理框图

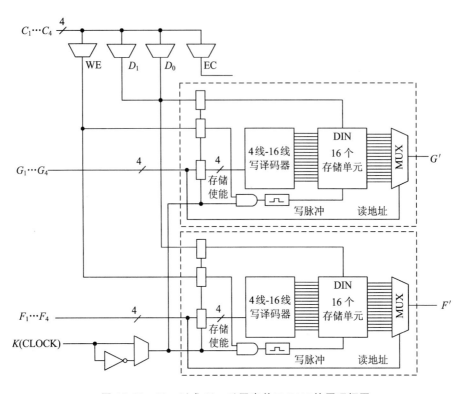

图 10.25 16×2(或 16×1)同步单口 RAM 的原理框图

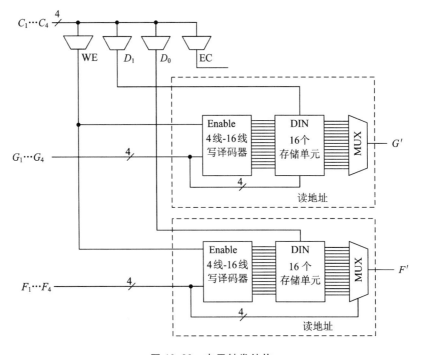

图 10.26 电平触发结构

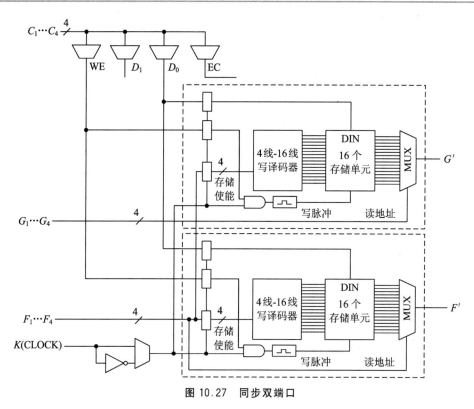

图 10.27 同步双端口

2. I/OB

图 10.28 为简化的 I/OB 原理框图。

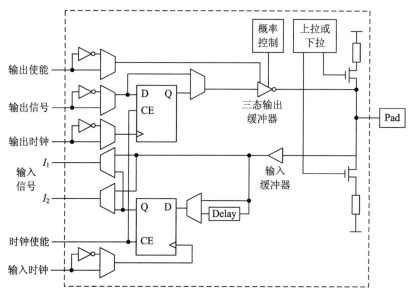

图 10.28 简化的 I/OB 原理框图

I/OB 中有输入、输出两条通路。当引脚用作输入时,外部引脚上的信号经过输入缓冲器,可以直接由 I_1 或 I_2 进入内部逻辑,也可以经过触发器后再进入内部逻辑;当引脚用作输出时,内部逻辑中的信号可以先经过触发器,再由输出三态缓冲器送到外部引脚上,也可以直接通过三态缓冲器输出。通过编程,可以选择三态缓冲器的使能信号为高电平或低电平有效,还可以选择它的摆率(电压变化的速率)为快速或慢速。快速方式适合于频率较高的信号输出,慢速方式则有利于减小噪声、降低功耗。对于未用的引脚,还可以通过上拉电阻接电源或通过下拉电阻接地,以避免其受到其他信号的干扰。输入通路中的触发器和输出通路的触发器共用一个时钟使能信号,而它们的时钟信号是独立的,都可以选择上升沿或下降沿触发。

3. PI

PI 资源分布于 CLB 和 IOB 之间,多种不同长度的金属线通过可编程开关点或可编程开关矩阵(Programmable Switch Matrix,PSM)相互连接,从而构成所需要的信号通路。在 XC4000E 系列的 FPGA 中,PI 资源主要有可编程开关点、可编程开关矩阵、可编程连接线、进位/借位链和全局信号线。可编程连接线又分为三种类型:单长线(Single Length Lines)、双长线(Double Length Lines)和长线(Long Lines)。图 10.29 所示是 XC4000E 系列的 PI 资源示意图(图中未标出进位/借位链和全局信号线)。

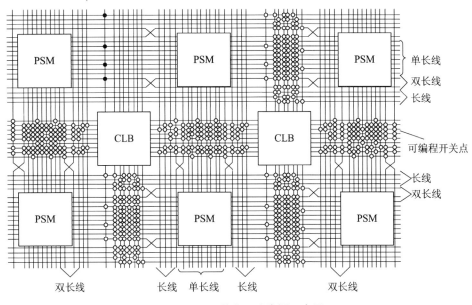

图 10.29　可编程互连资源示意图

1) PSM 和可编程开关点

垂直和水平方向上的各条连接线(单长线、双长线、全局时钟线)可以在可编程开关矩阵中或可编程开关点上实现连接。可编程开关点就是一个通过编程可以控制其通断的开关晶体管;可编程开关矩阵由多个垂直与水平方向上的单长线和双长线的交叉点组成,每个交叉点上有 6 个开关晶体管,如图 10.30 所示。例如,一个从开关矩阵右侧输入的信号,可以被连接到另外三个方向中的任何一个或多个方向输出。

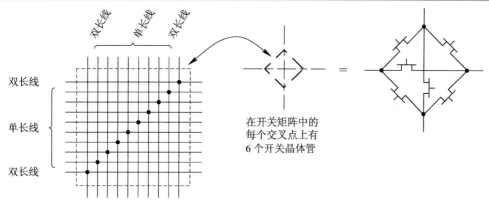

图 10.30　可编程开关

2）单长线

图 10.31 所示，单长线是指相邻 PSM 之间的垂直或水平连接线，其长度也就是两个相邻 PSM 之间的距离，它们在 PSM 中实现互连。单长线通常用来在局部区域内传输信号和产生分支电路，这种连接线可以提供最大的互连灵活性和相邻功能块之间的快速布线。单长线的长度较小，信号每通过一个开关矩阵都会增加一次时延，因此单长线不适合需要长距离传输的信号。

3）双长线

图 10.31 所示，双长线的长度是单长线的两倍。也就是说，一个双长线要经过两个 CLB 后，再进入开关矩阵。双长线以两根为一组，在不降低互连灵活性的前提下，可以实现不相邻的 CLB 之间更快的连接。

4）长线

图 10.31 所示，长线是指在垂直或水平方向上穿越整个阵列的连接线。长线不经过开关矩阵，减少了信号的延时，通常用于高扇出信号、对时间要求苛刻的信号或在很长距离上都有分支的信号的传输。XC4000E 系列长线的中点处都有一个可编程的分离开关，可以将一根长线分为两个独立的布线通路。

长线与单长线是通过线与线交叉点处的可编程开关点来控制的双长线不与其他类型的线相连。

4）全局信号线

除以上介绍的通用连接线外，XC4000E 系列的 PI 资源中还有一些专用的全局信号线（Global Lines）。这些专用的全局信号线在结构上与长线类似，所不同的是，它们都是垂直方向的，专门用于传输全局时钟信号和高扇出的控制信号。

图 10.31 所示为与 XC4000E 系列 CLB 相关的 PI 资源（未画出进位/借位链）。可以看出，CLB 的输入、输出分布在 CLB 的四周，以提供最大的布线灵活性。可以通过可编程开关点将 CLB 的输入、输出连到其周围的长线、单长线、双长线或全局信号线上。图中的灰颜色部分为可编程开关矩阵。

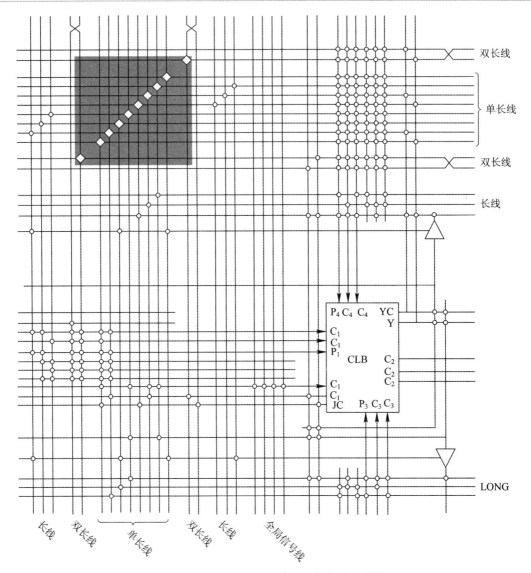

图 10.31 与 XC4000E 系列 CLB 相关的 PI 详图

10.5.3 FPGA 内嵌功能单元

现代的可编程逻辑器件设计内部包含越来越多的功能单元,主要实现频率跟踪的锁相环(Phase Locked Loop,PLL)和延时环(Delay Lock Loop,DLL),以及其他的内嵌专用硬核。

内嵌功能模块主要指 DLL、PLL、DSP(Digital Signal Processing)和 CPU 等软处理核(Soft Core)。现在越来越丰富的内嵌功能单元,使得单片 FPGA 成为了系统级的设计工具,也具备了软硬件联合设计的能力,并逐步向 SOC 平台过渡。

DLL 和 PLL 具有类似的功能,可以完成时钟高精度、低抖动的倍频和分频,以及占空比调整和移相等功能。Xilinx 公司生产的芯片集成了 DLL,Altera 公司的芯片集成了 PLL,

Lattice 公司的新型芯片同时集成了 PLL 和 DLL。PLL 和 DLL 可以通过 IP 核生成的工具方便地进行管理和配置。

内嵌专用硬核是相对底层嵌入的软核而言的，是指 FPGA 处理能力强大的硬核（Hard Core），其等效于专用集成电路（Application Specific Integrated Circuit，ASIC）电路。为了提高 FPGA 的性能，芯片生产商在芯片内部集成了一些专用的硬核。例如，为了提高 FPGA 的乘法速度，主流的 FPGA 中都集成了专用乘法器；为了适用通信总线与接口标准，很多高端的 FPGA 内部都集成了串并收发器，可以达到数十 Gbps 的收发速度。

Xilinx 公司的高端产品不仅集成了 Power PC 系列 CPU，还内嵌了 DSP Core 模块，其相应的系统级设计工具是 EDK 和 Platform Studio，并依此提出了片上系统（System on Chip，SOC）的概念。通过 Power PC、Miroblaze、Picoblaze 等平台，能够开发标准的 DSP 处理器及其相关的应用，达到 SOC 的开发目的。

软核、硬核，以及固核的概念 IP 核是具有知识产权核的集成电路芯核的总称，是经过反复验证过的且具有特定功能的宏模块，与芯片制造工艺无关，可以移植到不同的半导体工艺中。到了 SOC 阶段，IP 核设计已成为 ASIC 电路设计公司和 FPGA 提供商的重要任务，也是其实力体现。对于 FPGA 开发软件，其提供的 IP 核越丰富，用户的设计就越方便，其市场占用率就越高。目前，IP 核已经成为系统设计的基本单元，并作为独立设计成果被交换、转让和销售。

10.5.4　FPGA 器件的配置

只有成功配置可编程逻辑器件 FPGA 之后，它才能正常工作。Xilinx 公司的 FPGA 的配置有 3 种模式，分别为并行（SelectMap）、串行（Serial）和边界扫描（Boundary Scan）模式。Virtex-5 和 Spartan－3E/3A 的器件有更多的配置模式，如 SPIFash 配置和 SPIFash 配置。根据配置时钟的来源，串行模式又分成主串（Master Serial）和从串（Slave Serial）模式，模式选择由器件的 3 个控制引脚 M0、M1 和 M2 来完成。保证数据的正确配置，必须设置正确的配置模式。用来存放配置数据的器件有 XC17 系列（OTP）、XC18 系列（Flash）和新一代的 Platform Fash 系列配置器件，以及通用的 SPI 和 BPI Flash。以下的配置示意图都以 Spartan-3 器件为例，而 Xilinx 公司的其他 FPGA 器件配置连接图与此基本相同。

1. 并行模式

为了实现数据的快速加载，Xilinx 公司在 FPGA 器件中增加了并行模式。该模式为 8 位配置数据宽度，需要 8 位数据线 D7～D0。此外，还有低电平有效的芯片选择信号（CS_B）、电平有效的写信号（RDWR_B）及高电平有效的忙信号（BUSY）。当 BUSY 信号为高时，表示器件忙（即不能执行下一步的写操作），需要等待，直到该信号脚为低时止。对于 50 MHz 以下的配置时钟，该控制信号可以不用。当配置完成后，这些多功能引脚可作为普通输入/输出线使用，该模式需要辅助控制逻辑和配置时钟。并行模式又可以细分成主并行模式和从并行模式，当需要对多个器件进行并行配置时，需选择从并行模式，如图 10.32 所示；当仅对单个器件进行并行配置时，需选择主并行配置模式，如图 10.33 所示。

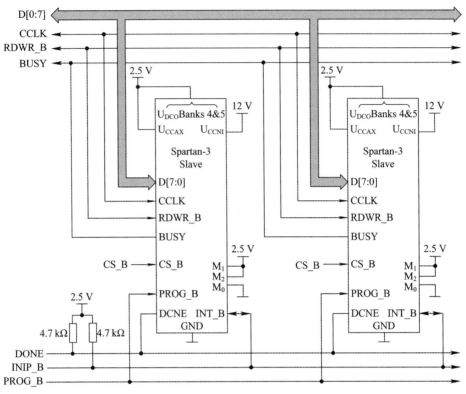

图 10.32　从并行配置模式

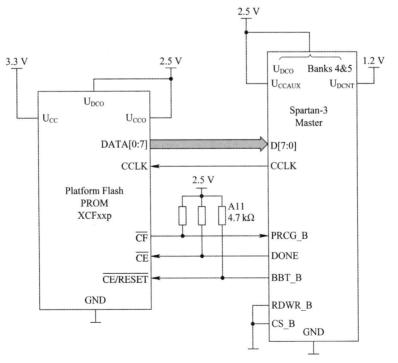

图 10.33　主并行配置模式

2. 串行配置

串行配置即每个时钟仅接收一位配置数据,可分为主串和从串两种模式。如果配置的时钟信号来自所需配置的 FPGA 器件,则为主串模式;由外部器件提供配置时钟,这种配置模式为从串模式。对于多个采用串行配置方案的器件,可以组成菊花链(daisy-chains)的形式,即一片 FPGA 设置成主模式用来产生配置时钟,其余的器件设置成从模式,并且将上一级的数据输出(DOUT)与下一级的数据输入(DIN)连接起来,如图 10.34 所示。在进行 FPGA 调试时,如果需要用下载电缆通过从串方式进行 FPGA 的配置,必须选择从串行模式。

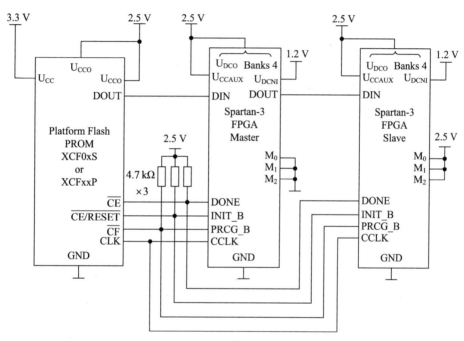

图 10.34 串行菊花链配置连接

3. 边界扫描配置

边界扫描方式采用 JTAG(Joint Test Action Grop)标准,因此有时也称为 JTAG 配置模式。该模式只有 4 条专用配置信号线,分别为 TCK(时钟)、TDI(数据输入)、TDO(数据输出)及 TMS(状态和控制)。该模式类似于从串模式。凡是符合 JTAG 接口标准的器件都可以放在 JTAG 链路中。

10.5.5 Altera 器件的配置模式

Altera 公司的 FPGA 器件有三类配置下载方式:主动配置方式(Active Serial Configuration,AS)和被动配置方式(Passive Serial Configuration,PS)和 JTAG 配置方式。图 10.35 所示是 Altera 公司官方提供的下载连线图。

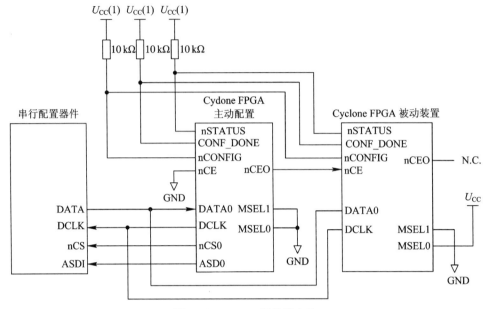

图 10.35 FPGA 下载线电路

AS 由 FPGA 器件引导其配置操作过程。AS 控制着外部存储器和初始化过程，EPCS 系列，如 EPCS1 和 EPCS4 配置器件专供 AS 模式，目前只支持 Cyclone 系列。使用 Altera 串行配置器件来完成。Cyclone 期间处于主动地位，配置期间处于从属地位。配置数据通过 DATA0 引脚送入 FPGA。配置数据被同步在 DCLK 输入上，1 个时钟周期传送 1 位数据。

PS 则由外部计算机或控制器控制其配置的过程。通过加强型配置器件（EPC16、EPC8、EPC4）等配置器件来完成，在 PS 配置期间，配置数据从外部储存部件，通过 DATA0 引脚送入 FPGA。配置数据在 DCLK 上升沿锁存，1 个时钟周期传送 1 位数据。

JTAG 接口是一个业界标准，主要用于芯片测试等功能，使用 IEEE Std 1149.1 联合边界扫描接口引脚，支持 JAM STAPL 标准，可以使用 Altera 下载电缆或主控器来完成。

FPGA 在正常工作时，它的配置数据存储在 SRAM 中，加电时须重新下载。在实验系统中，通常用计算机或控制器进行调试，因此可以使用 PS。在实用系统中，多数情况下必须由 FPGA 主动引导配置操作过程，这时 FPGA 将主动从外围专用存储芯片中获得配置数据，而此芯片中 FPGA 配置信息是用普通编程器将设计所得的 pof 格式的文件烧录进去。

10.6   PLD 的开发应用

可编程模拟器件（Programmable Analog Device，PAD）开发的主要步骤依次为：① 电路表达：根据设计任务，结合所选用的可编程模拟器件的资源、结构特点，初步确定设计方案；② 分解与综合：对各功能模块进行细化，并利用开发工具输入或调用宏函数自动生成电原理图；③ 布局布线：确定各电路要素与器件资源之间的对应关系以及器件内部的信号连接等。可自动或手动完成；④ 设计验证：对设计进行仿真（根据器件模型和输入信号等，计算并显示电路响应），以初步确定当前设计是否满足功能和指标要求。如果不满足，应返回上一步骤进行修改；⑤ 生成数据和文件：由开发工具自动生成当前设计的编程数据和文件；⑥ 器件编程：将编程数据写入器件内部的配置数据存储顺。此步骤一般通过在线配置方式完成，也可利用通用编程器脱机编程；⑦ 电路实测：利用仪器对配置后的器件及电路进行实际测试，详细验证其各项功能和指标。如果发现问题，还需返回前有关步骤加以修改和完善。

可编程模拟器件设计的基本流程图如图 10.36 所示。

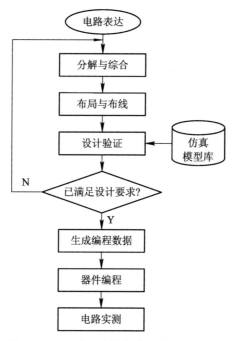

图 10.36　可编程逻辑器件设计的基本流程

该流程主要在计算机上利用开发工具完成，基本可做到"所见即所得"。以往由于元件超差、接触不良等实际因素造成的延误和返工可基本消除，对设计者的要求也大大降低。

10.6.1　PLD 的设计过程与设计原则

1. GAL 器件的编程方法和应用

对 GAL 器件进行编程，除了对与阵列编程之外，还需要对逻辑宏单元进行编程。编程应当具备 GAL 编程的开发系统：软件开发平台和硬件编程设备。

GAL 的开发软件大体上分为两类：

（1）一类是汇编型软件，如 FM。这类软件没有简化功能，要求输入文件采用最简与或式的逻辑描述方式；

（2）另一类是编译软件，如 Synario 软件平台。这类软件的特点是待实现的逻辑电路是由设计者根据软件平台规定的图形输入文件或可编程逻辑设计语言编写的语言输入文件

(输入语言文件中可以采用布尔代数、真值表、状态转换图等)进行描述,然后软件平台对设计者的电路进行描述转换、分析、简化、自动生成适合编辑的配置文件。通常开发平台还可以对系统进行模拟仿真、自动进行错误定位,以便于及时修改,确保电路的正确性。

2. FPGA/CPLD 的设计过程与设计原则

FPGA/CPLD 一般采用自顶向下的设计方法进行设计,其设计流程如图 10.37 所示。

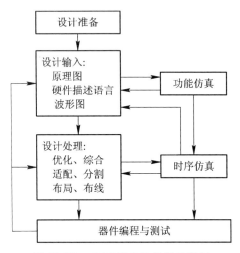

图 10.37　FPGA/CPLD 设计流程图

首先进行设计准备,然后设计输入,将其输入计算机中,最后进行综合,即实现逻辑电路,并将逻辑电路变为实际的电路连线(即编程与测试)。

FPGA/CPLD 的设计原则非常多,常用的设计思想与技巧包括乒乓操作、串并转换、流水线操作和数据接口的同步方法。

乒乓操作的处理流程为:输入数据流通过输入数据选择单元将数据流等时分配到两个数据缓冲区,数据缓冲模块可以为任何存储模块,比较常用的存储单元为双端口的 RAM(DPRAM)、单端口 RAM(SPRAM)、FIFO 等。在第一个缓冲周期,将输入的数据流缓存到数据缓冲模块 1;在第 2 个缓冲周期,通过输入数据选择单元的切换,将输入的数据流缓存到数据缓冲模块 2,同时将数据缓冲模块 1 缓存的第 1 个周期数据通过输入数据选择单元的选择,送到数据流运算处理模块进行运算处理;在第 3 个缓冲周期通过输入数据选择单元的再次切换,将输入的数据流缓存到数据缓冲模块 1,同时将数据缓冲模块 2 缓存的第 2 个周期的数据通过输入数据选择单元切换,送到数据流运算处理模块进行运算处理。如此循环。

乒乓操作的最大特点是通过输入数据选择单元和输出数据选择单元按节拍、相互配合切换,将经过缓冲的数据流无停顿地送到数据流运算处理模块进行运算与处理。把乒乓操作模块当作一个整体,站在这个模块的两端看数据,输入数据流和输出数据流都是连续不断的,没有任何停顿,因此它非常适合对数据流进行流水线式处理。所以乒乓操作常常应用于流水线式算法,完成数据的无缝缓冲与处理。

串并转换是 FPGA 设计的另一个重要技巧,它是数据流处理的常用手段,也是面积与速度互换思想的直接体现。串并转换的实现方法多种多样,根据数据的排序和数量的要求,可以选用寄存器、RAM 等实现。乒乓操作就是通过 DPRAM 实现了数据流的串并转换,而且由于使用了 DPRAM,数据的缓冲区可以开得很大,对于数量比较小的设计可以采用寄存器完成串并转换。如无特殊需求,应该用同步时序设计完成串并之间的转换。

　　流水线操作设计思想。流水线处理是高速设计中的一个常用设计手段。如果某个设计的处理流程分为若干步骤,而且整个数据处理是"单流向"的,即没有反馈或者迭代运算,前一个步骤的输出是下一个步骤的输入,则可以考虑采用流水线设计方法。

　　数据接口的同步是 FPGA/CPLD 设计的一个常见问题,也是一个重点和难点问题,很多设计不稳定都是源于数据接口的同步问题。

　　在电路图设计阶段,一些工程师加入 BUF 或者用非门调整数据延迟,从而保证本级模块的时钟对上级模块数据的建立、保持的时间要求。还有一些工程师为了有稳定的采样,生成了很多相差 90 度的时钟信号,时而在时钟的上升沿输出一次数据,时而在时钟的下降沿输出一次数据,用以调整数据的采样位置。这两种做法都不可取,因为一旦芯片更新换代或者移植到其他芯片组的芯片上,则采样必须重新设计。而且,这两种做法造成电路实现的余量不够,一旦外界条件变换,采样时序就有可能完全紊乱,造成电路瘫痪。

10.6.2　应用设计举例

　　PLD 的设计分为图形描述法和语言描述法,下面以 35 位可预设上下计数器为例用 VHDL(硬件描述语言)语言来实现。

　　以语言实现的参考程序如下:

```
LIBRARY ieee;
USE ieee.std_logic_1164.all;
USE ieee.std_logic_arith.all;
USE ieee.std_logic_unsigned.all;
ENTITY ldudcnts IS
PORT(clk, load, ena, clr, u_d, exclk:instd_logic;
    sel   :instd_logic_vector(2 downto 0);
      d:instd_logic_vector(15 downto 0);
      q:out std_logic_vector(35 downto 0));
END ldudcnts;
ARCHITECTURE ldudcnts_arch OF ldudcnts IS
SIGNAL count:std_logic_vector(35 downto 0);
SIGNAL scount:std_logic_vector(29 downto 0);
signal ssclk:std_logic;
BEGIN
    process(clk)
    begin
      if clk'event and clk='1' then
          scount <= scount + 1;
```

```
        else   scount <= scount;
        end if;
    end process;
    process(sel)
    begin   ――扫描频率选择
    case sel is when"000" => ssclk <= exclk;
        when"001" => ssclk <= scount(1);
            when "010" => ssclk <= scount(9);
            when "011" => ssclk <= scount(13);
            when "100" => ssclk <= scount(17);
            when "101" => ssclk <= scount(21);
            when "110" => ssclk <= scount(22);
            when "111" => ssclk <= scount(25);
        end case;
    end process;
process(ssclk)
begin
    if ssclk'event and ssclk=)'1' then
        if clr='1' then
            count <= X"000000000";
        else
            if u_d='1' then
                if load='1' then
                    count <="00000000000000000000" & d  ;
                elsif ena='1' then
                    count <= count+1;
                else count <= count;
                end if;
            else
                if load='1' then
                    count <="00000000000000000000" & d;
                elsif ena='1' then
                    count <= count-1;
                else count <= count;
                end if;
            end if;
        end if;
    end if;
end process;
q <= count;
END ldudcnts_arch;
```

你知道吗？

通过本章的学习，我们知道 FPGA 器件具有集成度高、功能强、可靠度高、保密性好、重量轻、体积小、功耗低、速度快，电子系统的研制周期短、成本低等诸多优点，因而成为电子设计自动化的首选。但关于 FPGA 的应用和发展以及如何快速掌握其设计方法和设计原则以及独立完成中小规模的数字电路设计，这些问题你知道吗？

第 10 章拓展阅读

本 章 小 结

1. 最简单的可编程逻辑器件是 PLA 和 PAL，理解这两种可编程逻辑器件的组成结构对于理解其他可编程器件具有基础意义。掌握 PAL 和 PLA 中可编程的与或阵列平面对于理解其他可编程器件具有决定性意义。

2. 在最小可编程器件的基础上，发展了小规模可编程逻辑器件（GAL）。其中，GAL16V8 是小规模可编程逻辑器件中使用最为广泛的一种。

3. 随着技术的不断发展，出现了复杂可编程逻辑器件（CPLD）。CPLD 从规模和功能上都比前一种可编程逻辑器件强大，可以实现更为复杂的逻辑功能。CPLD 的基本宏功能单元与 GAL 的基本单元不一致，而不同公司的 CPLD 的宏功能单元也有所差异，所以这里以 Xilinx 公司的 XC9500XL 为例，给出了它的组成结构。CPLD 的另外一大优势是它可以在线可编程（ISP），这使得这一类器件应用起来更加方便。

4. 与 CPLD 相比较，FPGA 可以实现更加复杂的数字系统设计。所以，当前的可编程逻辑器件均以 FPGA 为参考对象。本章给出了 FPGA 的宏功能单元和布线池阵列，介绍了 FPGA 的工作原理，并以 Xilinx 公司的 XC400 为例介绍了 FPGA 的内部结构和工作原理，给出了 FPGA 的基本结构单元 CLB 和可编程互联 PI 等。

5. 对于复杂可编程逻辑器件（FPGA/CPLD）来讲，当它的规模较大时，它的编程方式与前面的编程逻辑器件就不再相同。同时，为了保护知识产权，不同的复杂可编程逻辑器件具有不同的配置模式。也就是先将编号的程序存放在一个特定的存储器里，然后等待电路上电以后，再将程序读入可编程器件中。本章以 Alter 公司的 FPGA 为例介绍了 3 种不同的配置模式：主动模式、被动模式和边界扫描模式。最后，介绍了可编程逻辑器件的编程应用，并给出了编程实例。

附录
实验和课程设计

知识点

- 常用电子仪器和设备的使用方法。
- 电子电路的调试和故障测试技术。
- 集成电子器件的功能和参数测试方法。
- 提高由集成器件构成逻辑电路以及安装、调试电路的能力。

F.1　数字电路实验

F.1.1　仪器使用和门电路测试

门电路功能测试

1. 实验目的

（1）熟悉数字逻辑实验仪的面板结构与使用方法。

（2）掌握逻辑笔、示波器、数字万用表的使用方法及注意事项。

（3）掌握 TTL 与非门主要参数和其逻辑功能的测试方法。

2. 实验仪器与器材

数字逻辑实验仪 1 台，示波器 1 台，逻辑笔 1 支，数字万用表 1 块，74LS00 芯片 1 片。

3. 实验原理

TTL 与非门主要参数的测试电路，如图 F-1 所示。

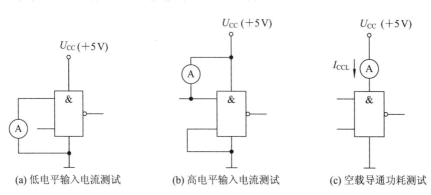

(a) 低电平输入电流测试　　(b) 高电平输入电流测试　　(c) 空载导通功耗测试

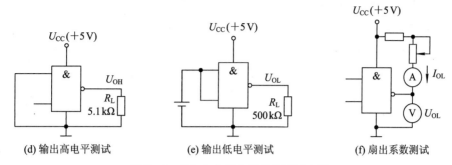

(d) 输出高电平测试 (e) 输出低电平测试 (f) 扇出系数测试

图 F－1 TTL 与非门主要参数测试电路

4. 实验内容和步骤

1) 仪器使用

（1）用数字万用表测试数字逻辑实验仪。打开实验仪的电源开关，用万用表的电阻挡检测芯片插座各插孔与连接导线用的插孔柱间，元件插孔与对应插孔柱间等的通断情况，用万用表检测实验仪内部的直流稳压电源是否为＋5 V 电压。

（2）测试 0－1 按钮和 0－1 显示器的功能。取两根导线，分别将它们的一端插入数字逻辑实验仪 0－1 按钮的两个输出插孔 P＋和 P－，另一端与 0－1 显示器相连，观察 0－1 显示器两个发光二极管的状态。然后按下并放松 0－1 按钮，观察 0－1 显示器两个发光二极管的状态变化情况；如图 F－2(a) 所示。

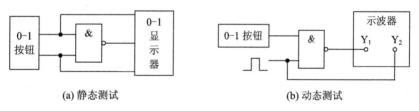

(a) 静态测试 (b) 动态测试

图 F－2 TTL 与非门逻辑功能测试功能

（3）测试逻辑开关和数码显示功能。先按步骤（2）的方法测试数字逻辑实验仪的逻辑开关是否正常，然后将逻辑开关与 0－1 显示器与字符显示器相连，用逻辑开关送入 8421 码，观察并记录 0－1 显示及数码显示的状态。

（4）逻辑笔的使用。利用逻辑笔检查数字逻辑实验仪芯片插座各插孔与连接导线用的插孔柱间，元件插孔与对应插孔柱间等的通断情况。再将逻辑笔接到 0－1 按钮的输出端口，测试 0－1 按钮的功能；用同样的方法测试逻辑开关的功能。然后再用逻辑笔测量 1 Hz 连续脉冲，统计在 30 s 内有多少个脉冲，并验证脉冲是否为 1 Hz 的时钟信号。

（5）用示波器观察单脉冲和连续脉冲信号。将示波器的 Y_1 输入线接 P1＋端口，Y_2 输入线接 P1－端口，按下并松开 P1 按钮，多做几次，观察并记录示波器显示的波形。然后用示波器观察并记录实验仪上的 1 Hz、100 Hz、1 kHz、10 kHz 连续脉冲信号，并检测一下这些信号的频率是否与标称值相符，如图 F－2(b) 所示。

2) TTL 与非门主要参数测试

根据图 F－1 所示各个测试电路，分别测出 TTL 与非门的低电平输入电流，高电平输入电流，空载导通功耗，输出高电平，输出低电平以及扇出系数，并记录测试结果。

3）TTL 与非门逻辑功能测试

（1）按图 F-2(a)所示电路测试 TTL 与非门的逻辑功能。使与非门两个输入端的状态分别为 00、01、10、11、用 0-1 显示器观察并记录相应的输出端状态。

（2）按图 F-2(b)所示电路测试 TTL 与非门的逻辑功能。与非门的一个输入端接 0-1 按钮作为控制端，另一端输入 3 V、1 kHz 的连续脉冲信号，用示波器观察并记录控制信号分别为 0 和 1 时所对应的输入、输出波形。

5. 实验报告要求

（1）记录本次实验中所得到的各种数据与波形。根据测试数据判断所测与非门的逻辑电路是否正确。

（2）思考并回答下列问题。

① 如要达到下述两个目的，需要分别调节示波器面板上的哪些按钮？波形清晰且亮度适中；波形稳定不发生移动；波形幅度占屏幕显示高度的 2/3；扩展周期确定的波形的宽度。

② 利用示波器测量时间参数和电压幅值时，怎样提高测试精度？

③ 简述数字万用表、逻辑笔、示波器在功能上有何异同。

④ 测量扇出系数的原理是什么？为什么只计算输出低电压时的负载电流值，而不考虑输出高电平时的负载电流值？

⑤ TTL 与非门中不用的输入端可如何处理？各种处理方法的优缺点是什么？

⑥ TTL 或门、或非门中不用的输入端是否能悬空或接高电平？为什么？

F.1.2 组合逻辑电路的设计与调试

1. 实验目的

（1）掌握用门电路设计组合逻辑电路的方法。

（2）掌握组合逻辑电路的调试方法。

组合逻辑电路的设计与测试

2. 实验仪器与器材

数字逻辑实验仪 1 台，数字万用表 1 块，逻辑笔 1 支，74LS00 芯片 4 片，74LS20 芯片 4 片。

3. 实验原理

组合逻辑电路的设计大致可分为以下几个步骤：

（1）根据给定的实际问题作出逻辑说明。

（2）根据给定的逻辑要求及逻辑问题列出真值表。

（3）根据真值表写出组合电路的逻辑函数表达式，并化简。

（4）根据集成芯片的类型变换逻辑函数表达式，并画出逻辑电路图。

（5）检查设计的组合逻辑电路是否存在竞争冒险，若存在则设法消除。

分析组合电路是否存在竞争冒险的一种简便方法，是检查其卡诺图化简过程中是否有圈相邻但不相交的现象，若有则电路存在竞争冒险的可能，反之则无。消除竞争冒险的一种方法是给化简的逻辑函数表达式增加合适的冗余项(即将卡诺图中相邻但不相交的圈相交),然后再按新的逻辑表达式画逻辑图,即可得到逻辑功能不变,又不存在竞争冒险的组合电路。

4. 实验内容和步骤

(1) 用与非门设计一个组合逻辑电路,使之在输入的 $0\sim15$ 的二进制数字为素数时输出为 1,否则输出为 0。画出实验电路图,并测试电路的实际结果。

(2) 用与非门设计一个监视交通信号灯工作状态的逻辑电路。用 R、Y、G 分别表示红、黄、绿 3 个灯的工作状态。并规定灯亮时为 1,不亮时为 0。用 L 表示故障信号,正常工作时 L 为 0,发生故障时 L 为 1。画出实验电路图,并测试电路的实际结果。

(3) 已知输入信号 A、B、C 与输出信号 Y 的逻辑关系如图 F-3 所示,用与非门设计一个具有此逻辑关系的逻辑电路。画出实验电路图,并测试电路的实际结果。

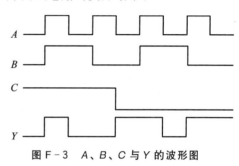

图 F-3　A、B、C 与 Y 的波形图

(4) 用与非门设计一个 4 位数码的奇偶校验电路。奇校验电路的功能是判奇,即输入信号中的 1 的个数为奇数时电路输出为 1,反之输出为 0;偶校验电路的功能是判偶,即输入信号中的 1 的个数为偶数时电路输出为 1,反之输出为 0。同时,具有判奇和判偶功能的电路称为奇偶校验电路,电路有两个输出端,一个作判奇输出;另一个作判偶输出。画出实验电路图,并测试电路的实际结果。

5. 实验报告要求

(1) 画出各个实验的电路图,列表整理实验测量的结果。

(2) 总结本次实验体会。

(3) 思考并回答下列问题。

① 怎样用一片 74LS00 芯片实现异或运算?

② 现要设计一个路灯控制电路(一盏灯),要求在 4 个不用的地方都能独立控制灯的亮灭,试问用什么门电路来实现该电路最简单?并画出电路图。

③ 用最少的门电路设计一个将 4 位二进制代码转换为格雷码的电路,并画出电路图。

④ 设 X 和 Y 均为 4 位二进制数,它们分别为一个逻辑电路的输入及输出,要求当 $0 \leqslant X \leqslant 4$ 时,$Y=X$,当 $5 \leqslant X \leqslant 9$ 时,$Y=X+3$,且 X 不大于 9,试用与非门设计此逻辑电路,并画出电路图。

F.1.3　加法器应用电路的设计与调试

1. 实验目的

(1) 掌握 4 位并行二进制加法和减法运算。

(2) 熟悉二-十进制加法器的工作原理。

2. 实验仪器与器件

数字逻辑实验仪 1 台,数字万用表 1 块,逻辑笔 1 支,74LS283 芯片 2 片,74LS00 芯片 2 片，74LS20 芯片 2 片。

3. 实验原理

集成加法器可直接进行二进制数的加法运算，也可用于减法运算，其方法是用被减数加上减数的补码，如两个 4 位二进制数 $A = A_3A_2A_1A_0$，$B = B_3B_2B_1B_0$，则：

$$A - B = A_3A_2A_1A_0 - B_3B_2B_1B_0 = A_3A_2A_1A_0 + \overline{B_3B_2B_1B_0} + 1$$

集成加法器设置了低位向高位的进位引脚，可以实现芯片的级联，以便实现 8 位或更多位数的二进制加、减法运算。

有时希望直接以十进制数进行算术运算，其输入是十进制 BCD 码形式，输出也是十进制 BCD 码，这样可省去二进制与十进制之间的转换。由于集成加法器只能进行二进制加法运算，输入是二进制数，输出也是二进制数，如果要对两个十进制数的 BCD 码进行二-十进制数码加法运算，需要分两步进行。第一步，按二进制运算规则进行运算；第二步，对运算结果进行判断，若和数大于 1001，则电路自动对和数加上 0110，并在组间产生进位，否则即为最后的运算结果。所以，一个 1 位二-十进制加法器应由两个 4 位二进制加法器和一个加 0110 的校正网络组成。

4. 实验内容和步骤

(1) 用与非门设计一个半加器和一个全加器，画出实验电路图，并测试电路的实际结果。

(2) 利用 4 位二进制加法器设计一个将余 3 码转换为 8421 码的电路，画出实验电路图，并测试电路的实际结果。

(3) 利用 4 位二进制加法器进行 4 位二进制数的加、减运算：用 4 位二进制加法器进行下列运算，记录实验结果，并将实验结果表示为十进制数。

① $(0010)_2 + (0101)_2$；② $(0110)_2 + (1001)_2$；

③ $(0011)_2 - (1001)_2$；④ $(1010)_2 - (0101)_2$。

(4) 用 4 位二进制加法器进行 8 位二进制数的加、减运算。将两个 4 位二进制加法器 74LS283 进行级联，进行下列运算，记录实验结果，并将实验结果表示为十进制数。

① $(10100101)_2 + (01101011)_2$；② $(01011001)_2 + (10001100)_2$；

③ $(10100101)_2 - (01101011)_2$；④ $(0101101)_2 - (10001100)_2$。

(5) 利用 4 位二进制加法器进行 1 位二-十进制加法运算。利用给定的集成芯片设计一个 1 位二-十进制加法器，进行下列运算，记录实验结果，并将实验结果表示为十进制数。

① $3+4$；② $4+5$；③ $5+7$；④ $9+9$。

5. 实验报告要求

(1) 列表整理实验的数据。

(2) 怎样设计一个可进行 2 位十进制数加法运算的二-十进制加法器，试画出其电路图。

(3) 用 4 位集成加法器设计一个余 3 码十进制 1 位加法器，要求其输出也是余 3 码十进制数，并画出其电路图。

F.1.4　编码器和译码器应用电路的设计与调试

编码器及其应用

1. 实验目的

（1）熟悉集成编码器和集成译码器的性能和使用方法。

（2）学会应用二进制译码器实现组合逻辑电路的方法。

2. 实验仪器与器材

数字逻辑实验仪 1 台，数字万用表 1 块，逻辑笔 1 支，74LS48 芯片 1 片，74LS147 芯片 1 片，74LS85 芯片 1 片，74LS47 芯片 2 片，74LS00 芯片 1 片，共阴极数码管 1 个。

3. 实验原理

（1）编码、译码，显示测试电路如图 F-4 所示。该电路由 10/4 线编码器，字符译码器和字符显示器构成。

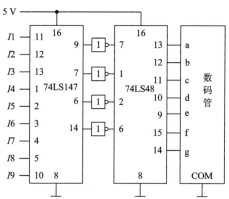

图 F-4　编码、译码、显示原理逻辑功能测试

（2）3 位二进制译码器测试电路如图 F-4 所示，该电路由 8/3 线编码器，3/8 线译码器和 0-1 显示器构成。

（3）由于二进制译码器能产生输入变量的全部最小项，而任何一个组合逻辑函数总能表示成最小项之和的形式，所以利用二进制译码器和或门可实现任意组合逻辑电路。

5. 实验内容和步骤

（1）编码器、译码器和显示器逻辑功能测试。按照如图 F-4 所示连接好电路，依次在各个输入端输入有效电平，观察并记录电路输入与输出的对应关系，以及当几个输入同时为有效电平时编码的优先级别关系。

（2）二进制译码器逻辑功能测试。按照如图 F-5 所示接好电路，依次在各个输入端输入有效电平，观察并记录电路输入与输出的对应关系。

（3）用 74LS138 和与非门设计能实现下列功能的电路。

① $Y_1(A, B, C) = \sum m(0, 2, 3, 5, 6)$；

$Y_2(A, B, C) = \sum m(1, 2, 3, 7)$。

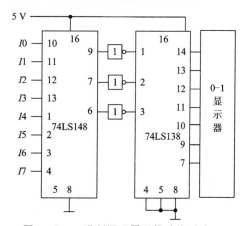

图 F-5　二进制译码器逻辑功能测试

② $Y_1 = AB + BC + CA$; $Y_2 = A + \bar{B}\bar{C}$ 。

(4) 用 74LS138 和与非门设计能实现下列功能的电路。

① 设计一个能判断 A、B 两数大小的比较电路，A、B 都为 1 位二进制数。

② 设计一个能将余 3 码转换为 8421 码的电路。

5. 实验报告要求

(1) 整理实验数据，总结本次实验体会。

(2) 思考并回答下列问题。

① 举例说明编码器、译码器的应用。

② 编码器有多种应用。试利用 74LS148 编码器设计一个火警报警电路，编码器 8 个输入端的信号分别来自置于 8 个不同地方的火警探测器。若这 8 个地方中的任何一个地方发生火灾时，置于该处的火警探测器便输出一个低电平到 74LS148 的输入端，编码器编码后输出 3 位二进制代码到字符译码器，经字符译码器译码后送到字符显示器显示发生火灾的位置。

③ 用 74LS138 芯片和与非门设计一个能对数码 $A = a_1 a_2$ 和 $B = b_1 b_2$ 进行大小比较的比较电路，并画出电路图。

F.1.5 数据选择器和数据分配器应用电路的设计和调试

1. 实验目的

(1) 熟悉数据选择器和数据分配器的性能及使用方法。

(2) 学会应用数据选择器进行逻辑设计的方法。

(3) 学习用数据选择器和数据分配器构成 8 路数据传输系统的方法。

2. 实验仪器与器材

数字逻辑实验仪 1 台，数字万用表 1 块，逻辑表 1 支，74LS153 芯片 2 片，74LS151 芯片 1 片，74LS138 芯片 1 片，74LS147 芯片 1 片，74LS00 芯片 1 片。

3. 实验原理

(1) 数据选择器的逻辑功能测试电路如图 F - 6 所示，图中的编码器为数据选择器提供输入信号，数据选择器地址 A_1 和 A_0 有不同组合时，就可将输入信号分别显示在 0 - 1 显示器上。

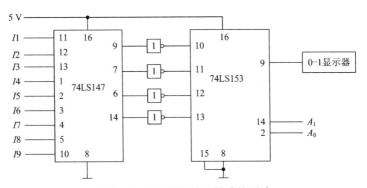

图 F - 6 数据选择器逻辑功能测试

(2) 利用数据选择器可以很方便地实现各种组合逻辑函数。

(3) 将数据选择器和数据分配器结合起来，可以实现多路信号的分时传送。

4. 实验内容和步骤

(1) 用与非门设计一个 4 选 1 数据选择器,画出实验电路图,并测试电路的实际结果。

(2) 数据选择器逻辑功能测试:按照图 F-6 接好电路,在不同输入信号和不同地址码组合情况下,观察并记录电路输入与输出的对应关系。

(3) 用 74LS153 构成 1 位全加器。用 74LS153 实现 1 位全加器的逻辑功能,74LS153 的两个输出端分别代表和数 S_i 及向高位的进位数 C_i。

(4) 用 74LS153 构成 1 位数字比较器。将被比较的两个数分别由 74LS153 的选择输入端输入,$A>B$ 时,$1Y$ 输出为 1;$A<B$ 时,$2Y$ 输出为 1;$A=B$ 时,$1Y$ 与 $2Y$ 输出均为 0。

(5) 用 74LS153 实现十进制数的串行显示。利用两块 74LS153 和 1 位译码显示装置可实现 4 个十进制数字的串行显示,如依次显示 3、8、5、1。方法是将需要显示的 4 个十进制数的 BCD 码加到 4 个 4 选 1 数据选择器的数据输入端,数据选择器的输出分别接到七段字符译码器 74LS48 的 4 个译码地址输入端,利用选择变量 A_1、A_0 的取值组合即可实现数字的串行显示,如 $A_1A_0=00$、01、10、11 时分别显示 3、8、5、1。

(6) 用 8 选 1 数据选择器 74LS151 和 1 路-8 路数据分配器 74LS138 构成 8 路数据传送系统,并测试系统的功能。

5. 实验报告要求

(1) 整理实验数据,总结本次实验体会。

(2) 思考并回答下列问题。

① 总结数据选择器的各种应用。

② 怎样利用 4 选 1 数据选择器构成 16 选 1 数据选择器?并画出电路图。

③ 如果用数据选择器实现函数:

$$Y(A_0A_1A_2A_3A_4A_5A_6A_7)$$
$$=A_0A_6+A_0A_1+A_1\overline{A_2}+A_0A_3A_4+A_1\overline{A_2}+A_1\overline{A_6}+\overline{A_1}A_2+A_0A_5A_7+\overline{A_1}A_6$$

应选用多少路输入的选择器最经济?列出所选的数据选择器的控制变量取值组合与相应的输入函数 D_i 的对应表,并画出实现函数 Y 的电路图。

④ 讨论 8 路数据传输系统的组成特点和性能特点。在 8 路数据传输系统中,如果要将输入数据最后以反码的形式输出,电路应如何连接?如果不用 74LS151 而用 74LS153,能否实现 8 路数据的传输?若能,则画出电路的连接图。

F.1.6 触发器逻辑功能测试及其简单应用研究

1. 实验目的

(1) 熟悉常用触发器的逻辑功能,掌握触发器逻辑功能的测试方法。

(2) 熟悉触发器间逻辑功能的转换方法。

触发器及其应用

(3) 了解触发器的一些简单应用。

2. 实验仪器与器材

数字逻辑实验仪 1 台,示波器 1 台,数字万用表 1 块,逻辑笔 1 支,74LS00 芯片 1 片,74LS76 芯片 1 片,74LS74 芯片 1 片。

3. 实验原理

触发器是时序逻辑电路中存储部分的基本单元。利用触发器可以构成计数器、分频器、寄存器、移位寄存器、时钟脉冲控制器等。

按触发器的逻辑功能不同，触发器可分为 RS 触发器、JK 触发器、D 触发器、T 触发器、T′触发器。

各种触发器间逻辑功能可以相互转换。在将一种触发器代替另一种触发器使用时，通常是利用它们特性方程相等的原则来实现功能转换的。

基本 RS 触发器的用途之一是构成无抖动开关，用来消除有触点的机械开关因触点抖动而产生不必要的脉冲输出，电路如图 F-7(a)所示。图 F-7(b)所示为开关 S 由位置 A 掷向 B、A、B、Q、$\bar{Q}$ 各点的波形，由波形图可知触发器输出 Q(或 $\bar{Q}$)已消除了输入端 B 处的抖动。

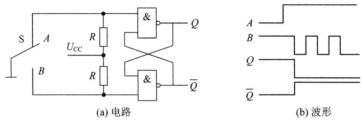

(a) 电路　　　　　　(b) 波形

图 F-7　无抖动开关电路及其波形

触发器的另一个用途是构成分频器和倍频器。分频器的输出频率是输入频率的若干分之一，而倍频器的输出频率则是输入频率的若干倍。图 F-8 所示为用 D 触发器构成二分频器和二倍频器的电路及其波形。

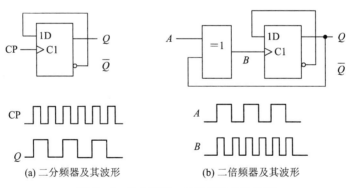

(a) 二分频器及其波形　　　　　　(b) 二倍频器及其波形

图 F-8　二分频器、二倍频器及其波形

4. 实验内容和步骤

(1) 基本 RS 触发器逻辑功能测试。用与非门构成基本 RS 触发器，分别使 RS 为 00、01、10、11，用 0-1 显示器观察对应的输出端 Q 和 $\bar{Q}$ 的状态，画表格记录测试结果。

(2) 集成 D 触发器 74LS74 逻辑功能测试。

① 测试直接置 0($\overline{R_D}$)和置 1($\overline{S_D}$)功能，测试方法同基本 RS 触发器。

② 静态测试。CP 接单次脉冲，$\overline{R_D}=\overline{S_D}=1$，分别使 D 为 0，1，用 0-1 显示器观察对应的输出端 Q 和 $\bar{Q}$ 的状态，并记录测试结果。

③ 动态测试。按照图 F-8(a)连接好电路，CP 接 1 kHz 连续脉冲，$\overline{R_D}=\overline{S_D}=1$，用示波器观察 Q 与 CP 的波形，注意其对应关系。

（3）集成 JK 触发器 74LS76 逻辑功能测试。

① 测试直接置 0($\overline{R_D}$)和置 1($\overline{S_D}$)功能，测试方法同基本 RS 触发器。

② 静态测试。CP 接单次脉冲，$\overline{R_D}=\overline{S_D}=1$，分别使 D 为 0，1，用 0-1 显示器观察对应的输出端 Q 和 $\overline{Q}$ 的状态，将测试结果填入表 F-1 中。

表 F-1　JK 触发器逻辑功能测试表

CP	0 ↓		↓	0	↓	↓	0	↓	↓	0	↓	↓
J	0	0	0	0	0	0	1	1	1	1	1	1
K	0	0	0	1	1	1	0	0	0	1	1	1
$Q^{n+1}(Q^n=1$ 时$)$												
$Q^{n+1}(Q^n=0$ 时$)$												

③ 动态测试。CP 接 1 kHz 连续脉冲，$\overline{R_D}=\overline{S_D}=1$，$J=K=1$，用示波器观察 Q 与 CP 的波形，注意其对应关系。

④ 二倍频器功能测试。按照图 F-8(b)连接好电路，A 接 1 kHz 连续脉冲，$\overline{R_D}=\overline{S_D}=1$，用示波器观察 B 与 A 的波形，注意其对应关系。

⑤ 触发器逻辑功能转换。将 JK 触发器分别转换为 D 触发器，T 触发器和 T′ 触发器，并检验逻辑功能。

5. 实验报告要求

（1）画出各个实验电路，列表整理实验测量的结果。

（2）总结本次实验体会。

（3）思考并回答下列问题。

① 如何将 D 触发器转换为 JK 触发器，T 触发器和 T′ 触发器？画出逻辑电路图。

② 比较基本 RS 触发器，JK 触发器，D 触发器的逻辑功能，触发方式有何不同？

③ 分析图 F-7(a)所示无抖动开关电路的工作原理，并画出开关 S 由 B 掷向 A 时，A、B、Q 和 $\overline{Q}$ 的波形。

④ 分析图 F-8(b)所示二倍频的工作原理。

F.1.7　时序逻辑电路的设计与测试

1. 实验目的

（1）熟悉脉冲型同步时序电路的设计与测试方法。

（2）熟悉脉冲型异步时序电路的设计与测试方法。

2. 实验仪器与器材

数字逻辑实验仪 1 台，示波器 1 台，数字万用表 1 块，逻辑笔 1 支，74LS76 芯片 2 片，74LS74 芯片 2 片，74LS20 芯片 2 片，74LS00 芯片 2 片。

3. 实验原理

时序电路的设计,就是根据给定的逻辑关系,求出满足此逻辑关系最简单的逻辑电路图。时序电路的设计一般按以下几个步骤进行:

(1) 分析给定的逻辑关系,确定输入变量和输出变量,建立状态表或状态图。

(2) 化简状态(即合并重复状态),以得到最简单的状态图。

(3) 分配状态(即编码状态),对每个状态指定一个二进制编码。

(4) 确定触发器的个数和类型,求出输出方程、状态方程、驱动方程,并检查电路能否自启动,若不能,则需对电路方程进行修改。

(5) 根据输出方程、状态方程、驱动方程画出电路的逻辑图。

时序电路有同步时序电路和异步时序电路两种类型,在处理设计步骤的时候,对异步时序逻辑电路,在把状态图转换成卡诺图进行化简时,除了可以把无效状态当作约束项处理外,对某个触发器的次态来说没有时钟脉冲的电路状态也可以把其当作约束项处理,这样就可以得到更简化的逻辑图。

当时序电路中存在无效状态时,必须考虑电路的自启动问题(即考虑那些无效状态能否在时钟脉冲的作用下电路自动进入到工作循环中来)。任何一个系统在工作过程中会不可避免地受到各种干扰。在受到外界干扰时,电路可能会进入无效状态。如果电路是自启动的,则经过若干时钟周期后,电路一定能自动回到工作循环中;若电路不能自启动,一旦进入某些无效状态,电路便无法恢复正常工作。

4. 实验内容和步骤

(1) 用 D 触发器设计一个具有清零功能的同步六进制加法计数器,画出电路图,根据电路图连接好电路,用 0-1 按钮作为计数脉冲输入,用发光二极管显示输出,验证电路是否符合设计要求。

(2) 用 JK 触发器设计一个具有清零功能的异步六进制加法计数器,具体步骤同上。

(3) 用 D 触发器设计一个能自启动的四位环形计数器,具体步骤同(1),并画出该计数器的状态转换图。

(4) 用 JK 触发器设计一个步进电动机用的三相六状态脉冲分配器,三相六状态工作方式的步进电动机三相绕组 A、B、C 的通电顺序为 A →AB →B →BC →C →CA →A→…

具体步骤同(1),并画出该电路的状态转换图。

5. 实验报告要求

(1) 整理实验结果,总结本次实验的收获和体会。

(2) 思考并回答下列问题。

① 比较同步计数器和异步计数器各有什么特点。

② 用 D 触发器设计一个具有正、反转功能的步进电动机用的三相六状态脉冲分配器,写出全部设计过程,并画出电路原理图。

F.1.8 N 进制计数器的设计与测试

1. 实验目的

(1) 掌握集成计数器的测试方法。

计数器及其应用

（2）学会利用集成计数器构成 N 进制计数器。

2. 实验仪器与器材

数字逻辑实验仪 1 台，示波器 1 台，数字万用表 1 块，逻辑笔 1 支，74LS90 芯片 2 片，74LS163 芯片 2 片，74LS192 芯片 2 片，74LS48 芯片 2 片，74LS00 芯片 1 片，数码管 2 个。

3. 实验原理

计数器是用以实现计数功能的时序电路。计数器种类有很多，根据构成计数器的各个触发器是否使用统一的时钟脉冲，可分为同步计数器和异步计数器；根据计数器数制的不同，可分为二进制计数器、十进制计数器、N 进制计数器；根据计数的增减趋势，又可分为加法计数器、减法计数器、可逆计数器。此外，还有可预置数和可编程功能计数器等。

计数器一般从零开始计数，所以应具有清零功能。有些集成计数器如 74LS162 等还具有置数功能，通过将数据预置于计数器中，可以使计数器从任何值开始计数。利用集成计数器的清零功能或置数功能实现归零，可以获得按自然态序进行的计数的 N 进制计数器。用归零法获得 N 进制计数器的主要步骤为

（1）写出状态 S_{N-1}（同步清零或同步置数时）或 S_N（异步清零或异步计数时）的二进制代码。

（2）求归零逻辑（即写出清零信号或置数信号的逻辑表达式）。

（3）画连接图。在实际应用中，往往需要多片集成计数器来构成大容量的计数器。多片集成计数器的级联方式有串行进位方式和并行进位方式两种。串联进位式 2 位十进制计数器连线图如图 F-9 所示。并联进位式 2 位十进制计数器连线图如图 F-10 所示。

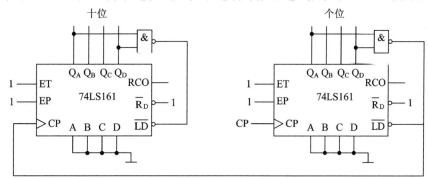

图 F-9 串联进位式 2 位十进制计数器

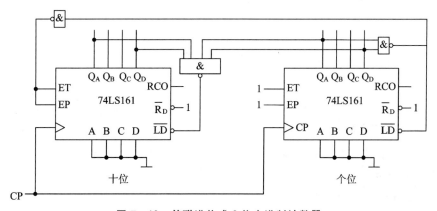

图 F-10 并联进位式 2 位十进制计数器

4. 实验内容和步骤

（1）测试 74LS90 的逻辑功能。

① 按十进制 8421 码计数器接线，CP 用单次脉冲，输出用数码管显示，测试 74LS90 的清零功能和计数功能。

② 按十进制 8421 码计数器接线，CP 用 1 kHz 时钟脉冲，用示波器观察各输出端波形。

③ 按十进制 5421 码计数器接线，重复上述步骤，并比较采用不用码制时输出波形有何不同。

④ 按十进制 8421 码计数器组装计数、译码、显示电路，CP 用 1 Hz 时钟脉冲，通过显示器观察电路的自动计数功能。

（2）仿照 74LS90 的测试方法，分别测试 74LS163 和 74LS192 的逻辑功能，总结它们的工作方式，并自制表格记录测试结果。

（3）仿照 74LS90 构成四十进制计数器，接至译码、显示电路，用 1 Hz 时钟脉冲观察计数时序。

（4）用 74LS161 构成 35 进制计数器，接至译码、显示电路，用 1 Hz 时钟脉冲观察计数时序。

（5）用 74LS192 构成 20 进制倒计时电路，接至译码、显示电路，用 1 Hz 时钟脉冲观察计数时序。

5. 实验报告要求

（1）整理实验结果，并分别画出步骤（1）中 8421 码和 5421 码十进制计数器的 CP，Q_0、Q_1、Q_2、Q_3 的波形，要求从初态 0000 开始，绘制了一个完整的计数周期。

（2）思考并回答下列问题。

① 当 74LS90 接成十进制 5421 码时，能否用 74LS48 译码器驱动数码管？为什么？

② 利用 74LS90 的清零端，采用归零功能构成几种不同进制的计数器？分别画出接线图。如果使用 74LS161，又能构成几种不同进制的计数器？

③ 个位数用六进制，再串联十进制构成六十进制能计时吗？若此时用 74LS48 译码驱动显示器，将会出现什么现象？为什么？

F.1.9 移位寄存器

1. 实验目的

（1）熟悉 4 位双向移位寄存器的逻辑功能。

（2）熟悉串行输入、并行输出的逻辑控制过程。

（3）熟悉用移位寄存器组成环形计数器、扭环形计数器、顺序脉冲发生器的方法。

2. 实验仪器与器材

数字逻辑实验仪 1 台，示波器 1 台，数字万用表 1 块，逻辑笔 1 支，74LS194 芯片 1 片，74LS00 芯片 5 片。

3. 实验原理

74LS194 是集成双向 4 位移位寄存器，其逻辑功能测试电路如图 F-11 所示。

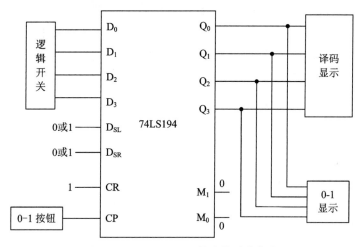

图 F-11 74LS194 逻辑功能测试电路

移位寄存器不仅可组成串行/并行数码转换器,还可以很方便地组成移位寄存器、脉冲分配器等电路。常用的移位寄存器型计数器有环形计数器和扭环形计数器。环形计数器的功能是在输入数字脉冲 CP 的作用下,输出端的状态变化可以循环一个 1,也可以循环一个 0。扭环形计数器与环形计数器相比,电路结构上的差别仅在扭环形计数器最低位的输入信号取自最高位的 $\overline{Q}$ 端,而不是 Q 端。扭环形计数器的功能是计数器每次状态变化时仅有一个触发器翻转。图 F-12 为环形计数器和扭环型计数器的状态转换图。

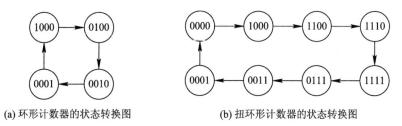

(a) 环形计数器的状态转换图   (b) 扭环形计数器的状态转换图

图 F-12 环形计数器和扭环形计数器的状态转换图

数控装置中常用顺序脉冲发生器来控制系统各部分分时(有序)地协调工作,顺序脉冲发生器也称脉冲分配器或节拍脉冲发生器,一般由计数器和译码器组成。作为时间基准的计数脉冲由计数器的输入端送入,译码器即将计数器状态译成输出端上的顺序脉冲,使输出端上的状态一定时间、一定顺序轮流为 1。顺序脉冲发生器也可由移位寄存器型计数器与译码电路组成,而且由于环形计数器的输出就是顺序脉冲,故可不加译码电路,但当输出端的个数多时,所用触发器的数量也大,若用扭环形计数器,则需加译码器。

4. 实验内容和步骤

(1) 74LS194 逻辑功能测试。根据图 F-11 所示连接好电路,然后进行以下各项功能测试。

① 数据的并行输入/输出。先将寄存器清零,再将 $\overline{CR}$、M_1、M_0 都置 1,用逻辑开关任意输入一个 4 位二进制,如 $D_3D_2D_1D_0 = 0111$,用 0-1 按钮发 1 个时钟脉冲,观察发光二极管和数码管显示的 Q_3、Q_2、Q_1、Q_0 的状态,并记录显示结果。

② 数据的串行输入/输出（即数据的右移和左移）。清零，置 $M_1M_0=01$，并行输入一个数，如 $D_3D_2D_1D_0=0010$，使 $D_{SR}=1$（或 0），连续发 4 个时钟脉冲，观察发光二极管和数码管显示的变化，将显示变化情况记录下来。再清零，置 $M_1M_0=10$，并行输入一个数，如 $D_3D_2D_1D_0=1010$，使 $D_{SL}=1$（或 0），连续发 4 个时钟脉冲，观察发光二极管和数码管显示的变化，将显示变化情况记录下来。

③ 数据的串行输入并行输出，输入两个最低位在前，最高位在后的 4 位二进制数码，如 $D_3D_2D_1D_0=0101$ 和 1001，记录实验结果，写出数码的变化过程。再输入两个最高位在前，最低位在后的 4 位二进制数码，如 $D_3D_2D_1D_0=1101$ 和 0011，记录实验结果，写出数码的变化过程。

④ 数据的保持。清零，置 $M_1M_0=00$，任意输入一个 4 位二进制数，然后连续发 4 个时钟脉冲，观察并记录显示结果。

（2）用 74LS194 构成环形计数器，并测试电路的功能。

（3）用 74LS194 构成扭环形计数器，并测试电路的功能。

（4）用 74LS194 构成一个顺序脉冲发生器。用 1 片 74LS194 和 5 片 74LS00 设计组成一个顺序脉冲发生器，其中用 74LS194 和一个反相器组成扭环形计数器，用 8 个与非门和 8 个反相器组成译码器。由计数器输入端送入频率为 1 kHz 的连续计数脉冲，通过译码器 8 个输出端的状态变化，并测试电路的功能。

5. 实验报告要求

（1）整理实验数据，总结本次实验的收获与体会。

（2）思考并回答下列问题。

① 简述实验中遇到的问题及解决措施。

② 时序电路自启动的作用何在？是否可以用人工预置的方法代替自启动功能？

③ 用两片集成双向 4 位移位寄存器 74LS194 设计一个可实现右移 8 位数据的串行输入、并行输出的电路，并画出电路图。

F. 1. 10 555 定时器应用电路的设计与测试

1. 实验目的

（1）掌握 555 定时器的基本功能。

（2）熟悉 555 定时器的典型应用。

2. 实验仪器与器材

数字逻辑实验仪 1 台，示波器 1 台，数字万用表 1 块，逻辑笔 1 支，H7555 芯片 2 片，电阻 100 kΩ 1 个，33 kΩ 1 个，10 kΩ 1 个，电位器 100 kΩ 2 个，电容 0.01 μF 1 个，0.02 μF 1 个，10 μF 1 个，0.1 μF 2 个，47 μF 1 个，扬声器 1 个。

3. 实验原理

555 定时器具有定时精度高，工作速度快，可靠性好，电源电压范围宽，输出电流大等优点，可组成各种波形的脉冲振荡电路、定时延时电路、检测电路、电源变换电路、频率变换电路等，被广泛应用于自动控制、测量、通信等各个领域。由 555 定时器构成的单稳态触发器和多谐振荡器分别如图 F－13 和图 F－14 所示。

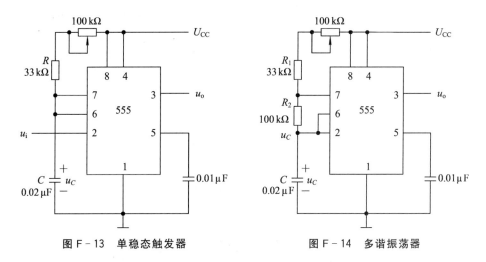

图 F－13 单稳态触发器   图 F－14 多谐振荡器

4. 实验内容和步骤

（1）用 555 定时器构成单稳态触发器。用 555 定时器构成的单稳态触发器如图 F－13 所示。根据图示电路图连接好电路，取 $U_{CC}=10\text{ V}$，$u_i=5\text{ V}$，将电位器调至适当的位置，观察 u_o、u_{C1}、u_{C2} 的波形并测量它们的电压值，测量输出脉冲的宽度 t_p，并与理论值比较。

（2）用 555 定时器构成多谐振荡器。

① 用 555 定时器构成的多谐振荡器如图 F－14 所示。根据图示电路图连接好电路，取 $U_{CC}=10\text{ V}$，将电位器调至适当的位置，用示波器观察 u_C 和 u_o 的波形，测量输出脉冲的振荡周期 T 及占空比，并与理论值进行比较。

② 将电位器调至阻值最大的位置，然后逐步减小阻值，观察输出波形变化情况。

③ 在 555 定时器的低电平触发端 2 接入一个 0～5 V 的直流电压，用示波器测量输出电压 u_o 的频率变化范围。

（3）用 555 定时器构成施密特触发器。

① 选择元件参数，画好电路图，并根据电路图连接好电路。

② 输入 1 kHz 的正弦电压，对应画出输入电压和输出电压的波形。然后在电压控制端 5 外接 1.5～5 V 的可调电压，观察输出脉冲宽度的变化情况。

③ 将输入改为 1 kHz 的锯齿波电压，重复步骤②，归纳影响输出波形的因素。

（4）用两片 555 设计一个救护车音响电路，参考电路如图 F－15 所示。用示波器观察两片 555 的输出波形，同时试听扬声器的声响。

5. 实验报告要求

（1）整理实验数据，画出各实验步骤中所观察到的波形。

（2）思考并回答下列问题。

① 分析讨论实验中遇到的问题和解决的措施。

② 比较多谐振荡器、单稳态触发器、双稳态触发器、施密特触发器的工作特点，并说

明每种电路的主要用途。

③ 简述图 F‐15 所示救护车音响电路的工作原理。

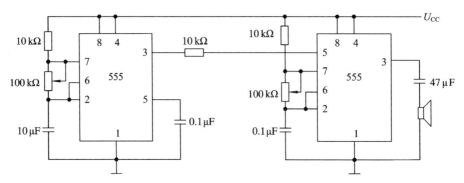

图 F‐15　救护车音响电路

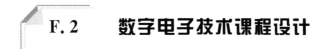

F. 2　　数字电子技术课程设计

F. 2. 1　数字电子钟

1. 课程设计目的

(1) 培养设计数字电路的能力。

(2) 掌握设计、组装、调试数字电子钟方法。

2. 课程设计内容及要求

(1) 设计一个数字电子钟电路。要求：

① 按 24 小时制直接显示"时""分""秒"。

② 电路具有校时功能。

③ 具有整点报时功能，报时音响为 4 低 1 高，即在 59 分 51 秒、53 秒、55 秒、57 秒输出 500 kHz 信号，在 59 分 59 秒时输出 1000 kHz 信号，音响持续时间为 1 秒，最后一响结束时刻正好为整点。

(2) 用中小规模集成电路组成电子钟，并在实验仪上进行组装、调试。

(3) 画出各单元的电路图、整机逻辑框图和逻辑电路图，写出设计、实验总结报告。

(4) 选做部分：① 闹钟系统；② 日历系统。

3. 数字电子钟基本原理设计方法

数字电子钟的逻辑框图如图 F‐16 所示。它由振荡器、分频器、计数器、译码器、显示器、校时电路、整点报时电路组成。振荡器产生的脉冲信号经过分频器作为秒脉冲，秒脉冲送入计数器计数，计数结果通过"时""分""秒"译码器显示时间。有的数字电子钟还有定时响铃、日历显示等功能，则需增加相应的辅助电路。

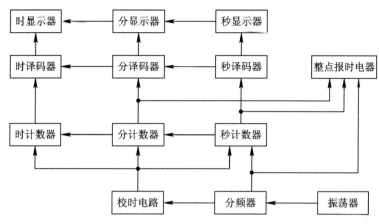

图 F - 16　数字电子钟的基本逻辑框图

（1）振荡分频电路。振荡器是数字电子钟内部用来产生时间标准"秒"信号的电路。构成振荡器的电路有很多，图 F - 17(a)是 RC 环形多谐振荡器，其振荡周期 $T = 2.2RC$。作为时钟，最主要的是走时准确，这就要求振荡器的频率稳定。要得到频率稳定的信号，需要采用石英晶体振荡器。石英晶体振荡器电路如图 F - 17(b)所示，这种电路的振荡频率只取决于石英晶体本身的固有频率。

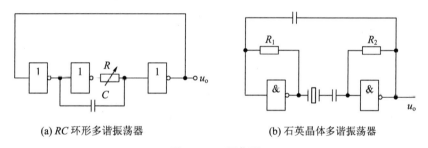

(a) RC 环形多谐振荡器　　　　　　　(b) 石英晶体多谐振荡器

图 F - 17　振荡器

石英晶体振荡器产生的频率很高，要得到秒信号，则需采用分频电路。例如，振荡器输出 4 MHz 信号，先经过 4 分频变成 1 MHz，再经过 6 次十分频计数器，便可得到 1 Hz 的方波信号作为秒脉冲。

（2）计数器。把秒脉冲信号送入秒计数器个位的 CP 输入端，经过 6 级计数器，分别得到"秒"个位，十位，"分"个位，十位，以及"时"个位，十位的计时。"秒""分"计数器为六十进制，"时"计数器为二十四进制。

二十四进制计数器如图 F - 18 所示。当"时"个位计数器输入端 CP_5 来到第 10 个触发脉冲时，该计数器归零，进位端 Q_{D5} 向"时"十位计数器输出进位信号。当第 24 个"时"脉冲（来自"分"计数器输出的进位信号）到来时，十位计数器的状态为 0010，个位计数器的状态为 0100，此时"时"十位计数器的 Q_{B6} 和"时"个位计数器的 Q_{C5} 输出为 1。两者相与后送到两计数器的清零端 R_{OA} 和 R_{OB}，通过 74LS90 内部的 R_{OA} 和 R_{OB} 与非后清零，完成二十四进制计数。同理可构成六十进制计数器。

（3）译码显示电路。译码驱动器采用 8421BCD 码七段译码驱动器 74LS48，显示器采用共阴极数七段数码显示器，有关 74LS48 和七段显示器的使用方法前面已经作了介绍，这里不再重复讲述。

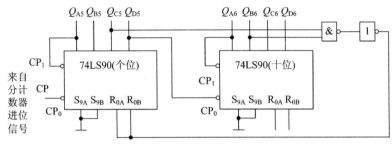

图 F-18   二十四进制计数器

（4）校时电路。当数字电子钟出现走时误差时，需要对时间进行校准。实现校时电路的方法有很多，如图 F-19 所示电路即可作为时计数器或分计数器的校时电路。

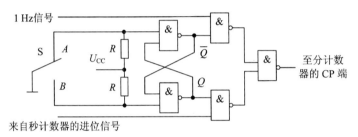

图 F-19   校时电路

现设用图 F-19 所示电路作为分计数器的校时电路，其中采用 RS 触发器作为无抖动开关。通过开关 S 的接入位置，可以选择是将"1 Hz 信号"还是将"来自秒计数器的进位信号"送至分计数器的 CP 端。当开关 S 置于 B 端时，RS 触发器的输出 $Q=1$，$\bar{Q}=0$，"来自秒计数器的进位信号"被送至分计数器的 CP 端，分计数器正常工作；需要校正分计数器时，将开关 S 置于 A 端，这时 RS 触发器的输出 $Q=0$，$\bar{Q}=1$，"1 Hz 信号"被送至分计数器的 CP 端，分计数器在"1 Hz 信号"的作用下快速计数，直至正确的时间，再将开关 S 置于 B 端，达到了校准时间的目的。

（5）整点报时电路。电路的设计要求在差 10 秒为整点时开始每隔 1 秒鸣叫一次，每次持续时间为 1 秒，共鸣叫 5 次，前 4 次为低音 500 Hz，最后一次为高音 1 kHz。因为分计数器和秒计数器从 59 分 51 秒计数到 59 分 59 秒的过程中，只有秒个位计数器计数，分十位、分个位、秒十位计数器的状态不变，分别为 $Q_{D4}Q_{C4}Q_{B4}Q_{A4}=0101$，$Q_{D3}Q_{C3}Q_{B3}Q_{A3}=1001$，$Q_{D2}Q_{C2}Q_{B2}Q_{A2}=0101$，所以 $Q_{C4}=Q_{A4}=Q_{D3}=Q_{A3}=Q_{C2}=Q_{A2}=1$ 不变。设 $Y_1=Q_{C4}Q_{A4}Q_{D3}Q_{A3}Q_{C2}Q_{A2}$，又因为在 51、52、55、57 秒时 $Q_{A1}=1$，$Q_{D1}=0$，输出 500 Hz 信号 f_2；59 秒时 $Q_{A1}=1$，$Q_{D1}=1$，输出 1 kHz 信号 f_1，由此可写出整点报时电路的逻辑表达式为

$$Y_2 = Y_1 Q_{A1} Q_{D1} f_1 + Y_1 Q_{A1} \overline{Q_{D1}} f_2$$

用与非门实现本电路，则整点报时电路如图 F-20 所示。图中音响电路采用射极输出器，推动 8 Ω 的喇叭。三极管基极串接 1 kΩ 限流电阻，是为了防止电流过大损坏喇叭，在集电极也串接 51 Ω 限流电阻。三极管选用高频小功率管即可。

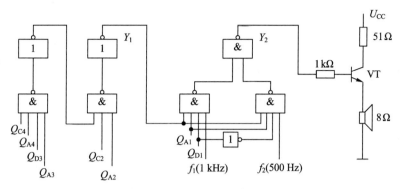

图 F-20　整点报时电路

4. 组装和调试要点

在实验箱上组装电子钟，组装时应严格按图 F-20 连接引脚，注意走线整齐、布局合理，器件的悬空端、清零端、置 1 端要正确处理。调试步骤和方法如下：

（1）用数字频率计测量晶体振荡器的输出频率，用示波器观察其波形。晶体振荡器输出频率应为 4 MHz，同时波形为矩形波。

（2）将频率为 4 MHz 的信号送入分频器各输入端，并用示波器检查各级分频器的输出频率是否符合设计要求。

（3）将 1 秒信号分别送入"时""分""秒"计数器，检查各级计数器的工作情况。若不正常，则可依次检查显示器、译码驱动器、计数器及计数器的反馈归零电路。

（4）观察校时电路的功能是否满足校时要求。

（5）将时间调整到 59 分 50 秒，观察报时电路能否准确报时。

（6）整机联调，使数字电子钟正常工作。

5. 供参考选择的元器件

（1）集成电路：74LS90 芯片 12 片，74LS48 芯片 6 片，74LS00 芯片 6 片，74LS20 芯片 2 片。

（2）电阻：1 kΩ 3 个，10 kΩ 4 个，51 Ω 1 个。

（3）电容：0.01 μF 2 个。

（4）三极管：3DG12 1 个。

（5）其他：共阴极显示器 6 个，4 MHz 石英晶振 1 片，8 Ω 扬声器 1 个。

F.2.2　交通信号灯

1. 课程设计目的

（1）培养设计数字电路的能力。

（2）掌握设计、组装和调试交通信号灯控制电路的方法。

2. 课程设计内容及要求

（1）设计一个交通信号灯控制电路。要求：

① 主干道和支干道交替放行，主干道每次放行 30 s，支干道每次放行 20 s。

② 每次绿灯变红灯时，黄灯先亮 5 s，此时原红灯不变。

③ 用十进制数字显示放行及等待时间。

（2）用中、小规模集成电路组成交通信号灯电路，并在实验仪上进行组装、调试。

（3）画出各单元电路图、整机逻辑框图和逻辑电路图，写出设计、实验总结报告。

（4）选作部分：采用倒计时的方式显示交通信号灯的放行及等待时间。

3. 交通信号灯基本原理及设计方法

十字路口的红绿灯指引着行人和各种车辆的安全通行。有一个主干道和一个支干道的十字路口，如图 F-21 所示。每边都设置了红、绿、黄色信号灯。红灯亮表示禁止通行，绿灯亮表示可以通行，在绿灯变红灯时先要求黄灯亮几秒钟，以便让停车线以外的车辆停止运行。因为主干道上的车辆多，所以主干道放行的时间要长些。

实现上述交通信号灯的自动控制，则要求控制电路由时钟信号发生器、计数器、主控制器、信号灯译码驱动电路、数字显示译码驱动电路几部分组成，整机电路的原理框图如图 F-22 所示。

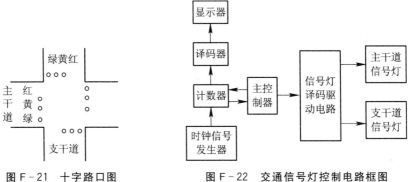

图 F-21 十字路口图　　　　图 F-22 交通信号灯控制电路框图

（1）主控制器。十字路口车辆运行情况只有 4 种可能：① 设开始时主干道通行，支干道不通行，这种情况下主绿灯和支红灯亮，持续时间为 30 s；② 30 s 后，主干道停车，支干道仍不通行，这种情况下主黄灯和支红灯亮，持续时间为 5 s；

③ 5 s 后，主干道不通行，支通道通行，这种情况下主红灯和支绿灯亮，持续时间为 20 s；④ 20 s 后，主干道仍不通行，支干道停车，这种情况下主红灯和支黄灯亮，持续时间为 5 s。5 s 后又回到第一种情况，如此循环。因此，要求主控制路电路也有 4 种状态，设这 4 种状态依次为：S_0、S_1、S_2、S_3。状态转换图如图 F-23 所示。

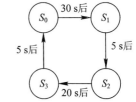

图 F-23 主控制器的状态图

设 $S_0=00$，$S_1=01$，$S_2=10$，$S_3=11$。实现这 4 种状态的电路，可用两个触发器构成，也可用一个二-十进制或二进制计数器构成。如用二-十进制计数器 74LS90 实现，采用反馈归零法构成四进制计数器（即可从输出端 Q_B、Q_A 得到所要求的 4 个状态）。逻辑图如图 F-24 所示。为以后叙述方便，设 $X_1=Q_B$，$X_0=Q_A$。

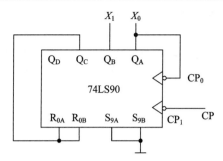

图 F - 24　主控制器的逻辑图

（2）计数器。计数器的作用有两个：一是根据主干道和支干道车辆运行时间以及黄灯切换时间的要求，进行 30 s、20 s、5 s 3 种方式的计数；二是向主控制器发出状态转换信号，主控制器根据状态转换信号进行状态转换。计数器除需要秒脉冲作时钟信号外，还应受主控制器的状态控制。计数器的工作情况为：计数器在主控制器进入状态 S_0 时开始 30 s 计数；30 s 后产生归零脉冲，并向主控制器发出状态转换信号，使计数器归零，主控制器进入状态 S_1，计数器开始 5 s 计数；5 s 后又产生归零脉冲，并向主控制器发出状态转换信号，使计数器归零，主控制器进入状态 S_2，计数器开始 20 s 计数；20 s 后又产生归零脉冲，并向主控制器发出状态转换信号，使计数器归零，主控制器进入状态 S_3，计数器又开始 5 s 计数；5 s 后同样产生归零脉冲，并向主控制器发出状态转换信号，使计数器归零，主控制器回到状态 S_0，开始新一轮循环。

根据以上分析，设 30 s、20 s、5 s 计数的归零信号分别为 A、B、C，则计数器的归零信号 L 为

$$L = A + B + C$$

其中，$A = S_0 Q_{B2} Q_{A2} = \overline{X_1 X_0} Q_{B2} Q_{A2}$

$B = S_2 Q_{B2} = X_1 \overline{X_0} Q_{B2}$

$C = S_1 Q_{C1} Q_{A1} + S_3 Q_{C1} Q_{A1}$

$= \overline{X_1} X_0 Q_{C1} Q_{A1} + X_1 X_0 Q_{C1} Q_{A1} = X_0 Q_{C1} Q_{A1}$

考虑到主控制器的状态转换为下降沿触发，将 L 取反后送到主控制器的 CP 端作为主控制器的状态转换信号。计数器的逻辑图如图 F - 25 所示。

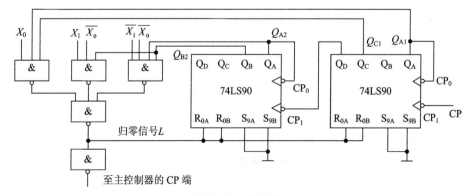

图 F - 25　计数器

（3）信号灯译码电路。主控制器的 4 种状态分别要控制主干道、干支道红、黄、绿灯的亮与灭。设灯亮为 1，灯灭为 0，则信号灯译码电路的真值表如表 F-2 所示。

表 F-2　控制信号灯的译码电路的真值表

主控制器状态		主　干　道			支　干　道		
	$X_1 \, X_0$	红灯 R	黄灯 Y	绿灯 G	红灯 r	黄灯 y	绿灯 g
S_0	0　0	0	0	1	1	0	0
S_1	0　1	0	1	0	1	0	0
S_2	1　0	1	0	0	0	0	1
S_3	1　1	1	0	0	0	1	0

由真值表可分别写出各个灯的逻辑表达式为

$$R = S_2 + S_3 = X_1 X_0 + X_1 \overline{X_0} = X_1$$
$$Y = S_1 = \overline{X_1} X_0$$
$$G = S_0 = \overline{X_0 X_1}$$
$$r = S_0 + S_1 = \overline{X_1 X_0} + \overline{X_1} X_0 = \overline{X_1}$$
$$y = S_3 = X_1 X_0$$
$$g = S_2 = X_1 \overline{X_0}$$

信号灯译码电路的逻辑图如图 F-26 所示。

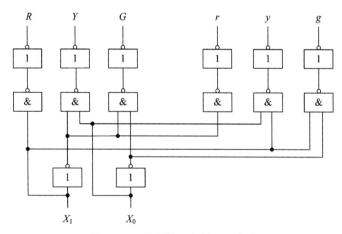

图 F-26　控制信号灯的译码电路

4. 组装和调试要点

在实验箱上按各单元电路分别搭接主控制器、计数器、信号灯译码器、数字显示译码器和秒脉冲信号发生器。然后按照以下步骤进行调试：

（1）秒脉冲信号发生器的调试，可按照数字电子钟的方法逐级调试振荡电路和分频电路，使输出频率符合设计要求。

（2）将秒脉冲信号送入主控制器的 CP 端，观察主控制器的状态信号是否按照 00→01

→10→11→00→…的规律变化。

（3）将秒脉冲信号送入计数器的 CP 端，接入主控制器的状态信号 X_1、X_0，并把主控制器的状态转换信号送入主控制器的 CP 端，观察计数器是否按 30 s、5 s、20 s、30 s 等循环计数。

（4）把主控制器的状态转换信号 X_1，X_0 接至信号灯译码电路，观察 6 个发光二极管是否按设计要求发光。

（5）整机联调，使交通信号灯控制电路正常工作。

5. 供参考选择的元器件

（1）集成电路：74LS90 芯片 9 片，74LS48 芯片 2 片，74LS00 芯片 6 片，74LS20 芯片 2 片。

（2）电阻：1 kΩ 2 个。

（3）电容：0.01 μF 2 个。

（4）其他：发光二极管 6 个（红、黄、绿各 2 个），共阴极显示器 2 片，4 MHz 石英晶振 1 片。

F.2.3　数字频率计

1. 课程设计目的

（1）培养设计数字电路的能力。

（2）掌握设计、组装和调试数字频率计电路的方法。

2. 课程设计内容及要求

（1）设计一个数字频率计电路。要求：

① 测量频率范围为 0～9 999 Hz。

② 闸门时间为 1 s，测量结果以十进制数字显示。

③ 具有启动、停止控制，用于启动和停止频率的连续测量和显示。

④ 在连续测量工作状态，每次测量 1 s 显示 5 s 左右，并且连续进行直至按动停止按钮。

⑤ 输入被测信号幅度 $U_i < 100$ mV。

（2）用中小规模集成电路组成数字频率计电路，并在实验仪上进行组装、调试。

（3）画出各单元电路图、整机逻辑框图和逻辑电路图，写出设计、实验总结报告。

（4）选作部分：① 把闸门时间改为 0.1 s 和 1 s 两种，用以开关切换量程；② 把启动、停止控制改为启动一次测量一次，测量后结果显示保持不变，直到再次按动启动键。

3. 数字频率计基本原理及设计方法

数字频率计的原理框图如图 F-27 所示，它由 4 个基本单元组成：① 石英晶体振荡器及多级分频电路；② 带衰减的放大整形电路；③ 控制电路和主控门；④ 可控制的计数器译码显示电路。

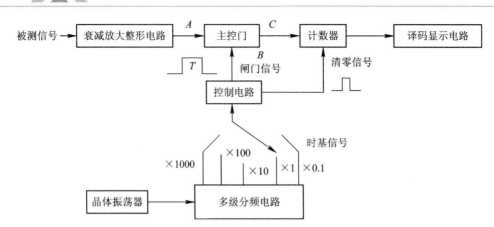

图 F-27　数字频率计的原理框图

晶体振荡器的输出信号经多级分频电路逐级分频后，可获得各种时间基准，通过时间基准选择开关（基选择开关），将所选用的时间基准信号（时基信号）作为控制电路的触发信号。控制电路的输出为具有固定宽度 T 的方波脉冲，T 称为闸门时间，对应的方波脉冲为闸门信号，闸门信号控制主控门（与门）的一个输入端 B。设被测信号频率为 f_x，周期为 T_X，该信号经衰减放大整形后变成序列窄脉冲。将该序列窄脉冲送到主控门的另一个输入端 A。当闸门信号到来后，主控门开启，周期为 T_X 的信号脉冲和宽度为 T 的闸门信号相与后通过主控门，在主控门的输出端 C 产生的脉冲信号送到计数器计数。设闸门时间 T 内通过主控门的信号脉冲个数为 N，则计数数值 N 为

$$N = \frac{T}{T_X} = T f_x$$

因此，被测信号的频率 f_X 为

$$f_X = \frac{N}{T}$$

由此可见，$T=1\,\mathrm{s}$ 时，计数器显示的数值 N 即为被测信号的频率；若 $T=0.1\,\mathrm{s}$，则 $f_X = 10\,N$，被测信号的频率 f_X 为计数器显示数值 N 的 10 倍。所以可通过时基选择开关选择闸门时间来决定量程。图 F-28 是测量频率的波形图。

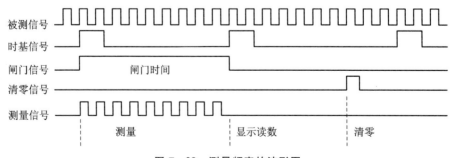

图 F-28　测量频率的波形图

（1）石英晶体振荡器和分频器。选用 $f_0=1\,\mathrm{MHz}$ 的石英晶体构成振荡电路，经过 6 级十分频电路，各级输出信号的频率从 $100\,\mathrm{kHz}$ 到 $1\,\mathrm{Hz}$，根据被测信号频率的大小，通过时基选择开关选择时基信号。时基信号通过控制电路得到方波，其正脉宽 T 控制主控门的开

启时间。

（2）衰减放大整形电路。衰减放大整形电路如图 F-29 所示，包括衰减器、跟随器、放大器和施密特触发器。它将输入被测信号整形成同频率的方波信号。被测信号通过衰减开关选择输入衰减倍率，衰减器由分压器构成。幅值过大的被测信号经过分压器分压后送入后级放大器，以避免波形失真。由运算放大器构成的跟随器起阻抗变换作用，使输入阻抗提高。放大器由同相输入的运算放大器构成，其放大倍数为 $1+R_F/R_1$，改变 R_F 的大小可以改变放大倍数。系统的整形电路由施密特触发器构成，整形后的方波送到主控门以便计数。

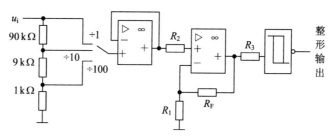

图 F-29 衰减放大整形电路

（3）主控门。主控门由与门组成，有两个输入端：一个接闸门信号；一个接整形后的被测方波信号。主控门是否开启受闸门信号的控制。当闸门信号为高电平时，主控门开启，被测信号通过主控门进入计数器；当闸门信号为低电平时，主控门关闭。

（4）计数译码电路。由于频率计的测量范围是 $1 \sim 9999\,\mathrm{Hz}$，因此计数器按十进制计数，采用 4 片中规模二-十进制计数器，如 74LS90 组成计数电路。

（5）控制电路。控制电路的作用主要是控制主控门的开启和关闭，同时也控制整个数字频率计的逻辑关系。控制电路需要完成下列 4 项功能：

① 接通电源或按动停止键时，使系统处于停止状态。

② 当按动启动键时，利用时间基准信号来触发控制电路，从而在控制电路的输出端得到宽度为 T（根据设计要求，$T=1\,\mathrm{s}$）的闸门信号，用闸门信号去控制主控门的开启时间。

③ 在主控门的开启时间结束时，封锁主控门和时基信号输入，使计数器显示的数字停留一段时间（根据设计要求，显示时间为 5 s），以便观测和读取数据。

④ 显示时间结束时，对计数器清零，然后重新开启主控门，进行下一次测量，这个过程不断重复进行，直至按动停止键。

能实现上述控制要求的方案有很多种，如图 F-30 所示为其中的一种方案。它实际上就是一个由 3 个触发器和 3 个单稳态电路构成的 3 节拍发生器。如图 F-31 所示是其工作波形图。

控制电路的工作过程为：当按动 $P_{停}$ 键或者系统加电时，基本 RS 触发器 F_1 和 F_2 均被置 0，$Q_1=0$，$Q_2=0$，所以门 G 输出 $T=0$，T 触发器 F_3 处于 0 状态并保持不变，时基信号不起作用，闸门信号 $Q_3=0$，封锁主控门，从而系统处于停止状态。当按动 $P_{启}$ 键时，F_1 和 F_2 均被置 1，$Q_1=1$，$Q_2=1$，所以门 G 输出 $T=1$，当时基信号下降沿到来时，T 触发器 F_3 翻转，若时基信号的频率为 1 Hz，则 Q_3 输出一个宽度为 1 s 的闸门信号，将主控门

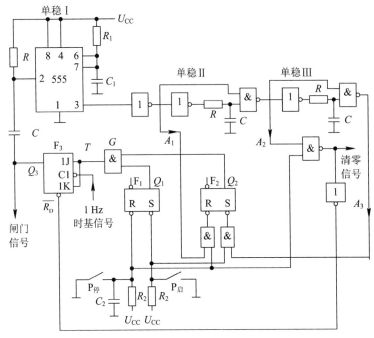

图 F‑30　控制电路

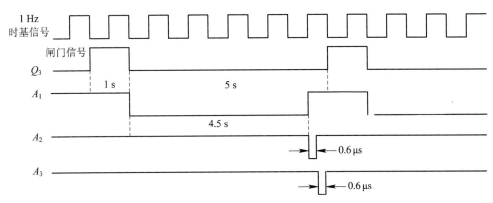

图 F‑31　控制电路的工作波形

打开，实现测量频率的功能。当 Q_3 下降沿到达时，经 RC 微分电路触发 555 定时器构成的第一级单稳态触发器，从而获得 A_1 信号。A_1 信号一方面送触发器 F_2 使之复位；另一方面送第二级单稳态触发器。A_1 的前沿（下降沿）使 $Q_2=0$，所以门 G 输出 $T=0$，T 触发器 F_3 保持 0 状态不变，系统处于显示状态。A_1 的后沿（上升沿）触发第二级单稳态触发器，从而获得 A_2 信号。A_2 和 $P_停$ 键信号一起形成清零信号，用以将 T 触发器和计数器清零，保证再次测量时数据的正确性。A_2 信号还送到第三级单稳态触发器的输入端，当 A_2 的后沿（上升沿）到达时，触发第三级单稳态触发器，从而获得 A_3 信号。A_3 送触发器 F_2，使之再次启动，$Q_2=1$，所以门 G 输出 $T=1$，T 触发器在时基信号作用下又一次发出闸门信号，再次进行测量，如此周而复始进行，完成系统连续测量和显示的功能。直到按动 $P_停$ 键，使 $Q_1=0$，封锁门 G，启动信号 Q_2 才无法通过，系统处于停止测量状态。

　　根据设计要求，显示时间为 5 s，所以第一级单稳态触发器的暂稳态（负脉冲）宽度应略小于 5 s，取 $C_1=10\ \mu$F，由 $T=1.1R_1C_1$，得 $R_1<450\ $kΩ，取标称值 $R_1=430\ $kΩ。第二级，第三级单稳态触发器的 R、C 分别取 270 kΩ 和 2200 pF，则 A_2、A_3 的负脉冲宽度为 0.6 μs，能够满足系统工作要求。此外，图中的 R_2、C_2 可分别取 1 kΩ、1 μF。

4. 组装和调试要点

在实验箱上按各单元电路分别搭接振荡分频电路、计数电路、译码显示电路、控制电路和衰减放大整形电路。然后按照以下步骤进行调试：

（1）用示波器检查晶体振荡器是否正常。

（2）用示波器观察各级分频器的输出，检查是否符合分频要求。

（3）将计数器、译码器、数码管连接在一起，给计数器输入 CP 脉冲，检查计数器是否能正常工作。

（4）给控制电路输入 CP 脉冲，按动 $P_停$ 键，测试有关各点的初始状态是否正确。再按动 $P_启$ 键，用示波器观察 Q_3 输出端是否每 5 s 后出现一次 1 s 脉宽的正跳变。还可以观察 Q_2、A_1、A_2、A_3 清零信号等是否正常。

（5）给放大整形电路输入小于 1 V 的正谐波信号，用示波器观察整形电路的输出是否为方波信号。

（6）整机联调，使频率计正确测频。

5. 供参考选择的元器件

（1）集成电路：74LS90 芯片 10 片，74LS48 芯片 4 片，74LS00 芯片 4 片，74LS76 芯片 1 片，555 定时器 2 片，LM358 集成运放 1 片。

（2）电阻：430 kΩ 1 个，270 kΩ 3 个，91 kΩ 1 个，43 kΩ 1 个，10 kΩ 2 个，9.1 kΩ 1 个，8.2 kΩ 2 个，1 kΩ 3 个，100 Ω 1 个。

（3）电容：10 μF 1 个，1 μF 2 个，0.01 μF 2 个，2200 pF 3 个。

（4）其他：共阴极显示器 4 片，1 MHz 石英晶振 1 片。

F.2.4　智力竞赛抢答器

1. 课程设计目的

（1）培养设计数字电路的能力。

（2）掌握设计、组装和调试智力竞赛抢答器电路的方法。

2. 课程设计内容及要求

（1）设计一个 8 路智力竞赛抢答器。要求：

① 给节目主持人设置一个控制开关，用来控制系统的清零（编号显示数码管灭灯）及抢答的开始。

② 抢答开始后，当某一位选手先按下抢答按钮时，选手编号立即被锁存，编号数码管显示选手编号，并发出报警声响，此时抢答器不再接收其他编号信息。先抢答选手的编号保持到节目主持人将系统清零为止。

③ 抢答器具有定时抢答功能，抢答时间由节目主持人设定（如 30 秒）。当节目主持人

启动开始键后，要求定时器立即进行倒计时，并用显示器显示时间，同时扬声器发出短暂的声响，声响持续时间为 0.5 s 左右。

④ 选手在设定时间内进行抢答，抢答有效，否则无效，定时器停止工作，显示器上显示选手的编号和抢答时刻的时间，并保持到节目主持人将系统清零为止。如果抢答时间已到，却没有选手抢答，则本次抢答无效，系统进行短暂的报警，并封锁输入电路，禁止选手超时后抢答。

（2）用中小规模集成电路组成智力竞赛抢答器电路，并在实验仪上进行组装、调试。

（3）画出各单元电路图、整机逻辑框图和逻辑电路图，并写出设计、实验总结报告。

（4）选作内容：设计 15 路智力竞赛抢答器。

3. 智力竞赛抢答器基本原理及设计方法

智力竞赛抢答器的系统原理框图如图 F-32 所示，它由主体电路和扩展电路两部分组成。主体电路完成基本的抢答功能，即开始抢答后，当选手按动抢答键时，数码管显示选手的编号，同时封锁输入电路，禁止其他选手抢答。扩展电路完成定时抢答的功能。

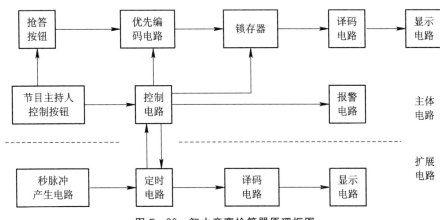

图 F-32 智力竞赛抢答器原理框图

图 F-32 所示的智力竞赛抢答器的工作过程是：接通电源时，节目主持人将开关置于"清除"位置，抢答器处于禁止工作状态，编号显示器灭灯，定时显示器显示设定的时间。当节目主持人宣布抢答题目后，说一声"抢答开始"，同时将控制开关拨到"开始"位置，扬声器发出声响提示，抢答器处于工作状态，定时器进行倒计时。当定时时间到，却没有选手抢答时，系统报警，并封锁输入电路，禁止选手超时后抢答。当选手在定时时间内按动抢答键时，抢答器要完成以下 4 项工作：① 优先编码电路立即分辨出抢答者的编号，并由锁存器进行锁存，然后由译码显示电路显示编码；② 扬声器发出短暂声响，提醒节目主持人注意；③ 控制电路要对输入编码电路进行封锁，避免其他选手再次进行抢答；④ 控制电路要使定时器停止工作，定时显示器上显示剩余的抢答时间，并保持到节目主持人将系统清零为止。当选手将问题回答完毕，节目主持人操作控制开关，使系统恢复到禁止工作状态，以便进行下一轮抢答。

1）抢答电路

抢答电路的功能有两个：一是能分辨出选手按键的先后，并锁存优先抢答者的编号，供译码显示电路用；二是要使其他选手操作按键无效。选用优先编码器 74LS148 和 RS 锁存器 74LS279 可以完成上述功能，其电路组成如图 F－33 所示。

图 F－33 所示电路的工作原理是：当控制开关置于"清除"位置时，RS 触发器的 $\overline{R}$ 端为低电平，输出端 $Q_1 \sim Q_4$ 全部为低电平。于是 74LS48 的 $\overline{BI}=0$，显示器灭灯；74LS148 的选通输入端 $\overline{ST}=0$，74LS148 处于工作状态，此时锁存电路不工作。当控制开关置于"开始"位置时，优先编码电路和锁存电路同时处于工作状态（即抢答器处于等待工作状态），输入端 $\overline{I_1}$、…、$\overline{I_7}$ 等待输入信号。当有选手将键按下时，如按下"5"键，则 74LS148 的输出 $\overline{Y_2Y_1Y_0}=010$，$\overline{Y_{EX}}=0$，经 RS 锁存器后，$Q_1=1$，$\overline{BI}=1$，74LS48 处于工作状态，$Q_4Q_3Q_2=101$，经 74LS48 译码后，显示器显示出数字"5"。此外，$Q_1=1$ 使 74LS148 的 $\overline{ST}$ 端为高电平，74LS148 处于禁止状态，并封锁了其他按键的输入。当按下的键松开后，74LS148 的 $\overline{Y_{EX}}=1$，但由于 Q_1 的输出仍维持高电平不变，所以 74LS148 仍处于禁止工作状态，其他按键的输入信号不会被接收。这就保证了抢答者的优先性以及抢答电路的准确性。当优先抢答者回答完问题后，由节目主持人操作控制开关 S，使抢答电路复位，以便进行下一轮抢答。

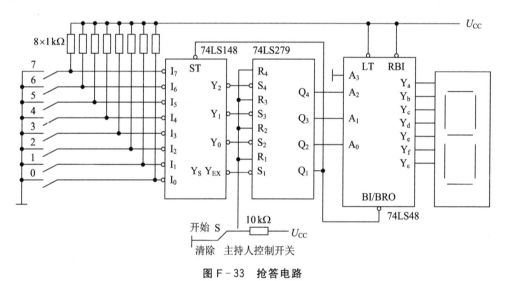

图 F－33　抢答电路

2）定时电路

节目主持人根据抢答题的难易程度，设定一次抢答的时间，通过预置时间电路对计数器进行预置，计数器的时钟脉冲由秒脉冲电路提供。可预置时间进行倒计时的电路可选用十进制同步可逆计数器 74LS192 进行设计。倒计时到零时，定时电路输出低电平有效的"定时到信号"。

3）报警电路

由 555 定时器和三极管构成的报警电路如图 F－34 所示。其中，555 构成多谐振荡器，振荡频率 $f_0=1.43/(R_1+R_2)C$，其输出经三极管推动扬声器。PR 为控制信号，当 PR 为高电平时，多谐振荡器工作，反之电路停止振荡。

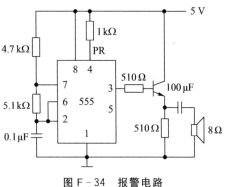

图 F-34 报警电路

4）控制电路

控制电路是抢答器设计的关键，它要完成以下 3 项功能：

（1）节目主持人将控制开关拨到"开始"位置时，扬声器发声，抢答电路和定时电路进入正常抢答工作状态。

（2）当参赛选手按动"抢答"键时，扬声器发声，抢答器和定时器停止工作。

（3）当设定的抢答时间到，无人抢答时，扬声器发声，抢答电路和定时电路停止工作。

根据上面的功能要求以及图 F-33 所示，设计的控制电路如图 F-35 所示。

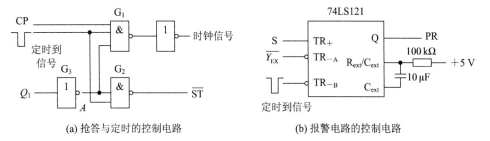

(a) 抢答与定时的控制电路   (b) 报警电路的控制电路

图 F-35 控制电路

图 F-35(a)中，门 G_1 的作用是控制时钟信号 CP 的放行与禁止，门 G_2 的作用是控制 74LS148 的使能输入端 $\overline{ST}$。图 F-35(a)的工作原理是：主持人控制开关从"清除"位置拨到"开始"位置时，来自于图 F-33 中的 74LS279 的输出 $Q_1=0$，经 G_3 反相，$A=1$，同时，在定时时间未到时，"定时到信号"为 1，所以时钟信号 CP 能够加到 74LS192 的 CP_D 时钟输入端，定时电路进行减法计数。此外，由于 $A=1$ 且"定时到信号"为 1，门 G_2 的输出 $\overline{ST}=0$，使 74LS148 处于正常工作状态，从而实现功能(1)的要求。当有选手在定时时间内按动抢答键时，$Q_1=1$，经 G_3 反相，$A=0$，封锁 CP 信号，定时器处于保持工作状态；同时，门 G_2 的输出 $\overline{ST}=1$，74LS148 处于禁止工作状态，从而实现功能(2)的要求。当定时时间到时，则"定时到信号"为 0，$\overline{ST}=1$，74LS148 处于禁止工作状态，禁止选手进行抢答；同时，门 G_1 处于关闭状态，封锁 CP 信号，使定时电路保持 00 状态不变，从而实现功能(3)的要求。

图 F-35(b)所示的单稳态触发器用于控制报警电路及发声时间。当"定时到信号"为 1 时，PR＝0，报警电路中的多谐振荡器停振，报警电路不工作；当"定时到信号"为 0 时，报警电路工作，扬声器发声。

4. 组装和调试要点

在实验箱上按各单元电路分别组装抢答电路、定时译码显示电路、控制电路和报警电路。然后按以下步骤进行调试：

（1）组装调试抢答电路，并使之能正常工作。

（2）组装调试定时电路。输入 1 Hz 的时钟信号，观察电路能否进行倒计时，并注意倒计时到零时，电路能否输出低电平有效的"定时到信号"。

（3）组装调试报警电路和控制电路，并使之能正常工作。

（4）整机联调，注意各单元电路之间的时序配合关系。然后检查电路各部分的功能，使其满足设计要求。

5. 供参考选择的元器件

（1）集成电路：74LS148 芯片 1 片，74279 芯片 1 片，7448 芯片 3 片，74192 芯片 2 片，555 芯片 2 片，7400 芯片 1 片，74121 芯片 1 片。

（2）电阻：510 Ω 1 个，1 kΩ 9 个，4.7 kΩ 1 个，5.1 kΩ 1 个，100 kΩ 1 个，10 kΩ 1 个，15 kΩ 1 个，68 kΩ 1 个。

（3）电容：0.1 μF 1 个，10 μF 2 个，100 μF 1 个。

（4）三极管：3DG12 三极管 1 个。

（5）其他：发光二极管 2 个，共阴极显示器 3 个。

参 考 文 献

[1]　秦曾煌.电工学(下册):电子技术[M].5 版.北京:高等教育出版社,1999.

[2]　杨春玲,王淑娟.数字电子技术基础[M].2 版.北京:高等教育出版社,2017.

[3]　杨聪锟.数字电子技术基础[M].2 版.北京:高等教育出版社,2019.

[4]　阎石.数字电子技术基础[M].6 版.北京:高等教育出版社,2016.

[5]　余孟尝.数字电子技术基础简明教程[M].3 版.北京:高等教育出版社,2006.

[6]　康华光.电子技术基础:数字部分[M].6 版.北京:高等教育出版社,2013.

[7]　林涛.数字电子技术基础[M].2 版.北京:清华大学出版社,2012.

[8]　江晓安,董秀峰,杨颂华.数字电子技术[M].3 版.西安:西安电子科技大学出版社,2008.

[9]　李月乔.数字电子技术基础习题解析[M].北京:中国电力出版社,2013.

[10]　侯建军.数字电子技术基础[M].3 版.北京:高等教育出版社,2015.

[11]　谢志远.数字电子技术基础[M].北京:清华大学出版社,2014.